见字如茶

人民政协报社◎编著

中国文史出版社

图书在版编目（CIP）数据

见字如茶 / 人民政协报社编著 . -- 北京 : 中国文
史出版社 , 2023.3

ISBN 978-7-5205-4044-5

Ⅰ . ①见… Ⅱ . ①人… Ⅲ . ①茶文化 – 中国 Ⅳ .
① TS971.21

中国国家版本馆 CIP 数据核字 (2023) 第 051950 号

责任编辑：赵姣娇　梁玉梅　王文运

出版发行：中国文史出版社
社　　　址：北京市海淀区西八里庄路 69 号　邮编 :100142
电　　　话：010-81136606　81136602　81136603（发行部）
传　　　真：010-81136655
印　　　装：北京瑞和祥云印刷技术服务有限公司
经　　　销：全国新华书店
开　　　本：787mm×1092mm　1/16
字　　　数：300 千字
印　　　张：20.75
版　　　次：2023 年 5 月北京第 1 版
印　　　次：2023 年 5 月第 1 次印刷
定　　　价：88.00 元

一茶一世界　茶协与共

文／周国富

欣闻在《人民政协报》创刊 40 周年之际，《茶经》版内容要集结出书，作为阅读多年《人民政协报》的老政协人和从事茶文化工作的老茶人，欣喜之余，可贺可期！

中国是茶的故乡，我的家乡就是茶乡，可以说我与茶的缘分是与生俱来的。特别是 2007 年、2009 年、2011 年，我分别担任浙江省政协主席、中国国际茶文化研究会会长、全国政协文史和学习委员会副主任以来，更是深深地结下了茶之缘、政协之缘，也从中学了许多，体悟了许多……

一家中央主要新闻媒体，致敬民生，把茶融进了政协，一干就是 17 年、800 期、500 万字之多，唱响了一茶一世界的政协茶歌，用茶的和声开创出广交朋友、凝聚共识、荟萃人才、茶和天下的广阔天地，真是难能可贵。这充分彰显了政协人对中华优秀传统文化的深厚情结，也充分展示出办报人对"茶和天下"的政协情怀。

我始终认为，政协与茶和茶文化有着特殊的关联和缘分。政协的国之大者和民生情结，与茶和茶文化具有的经济、社会、文化、生态、治国理政、养生健体等六大功能休戚相关、美美与共；政协要广交朋友、凝聚共识、荟萃人才，茶和茶文化是很好的媒介和平台；茶和茶文化"清敬和美乐"的核心理念，特别是一个"和"字，"茶和天下"，就是我们政协人的理想情怀。

也是因茶与政协的结缘，几乎每年的全国两会期间，《茶经》版编辑都会如约而来，就茶界的发展动态、茶和茶文化的研究成果，以及我关于茶的提案和对茶的认识理解采访叙谈。在交流中，我深深地感受到这个年轻的采编团队对新闻工作的执着和激情，对中华茶和茶文化繁荣发展的热爱和期待。她们以复兴茶文化、振兴茶产业为己任，倾注民生，致力茶农茶乡的精准脱贫、共同富裕和乡村振兴，不辞辛劳，妙笔生辉，写出一篇篇弘文强茶的精彩美文，赢得无数茶人和政协人的赞赏，我感到十分欣慰。

也是因为喜爱和认同，《人民政协报·茶经》版是我必备的案头读物，成为茶和政协工作信息的重要来源。从中获悉，全国许多政协组织关注、重视中国茶和茶文化，积极开展专题调研，献策茶产业高质量发展和茶文化的普及提高；越来越多的政协人和各界朋友爱茶、懂茶，喜欢中国茶和茶文化；还有许多从政协岗位上退下来的老政协人热心事茶献身茶乡的乡村振兴和共同富裕，以及政协人以茶为媒、凝聚共识，奉献着高质量发展的智慧和力量。

《茶经》版的17年，正是中国茶和茶文化欣欣向荣、盛世新茶的重要时期。习近平总书记重视茶和茶文化，推动中国茶和茶文化的科学发展、统筹发展和健康发展前所未有。中国茶和茶文化在精准脱贫、乡村振兴、共同富裕的历史变革中作出了重大贡献。联合国确立"国际茶日""中国传统制茶技艺及其相关习俗"项目正式列入联合国教科文组织《人类非物质文化遗产代表作名录》等等，茶的好事喜事连连不断，极大地激发起中国茶和茶文化乡村振兴、富民惠民、共同富裕的经济功能，绵绵乡愁、风情万种、文明传承的文化功能，清敬和美、联谊交往、人际和谐的社会功能，绿水青山、红脉绿韵、绿色发展的生态功能，宁静闲适，精神愉悦、健美体魄的养心健身功能，清明政治、协和万邦、茶和天下的治国理政功能……茶和茶文化越来越成为传承创造中华文化的重要内容，成为中国与世界各国友好交往的桥梁纽带。茶让人民的生活更美好，茶的世界更精彩。

值得骄傲的是，《茶经》版的朋友们不断推动着全国各地政协同人荟萃茶和茶文化界各方力量致力于中国茶复兴振兴事业，共同贡献着智慧和力量。

如今，《茶经》版内容精选结集出版，给读者们提供了深入了解政协与茶相融共舞的一片天地，以荟聚起更广泛的力量，为中国茶的博大、为中华茶文化的魅力而努力。

期待《茶经》版更加精彩纷呈，祝《人民政协报》越办越好！

（作者系浙江省政协原主席、中国国际茶文化研究会荣誉会长）

我们，见字如茶

文／李寅峰

毫不夸张地说，作为中央主流媒体，每周拿出一块固定的版面来报道茶，《人民政协报》是独一家。

几年前，综合影响力远在我们之上的一家媒体，曾经刊出一篇关于茶的评论文章，年轻的同事询问我，难得这样的核心媒体关注到茶，要不要转载一下。看过文章后，我断然否决——文章内容并没有新意，观点也有待商榷，为何转载？我告诉同事，一定要有专业信心，说起茶，不必迷信任何其他稿件来源。

无独有偶，就在前两天，在第 18 届中国茶叶经济年会上，与中国茶叶流通协会名誉会长、陕西省政协委员、国家级制茶大师纪晓明相遇，他热情地走来握手，并向身边的茶界同行介绍：这些年无数记者采访过他，不乏来自主流央媒、专业涉茶媒体的，但最懂茶和茶人，表达最到位、最鲜活的，是《人民政协报·茶经》版。

这样的往事，并不是凭空出现的。

从 2006 年创刊，《人民政协报·茶经》版就以高的起点站在茶界的前沿。我们根植于人民政协肥沃的土壤，聚集诸多懂茶、爱茶委员和专家学者的目光，得到各方事茶人士的关注和支持。在人民政协报社几任党委（组）、领导的倾心指导和鼎力支持下，采编团队带着深深的使命感撰写和编辑着一篇又一篇的茶文章……

在《人民政协报》创刊 40 周年之际，当遴选内容集结出书时，我们才惊讶地发现，不知不觉中，《茶经》版居然走过了 17 年！约 800 期版面中，累积了 500 万字之多！500 万字，字字都朝着打造茶界高端、权威、专业的新闻报道方向努力着，写出我们对茶的热爱，以及为中国茶鼓与呼的信心和决心。

翻看这些文字，一并回忆着 17 年与茶共度的时光，多少感动在其中——

我们脚踩泥土，访茶的脚步几乎遍布国内所有的产茶区，以及有着饮茶习俗的非产区，包括深山幽谷、高原丘陵、雪域村落、边境小城；我们笔下生花，以文字关联茶文化的传承与传播、茶产业的发展与振兴、茶科技的创新和进步，关系六大茶类的生产销售和推陈出新，关切8000万茶农的精耕细作和悲欢生活，关注传统制茶技艺的传承和发扬光大；我们心怀使命，采访过数以万计的茶界权威、专家学者、茶农茶商，其中有抢救性采访的几十位为中国茶事业作出巨大贡献的耄耋茶人，也有数以百计的年轻茶人，为中国茶的后续发展传递着信息和希望。

500万字，记录了很多很多，还有很多事，不能在此一一罗列。比如我们的编辑团队，把茶文化公益讲座从小学开到大学，从北京开到世界。我们曾经为北大附中做了七个学期的公益讲座，每周一次课，风雨无阻，真的很不容易，但成果也相当明显。比如，我们联合中国宋庆龄基金会策划并实施了两岸四地青少年走茶乡公益活动，带领着来自港澳台和内地的数十位大学生从福建乌龙茶乡到浙江龙井茶乡，又到北京的老舍茶馆，从悠久的中华茶文化中探寻共同的民族记忆，凝聚血脉亲情。比如，我们策划并实施了安溪铁观音美丽中国行系列活动，以媒体的力量，为中国最大产茶县的茶产业发展助力。还比如，我们的茶文章吸引了一众稳定的读者，影响他们爱上茶，甚至又影响他们成长为茶文化的宣传者乃至我们的作者……

这些往事，多多少少都在《茶经》版上留有印记。遗憾的是，书籍的承载有限，多数文字此番不能亮相。

当然，更想说的，还有许多前辈、领导、老师对这块版面多年来的厚爱，对年轻采编团队的多方鼓励和支持。他们见证和帮助了《茶经》版的成长，注视和带动着我们一起为古老中国茶的新生呐喊助威。在此一并致以崇高的谢意。

那么，见字如茶吧。

目　录

茶事篇

茶品篇

茶风篇

茶人篇

茶兴篇

茶趣篇

茶事篇

书写中国茶新华章

——写在"中国传统制茶技艺及其相关习俗"申遗成功之际

文/徐金玉

2022年11月29日晚，一则喜讯从远在非洲的摩洛哥王国拉巴特传来：联合国教科文组织保护非物质文化遗产政府间委员会第17届会议宣布，我国申报的"中国传统制茶技艺及其相关习俗"项目，成功通过评审，列入联合国教科文组织人类非物质文化遗产代表作名录。

一时间，这一话题燃爆全网，无数国人为之骄傲振奋。茶，作为中华民族的举国之饮，作为社交联谊、传播文化的精神纽带，在人类非遗史上留下了浓墨重彩的一笔，为世界文化多样性贡献了"中国色彩"。

为国"争气" 彰显"底气"

东方之饮，惊艳世界。其背后，重重"闯关"之旅不为人知：按照规定，每个国家每2年只能单独申报1个人类非物质文化遗产候选项目，其频次和数量堪称"国考"；按期提交申报材料后，还将迎来"国际大考"，以2022年为例，共有来自各国的46个文化遗产项目参评，其竞争压力和成功难度可见一斑。

而"中国传统制茶技艺及其相关习俗"正是在这样的考验中"杀"出重围：文化和旅游部于2020年11月确定将其作为我国新一轮申报联合国教科文组织人类非遗代表作名录的项目，在历时两年的筹备和推进后，它不负众望，作为2022年我国唯一申报项目，为国人成功圆梦。

令人欣慰的"争气"背后，是中国茶十足的"底气"：我国是世界上最早发现和利用茶叶的国家，也是茶树资源最为丰富的国家。追本溯源，世界各国引种的茶种，采用的茶树栽培的方法，茶叶加工的工艺，茶叶品饮的方式，以及茶礼茶仪、茶俗茶风、茶艺茶会、茶道茶德等，都是直接或间接地由我国传播出去。中国是茶的原产地、茶文化的发祥地，被誉称为"茶的祖国"，当之无愧。

而"中国传统制茶技艺及其相关习俗"，简简单单14个字，实则包罗万象，是有关茶园管理、茶叶采摘、茶的手工制作，以及茶的饮用和分享的知识、技艺和实践。

自古以来，中国人就开始种茶、采茶、制茶和饮茶。制茶师根据当地风土，运用杀青、闷黄、渥堆、萎凋、做青、发酵、窨制等核心技艺，发展出绿茶、黄茶、黑茶、白茶、乌龙茶、红茶六大茶类及花茶等再加工茶，2000多种茶品，供人饮用与分享，并由此形成了不同的习俗，世代传承，至今贯穿于中国人的日常生活、仪式和节庆活动中。

百茶"争艳"　生活"添香"

"中国传统制茶技艺及其相关习俗"项目，堪称我国人类非遗申报项目中的"体量之最"，共涉及15个省份的44个国家级非遗代表性项目。

认真浏览目录，它很像一部微缩版的"茶叶百科全书"，涵盖六大茶类、再加工等传统制茶技艺，展示了同一品类下中国茶的"千姿百态"：以绿茶制作技艺为例，不少家喻户晓的名茶面孔悉数亮相，如西湖龙井、黄山毛峰、太平猴魁、六安瓜片、碧螺春、恩施玉露、都匀毛尖、信阳毛尖等；以黑茶制作技艺为例，既有湖南安化的千两茶、益阳的茯砖茶，又有湖北赤壁的赵李桥茶、宜昌的长盛川青砖茶，还有四川雅安的南路边茶、云南大理的下关沱茶、陕西咸阳的茯茶等。

它同时又像一部平铺延展的"茶叶地图"，展示了同一地域下中国茶的"百花齐放"，仅以福建省一个产区为例，就包含了武夷岩茶（大红袍）制作技艺、乌龙茶制作技艺（铁观音制作技艺）、白茶制作技艺（福鼎白茶制作技艺）、花茶制作技艺（福州茉莉花茶窨制工艺）、红茶制作技艺（坦洋工夫茶制作技艺）、乌龙茶制作技艺（漳平水仙茶制作技艺）等多个品类。

它更像一幅活色生香的休闲场景，如同一头扎进老百姓的日常生活中：妙趣横生的赶茶场，"习尚风雅，举措高超"的潮州工夫茶艺，德昂族酸茶、瑶族油茶、白族三道茶等少数民族同胞的多彩茶俗……饮茶和品茶早已贯穿于中国人的"柴米油盐"中，在交友、婚礼、拜师、祭祀等活动中，饮茶都是重要的沟通媒介。以茶敬客、以茶敦亲、以茶睦邻、以茶结友也为多民族共享，为相关社区、群体和个人提供认同感和持续感。

令大家眼前一亮的是，各项目社区知情同意书签署者也体现了国人在茶领域的广泛参与，除了非物质文化遗产主管单位、茶业公司、协会、商会、代表性传承人、传承基地、博物馆、学术团体机构、村民委员会外，还有小学生代表，真正体现了茶在家庭、学校、社区、师徒间的传承，且每个人都能做茶文化的传承者。

匠心"传承" 筑造"未来"

在申遗成功之后，如何确保该遗产项目的存续力，增强传承活力，成为业界关注的重头戏。

文化和旅游部介绍，相关社区、群体和个人早已于2020年12月成立保护工作组，联合制定了《中国传统制茶技艺及其相关习俗五年保护计划（2021—2025）》（以下简称《计划》）。

《计划》将鼓励传承人按照传统方式授徒传艺，依托中职院校和高等院校培养专门人才，巩固代际传承；举办保护传承培训班，加强能力建设；建立研学基地，编写普及读本，开展相关巡展活动，提高青少年的保护意识。同时，通过加强确认和管理、提升建档水平、开展学术研究、完善保护协作机制、维护实践场所、组织多种形式的宣传活动等措施，实施协同保护行动。文化和旅游部和相关地方政府将积极支持相关社区、群体和个人组织实施系列保护措施，做好该遗产项目的传承与实践。可见，在联合国教科文组织《保护非物质文化遗产公约》框架下，我国已建立了有中国特色的非遗保护制度，为国际非遗保护提供了中国经验、贡献了中国智慧。

而当下，随着喜讯传来，各地的庆祝活动也已开展得如火如荼。作为牵头申报省份及入选宣传展示主会场承办地，浙江省已从当日起至12月底，在多地举办"茶和天下 共享非遗"主题庆祝活动、人类非遗"中国传统制茶技艺及其相关习俗"专题展、茶文化体验周和购物节活动等，让更多人近距离了解和体验我国传统制茶技艺及其深厚内涵。

叩响人类非遗的大门只是起点，更多精彩的中国茶故事，值得世界期待。

（原载于《人民政协报》2022 年 12 月 2 日第 11 版）

国际茶日 我愿意为你

文/徐金玉

近日，茶界朋友圈被一条"喜讯"刷屏：联合国大会宣布每年5月21日为"国际茶日"，以赞美茶叶的经济、社会和文化价值，促进全球农业的可持续发展。"521，谐音不就是我愿意吗？"不少网友纷纷转载、欢呼，"我愿意把这一天留给茶！"

茶是世界三大饮品之一。目前，全球产茶国和地区已达60多个，茶叶产量近600万吨，贸易量超过200万吨，饮茶人口超过20亿。

据农业农村部透露，将"国际茶日"确定为5月21日是由我国主导推动的。在2022年6月联合国粮食及农业组织大会第41届会议上审议通过。

其实，这一提案早在两年前便被提上日程。2017年，联合国粮农组织第22届政府间茶叶工作组（FAOIGG-Tea）会议在斯里兰卡科伦坡举行，这次会议成果丰硕，我国不仅成功申办第23届联合国粮农组织政府间茶叶工作组会议，同时也就设立国际饮茶日这一话题展开了讨论。

"与会的国家代表都对此事表示赞成和欢迎，但在设定的日期上有些分歧，例如中国提出在5月21日，印度则提出在11月份。"当时的中国代表团成员、中国林业产业联合会生态茶与咖啡专委会秘书长朱仲海说。为此，联合国粮农组织决定，在下一届会议期间，各个国家将不同的日期、理由进行讨论。

如今，结果出炉，令国内茶界倍感振奋。能够将中国主导推动的5月21日确定为"国际茶日"，这是世界对中国茶文化的认同，将有助于我国同各国茶文化的交融互鉴，茶产业的协同发展，共同维护茶农利益。

"'国际茶日'不是口号，确定下这个日子也不是目的，达到它的初衷和影响力才是关键。"在朱仲海看来，这主要是基于四个方面的考量。

"第一，目前全球茶业存在供过于求的局面，提倡全球饮茶，能够扩大茶叶消费和饮茶覆盖面，促进供需矛盾问题的解决；第二，提升消费者科学健康的饮茶意识，促进茶叶质量安全的提升，各国可以在茶叶生产、加工乃至运输环节建立可追溯体系；第三，加强生态环境保护，例如防止水土流失、有效抑制病虫害、确保茶园生态多样性等；第四，改善茶农生计，茶叶消费能够提高农民收入。"朱仲海说，最后一点尤为关键。茶叶作为重要的经济作物，是很多国家特别是发展中国家出口创汇的主要产品，是其农业支柱产业和农民收入的重要来源。

同样与"国际茶日"结缘已久的全国政协委员、湖南省供销合作总社巡视员李云才听闻这一消息，心情也格外激动。

2021年参加全国两会期间，他提出"弘扬优秀中华传统文化，设立中国茶节"的提案，其间农业农村部的相关负责人还特意打来电话，就设立"中国茶节""国际茶日"与他在电话中进行了详尽的交流讨论。

"我们深入探讨了设立茶节的目的和意义，例如，作为促进茶叶特色产业的发展，弘扬我国茶文化在国际上的影响力，在精准扶贫、'一带一路'建设中的重要作用，以及对于促进茶旅融合、在大健康推进中的独特优势等。在今年的全国两会上，我再次提出建议设立'中国茶节'的提案。后来据农业农村部相关工作人员介绍，自2018年开始，我国已正式加速推进'国际茶日'。"李云才说。

"如今此举被国际社会采纳，是国际盛事，更是中华茶界盛事。"李云才说，"国际茶日"的设立，为中国茶走向世界提供了更大的舞台空间，为中华茶文化推广提供了重要平台，为国际茶学交流提供了更多机会，为茶旅文融合提供了新的思路。

"将茶饮之美与科学融合，我们已取得了许多创新性成果，但仍然有更广阔的空间可以开展国际合作，各美其美，美美与共。茶始中华，茶为国饮，我们为之骄傲，世界为之骄傲！"李云才说。

（原载于《人民政协报》2019年12月6日第11版）

每天一杯茶　健康进万家

——杭州全民饮茶日掠影

文／刘圆圆

4月20日，正逢谷雨。所谓"谷得雨而生也"，这个时节，正是万物蓬勃生长的季节。在茶都杭州，这一天又别有春天的气息——全民饮茶日红红火火举办，各行各业、大街小巷、城市乡间，无不饮茶、无不言茶。

径山茶香

20日一早，在陆羽写《茶经》之地、日本茶道之源的余杭径山，2021杭州全民饮茶日启动仪式正式启动。

茶仙子们以一场优美的暖场舞蹈《谷雨问茶》，把茶客们瞬间带到全民饮茶日的氛围中。但全民饮茶日，可以细品的远远不是简单的一场舞蹈——在小小的径山，随处可见的有特色的茶活动，让人身临其境地体会整个杭州的"茶情"。

如果想喝茶的，在现场，就有杭州代表性名茶西湖龙井、径山茶、九曲红梅的展示区。就着茶园里的清新之气，品下谷雨时节的这杯香茶，怕才是饮茶日最好的打开方式。

喝过茶，不妨去茶科技产品展示体验区"开开眼界"——小小一叶茶，原来不仅是可以拿来泡的。茶饮料、茶提取物、茶衍生品、泡饮新技术新设备，充分展现了杭州当代茶饮的与时俱进。

"琴棋书画诗酒茶"，如果你有文人情结，在径山陆羽泉，一定能邂逅茶与诗碰撞的茶诗朗诵会。茶韵遇诗意在茶仙子的演绎中，定能让你触摸与时空交融的茶文化。

更令户外运动爱好者叫绝的是，径山万亩茶山上，到处是茶园骑行、茶园徒步的队伍。主办方更是花了"小心思"，组织了茶园寻宝、汉服互动等活动。

"好茶知时节，谷雨意正浓。每天一杯茶，健康进万家。全民饮茶日，你饮茶了吗？"径山镇年轻茶人马宽的一句话，说出了饮茶日当天天下茶人的共同心声。

《龙井寻踪》首发

其实，早在 4 月 19 日，《龙井寻踪——西湖龙井茶人口述史料》一书在杭州文史馆举行首发分享活动，便拉开全民饮茶日的序幕。

这本书，由杭州市政协文化文史和学习委员会与杭州市茶文化研究会联合推出。自 2020 年开始，主办方组织作家开始"一对一"采访新中国成立以来从事或参与西湖龙井茶相关工作的社会各界人士，记录他们与西湖龙井茶的"三亲"往事，挖掘反映西湖龙井茶的历史渊源、文化底蕴、环境禀赋、品种特质、当代价值和发展趋势。

时隔一年，收录西湖龙井茶人 47 篇"三亲"史料，以保护与发展、育种与栽培、采制与工艺、标准与品牌、机构与活动、文化与艺术、产业与发展七大板块集结面世。

发布会上，杭州市茶叶学会理事长余继忠、杭州市作家协会副主席孙昌建、杭州出版社副总编辑钱登科相继分享该书采写体会，杭州市政协文史委资深文史专家张学勤介绍图书价值。他们一致认为，《龙井寻踪——西湖龙井茶人口述史料》一书以亲切、可读的形式，独特、准确的视角厘清了西湖龙井茶的发展脉络，进一步丰富了西湖龙井茶的史料种类，必将影响和吸引更多的人钟情西湖龙井茶，推进西湖龙井茶产业、茶经济和茶文化的发展。

处处都是"茶空间"

20 日中午，午休时刻。杭州市民中心 B 座一楼，全新打造的"茶空间"正式亮相。

"茶摊"面前，趁着工作间隙来品茶的一位公务员说："这样的'茶空间'，最有杭州味道。"

　　为他斟茶的"仙子"说："全民饮茶日，我们一起努力。"

　　据了解，2021杭州市全民饮茶日活动的主会场虽然设在余杭区径山镇，但当天，杭州市各区（县、市）都在围绕杭州"十大名茶"及其茶生态、茶生产、茶生活、茶艺术表演举办相应的推广活动。谷雨日前后，各方也联动举办多场茶文化进校园、进社区、进家庭，茶产品推介会、茶书品读会等丰富多彩的茶主题活动，展示中国茶都浓厚的全民爱茶、饮茶氛围。

　　杭州市茶文化研究会会长、杭州市政协原副主席何关新表示，2012年，在杭州市茶文化研究会的积极促成下，杭州市人大常委会率先以立法形式设立了全国首个饮茶节日。此后浙江湖州、绍兴等城市纷纷效仿设立饮茶日，国内外城市亦发起响应，在谷雨时节举办茶事活动，引领了"茶为国饮，全民饮茶"的风尚。可以说，杭州全民饮茶日的设立和举办，是联合国"国际茶日"的先行尝试，为国际茶日的设立提供了有价值的参考。

　　"近年来，我们不断探索活动形式，创新茶事内容，聆听百姓声音，力求举办群众喜闻乐见，同时可实际助推产业发展的活动。随着全民饮茶日活动的逐步推进、深入开展，'五进齐驱'的喝茶氛围已经成为杭州市民的新风尚。"何关新说。

（原载于《人民政协报》2021年4月23日第11版）

中国故事中国茶

——米兰世博会中国茶文化周掠影

文／徐金玉

7 天时间，35 万国际友人纷至沓来，行至米兰世博会中国馆，品饮一杯中国茶。

8 月 9 日，以"中国故事中国茶"为主题的中国茶文化周在意大利米兰世博会成功落幕。由中国 20 家公共品牌、50 家企业品牌组成的中国茶生力军，带着国内 3500 万茶农的心愿，将高品质与丰富品类的茶饮带出了国门。参观游客似乎足下也生了根，纷纷愿为一杯茶驻足等待、品饮体验，并由衷地竖起大拇指。

讲好中国故事中国茶，众人齐期许，茶人在行动！

请喝一杯中国茶

青花瓷盖碗在手中娴熟地一起一落，冲泡的茶品在热气腾腾的水柱激荡下四溢茶香，优美的动作、流畅的手法，身着旗袍的中国大学生茶艺团，一经亮相便惊艳全场。8 月 3 日，作为中国馆首个以饮食及饮食文化为主题的活动周，中国茶文化周在赏心悦目的茶艺表演中开始了。

2015 米兰世博会中国茶文化周组委会秘书长夏涤斌说："此次文化周主题为'讲好中国故事中国茶'，就是希望向世界友人全面、深入、立体地展现中国六大茶类。为此，我们每天设计了一个茶日，全天只喝一个品类，让各国游客了解中国茶丰富的口感，认识什么才是真正的中国茶和中国茶文化。"

文化周期间，中国大学生茶艺团的角色最重、任务最艰巨。

"遵照世博会的规定，茶企不能自带工作人员入场，因而现场所有茶品的冲泡、讲解、展示的任务，全部由中国大学生茶艺团的姑娘们完成，她们既要向国际友人传播茶文化，又要做好中国茶企的品牌宣传工作。"夏涤斌说，这 10 位在高校选拔中脱颖而出的大学生，年纪虽小，却各个懂茶爱茶，说得一口流利的英文，是未来茶行业的新星。

四川农业大学研究生杨瑞在团里年纪最长，也只有 25 岁，她对肩上的责任深感激动和自豪。"为了这次展示，我们精心挑选了每套茶具、茶服，排练了 9 个茶艺表演，并在宣传海报上进行了英文翻译和解说，剪辑了相关视频等。但最重要的是用心泡好每杯茶。"杨瑞说。

每天上午 11 点，姑娘们就在中国馆严阵以待，除午休一小时外，几乎一刻不停地在泡茶、讲解、做服务，一直忙到晚上 6 点半。

会场分为内场和外场。设置在中国馆内的展示区，主要是用来给游客进行讲解、表演、冲泡 50 家企业品牌的茶品。外场是在中国馆出口处设置展示区，进行大量赠饮活动，为游客献上一杯杯来自 20 家公共品牌的好茶。

"我们会现场讲解茶艺，介绍每个步骤的含义和功能，教他们如何闻香如何品饮，以及品的这款茶与其他茶类的不同。"中国茶文化博大精深，杨瑞希望通过场景化的演绎，将游客带入进去，向他们传递茶与可乐的不同，茶不是一种快速消费或是单纯解渴的饮料，它已是中国人的一种生活方式。

一对法国夫妇有感而发："喝到现场冲泡的茶，那种香气和口感与以往的体验完全不同，我觉得这才是真正正宗的茶叶。"

为了更好地让参观者零距离地感受茶文化，茶艺团设计了有奖竞猜、现场教授冲泡等环节。"他们的参与度特别高，尤其是外国小孩子。我们手把手地教他们泡茶，当看到他们一边将自己亲手泡的茶端给家长，一边用我们教的中文一字一字地说'请喝茶'时，他们的父母脸上洋溢起灿烂的笑容，我想这就是一种传播和传承。"杨瑞说。

米兰如今正值酷暑，外场展区只有一把遮阳伞，茶艺团学生们身上的衣服湿了又晒干，干了又被汗水打湿，工作结束时才发现衣服上已结出了一层汗碱。"但最让我们感动的是现场的外国游客，他们完全在太阳下暴晒着，有时因为人流过多需要等待，他们却可以为了一杯茶等上十多分钟，有的还会选择再看一遍我们泡茶，想必他们也被中国人的生活美学吸引了。"

杨瑞说。7天时间,茶艺团和企业自带的品饮杯全部用完,所有茶样分发一空。

因茶文化结缘

"不管是哪国人,因茶结缘的都是家人。"国际慢茶协会主席、意大利茶业协会主席 Marco(马可)先生由衷地说,他自己就是因茶结识了妻子,成了"中国女婿"。

文化周期间,杨瑞对马可的身影再熟悉不过了,因为他几乎每天都会到现场。即使公务缠身,但只要茶艺团的姑娘们泡好茶,马可会即刻放下手头的工作,说道:"Tea first(喝茶第一)。"

"马可先生对茶的喜爱让我很吃惊,现场泡茶时,也发现有很多外国人要比我们想象的懂茶。"杨瑞印象最深的是黄茶日。"黄茶是六大茶类中相对小众的一款,像绿茶日,当时冲泡的品牌有 30 家,黄茶则只有两家公共品牌的茶,很多国内的人甚至也不知道这个品类。但竟然有国外的游客知道黄茶,并且还能颇为专业地问,黄茶的成熟度是不是比绿茶高。"

马可喝黄茶时也是如此,"他说自己是第一次喝到非绿茶工艺加工的黄茶,黄茶的口感的确别具一格。一句工艺的区分,足以看出马可先生了解中国茶的'功力'深厚。"杨瑞说。

"对于意大利人来说,茶首先是文化。我们对中国文化充满了好奇和向往。另外,我们也追求茶带来的健康,"马可说,"茶本身也代表一种生活方式。欧洲文化讲究快。我们有一种咖啡叫作 Esspresso,其实就是'快速'的意思。我们站在咖啡厅的吧台前面,站着一口气就喝完一杯。但茶不同,从选茶、泡茶到上茶,是一个需要精耕细作的过程。人们享受茶,可以花上一整个下午和朋友们分享。这是其他饮品所做不到的。"马可介绍,慢茶也在成为欧洲一种悄然兴起的时尚,最近三五年,越来越多的茶馆和茶店在意大利出现,高品质的茶叶在这里会有很光明的前景。

中国茶文化周让世博会观众领略中国不同地域的茶文化,也为多领域深层次交流合作搭建了平台。中国大学生茶艺团副团长陈燚芳介绍:"有一位意大利佛罗伦萨的大学老师在看完表演后,还专程找到我,希望未来能够与中国学校对接，通过交换游学的形式来了解茶文化。这说明，中国茶在国外很受瞩目，也很受欢迎。"

中国茶故事在继续

中国茶与世博会的渊源始于1915年巴拿马万国博览会，21枚奖章的耀眼成绩至今为人传颂，至本届2015年米兰世博会正好一个百年。

"近些年来，中国茶企也会到国际舞台上宣传自己，但基本上都是小群体的展示。像这样成规模的、六大茶类全部囊括的展示非常少见，这对于让中国茶走向世界，是个难得的机遇。"夏涤斌说，据中国馆工作人员介绍，中国茶文化周是中国馆最火的活动之一，有近35万人次参观展览，其中99%是欧美人。

"我国是茶叶大国，但不是茶叶强国，尤其是出口方面，一些茶叶多是较为低端的茶，这给外国消费者造成了中国茶不安全、品质普遍较低的误解。我们是茶叶原产地，茶也是最具融合世界的产品，我们希望通过文化周来扭转他们的印象，让他们了解中国茶真正的一面，中国茶口感丰富，文化深厚，品质也是非常高的。"夏涤斌说。

浙江大学茶学系教授王岳飞对此也深有感触。"我国茶园面积占世界的60%，产量也非常大，但出口茶叶的增势却较为缓慢，通过茶文化周，把一些准确、全面、及时的信息带出去，也会对打造中国茶叶形象带来好处。"

中国茶文化周上亮相的企业，是中国茶品牌在国际舞台上的代表。为此，组委会一早启动了百年世博中国名茶国际评鉴，邀请了国内外33位专家评审，进行国际品评。

夏涤斌介绍："这是近30年内，茶行业规模最大、评鉴规格最高的一次茶叶品牌国际评鉴。不仅邀请了中国唯一茶院士陈宗懋等国内顶级的专家参与，也邀请了国际茶叶委员会、欧盟茶叶委员会等国际茶业组织的专家担任评审，每个人对127个茶样进行盲评，保证公正、透明。这对茶行业也是一件喜事，专家们脸上洋溢的笑容，仿佛和过年一样。"最终通过评选百年世博中国名茶金奖、金骆驼奖，让优秀的企业代表中国茶走向世界。

"如今，中国茶文化周落下帷幕，但中国茶故事还在继续。相信未来，中国茶会得到世界更多的青睐，有更多的人喜欢上魅力无限的中国茶。"夏涤斌说。

（原载于《人民政协报》2015 年 8 月 21 日第 11 版）

杭州 G20 峰会：世界会中国茶

文 / 徐金玉

杭州 G20 峰会，紧锣密鼓的行程，环环相扣的进度，无论会场内外，每天的节奏，无不诠释了一个字——快！

不过，也有例外。

遇到茶，步伐会在那一刻慢下来……

客来敬茶是中国传统，源自中国的茶文化在 G20 峰会上大放异彩。中国茶叶博物馆、茶文化体验馆、B20 茶歇、峰会晚会节目《采茶舞曲》等，茶，在峰会期间，无处不在。

"龙井茶，绿茶。龙井是这里的地名，就在这儿的半山上，叫龙井村。那里出的茶就是龙井茶……"一段新闻视频中，杭州西湖国宾馆，"清漪晴雨"凉亭下，中国国家主席习近平正向美国总统奥巴马介绍着佳茗，这佳茗，正是中国十大名茶之首西湖龙井，选用的茶具是暗含"天地人和"之意的传统茶具——盖碗。翻开杯盖清啜，茶香四溢。

一时间，中国茶再一次受到世界瞩目。

B20 的茶歇 4 小时

3 个月，4 小时，只待宾来。

9 月 3 日晚 6 点，杭州城市阳台，不少 B20 参会嘉宾踱步而至。

在林立的现代化建筑中，一隅为 B20 新搭建的 2000 平方米的茶歇场所，成为他们眼中别样的风景。

"B20 是二十国集团工商界活动，是 G20 峰会的重要开场活动，在 9 月 3 日、4 日举办。这两个半天，嘉宾从会后到宴会开始，间隔 2 小时，这期间我们提供茶歇服务。"B20 茶歇负责人、素业茶院主人陈燚芳说。

"B20 茶歇的场馆，突出的是中国传统文化，场内的家具都是南宋风格，很多嘉宾都在拍照、交流。"这幕惊艳的背后，正是陈燚芳带领团队筹备了近 3 个月，从装修到设计、布局的煞费苦心。

现场最具传统意味的，自然是茶。

"场馆设置了 9 个区域，都有茶座、茶位，宾客既可以坐在泡茶台和茶艺师交流，也可以直接端茶杯去看茶艺表演，或是到楼上的观景台欣赏钱塘江风景和灯光秀。"杭州青藤茶馆的王丹丹，此次幸运地被选为现场 29 位茶艺师之一，她身着白底蓝花旗袍，端庄又大方地为外宾倒茶。

陈燚芳和王丹丹的目光，都不约而同地注意到了现场的一位外宾。他一边轻饮杯中茶，一边认真观看茶艺表演。"一场完整的茶艺表演是 15 到 18 分钟，他一直站着从头看到尾。表演过后，还主动去和茶艺师打招呼，为我们点赞。"王丹丹说，现场各种投入的嘉宾很多，有嘉宾为了拍到满意的照片，不惜跪在地上找角度。

"每位嘉宾所用的茶杯，我们都当作礼物送给他们。"陈燚芳说，这些茶杯也是定制的，是景德镇青花瓷的双线品杯，杯口上面和杯底下面各有一条线，是典型的南宋风格茶器，让嘉宾眼前一亮。

服饰同样是陈燚芳等人精心挑选、设计的。"白底蓝花是融合了景德镇青花瓷的元素，花选择的是国花牡丹，而且是含苞待放的牡丹。这些茶艺师都是很年轻的小姑娘，像这花一样，含蓄内敛。不用平常宽松的茶服，而选用旗袍，更是因为旗袍为华服，更为正式和端庄。每一处设计，都希望向世界展现独具特色的中国形象。"她说。

直播点击 43 万

除了 B20 的主会场，在西湖景区内，茶文化大餐已经备好，它不仅等待着 G20 的嘉宾，同样还有万里之外的世界友人。

"当时的点击率就有 36 万，半小时后又加了 5 万，到了晚上有 43 万多。"9 月 2 日，新华社的记者化身体验者，在茶文化体验馆进行了 Facebook 的全球现场直播，近一小时的采访，同时得到了世界不同国家几十万观众的关注。提到这儿，上城区政协文史和教文卫体委员会主任、上城区茶文化研究会秘书长瞿旭平仍然感觉很兴奋。

瞿旭平说，直播的同时能看到各地观众的评论。他们想要一品中国茶的兴趣，以及对茶艺师手法的钦佩，隔着屏幕，她都已经感受到了。

为 G20 开办的茶文化体验馆，设置在嘉宾每天参会时的必经之路上。来来往往的车队，让身在其中的瞿旭平，感受到了浓郁的盛会氛围。

不过对于她来说，这份体验，多少还留有遗憾，就像与土耳其总统夫人、部长等官员的"擦肩而过"。

"当时总统夫人代表团的负责人通知我们，土耳其夫人会来参观体验馆。我们为此进行了精心准备，为总统夫人共准备了 4 款茶，除了杭州最具代表性的龙井茶和九曲红梅外，因为桂花为杭州市花，我们还准备了桂花龙井茶。听闻总统夫人喜欢白茶，我们又特别选取了白毫银针茶。"瞿旭平说，在宋式点茶环节，他们还专门定制了"土耳其款"。

"点茶是在茶上作画，我们提前做了练习，成功将土耳其国旗的标识画在茶上。"瞿旭平说，不仅如此，他们还查阅了很多当地的风俗人情资料，尽量做足功课。

这一切均被提前来了解情况的土耳其大使馆工作人员看在眼里。虽然总统夫人因故并未能前来，但"遗憾也是美好的"，瞿旭平说。

"作为一个茶人，把中国茶文化宣传出去，是使命也是责任，能参与其中感觉很荣耀，再累也值得。"她说。

为中国茶代言

相较于茶文化体验馆，同样在景区内的中国茶叶博物馆是幸运的。作为国家级专业博物馆，峰会前后，一拨又一拨贵客来此访茶。哈萨克斯坦、老挝、土耳其、加拿大、阿根廷、欧洲理事会等参会国、国际组织的政要及夫人，纷纷前来。工作人员至今沉浸在当时茶文化交流的美好回忆中。

9 月 2 日，哈萨克斯坦第一副总理萨金塔耶夫，在参观《中华茶文化展》时，对"四桶揉捻机"表示出了很大的兴趣，还亲自动手尝试揉捻茶叶。

"在看过了'西湖茶礼'茶艺表演，品饮了龙井茶后，他还特别提出想品饮红茶。"中国茶叶博物馆工作人员介绍，他们立即冲泡了香醇的古树红茶，萨金塔耶夫对此赞不绝口，还笑说自己曾收过友人赠送的普洱茶饼，从外形到口感都令人印象深刻。

第二日，这里迎来了老挝国家主席本扬及夫人。进入展厅后，本扬就被位于中国西南部的野生大茶树的场景吸引。原来，与中国云南省交界的老挝，其北部的山区中也有古老的野生茶树。而后，本扬在茶室展厅品饮了茶艺师冲泡的乌龙茶。"当得知这种乌龙茶名叫木栅栏铁观音时，主席先生非常风趣地说：既然茶以观音为名，观音又以慈悲为怀，应该让所有在场的人都品尝一下。"工作人员介绍说。

在这之后，中国茶叶博物馆迎接的客人，会令瞿旭平艳羡不已。土耳其总统夫人阿米娜·埃尔多安一行访问了中国茶叶博物馆双峰馆。而总统夫人在听了中国茶字的发音后，更是很高兴地说到在土耳其的茶的发音和它非常接近。

舞中茶味

馆中有茶，杯中有茶，赏心悦目的舞蹈中，亦有茶味。

G20峰会晚会上，头戴斗笠，身着绿衣，轻踩湖水，314位采茶女一亮相，令观众为之惊艳。

伴随着杭州人耳熟能详的《采茶舞曲》，她们翩翩起舞，田间采摘茶叶时的一夹一采一投，简约的动作融合舞蹈的美感，令人心旷神怡。

"《采茶舞曲》，我们再熟悉不过了。在杭州，凡是涉茶活动，无论大小，都要有《采茶舞曲》。"陈燚芳说，"《采茶舞曲》由浙江人周大风创作，传唱度很高。"

"《采茶舞曲》是整场晚会的第二个节目，旋律一来，立马就能感受到杭州喝茶的氛围，也是非常经典的茶文化的艺术呈现，很有代表性。"瞿旭平说，此次表演与以往有很大不同。

"平时我们就是简单地唱歌或是跳舞，而这次节目实在让我们感到惊艳，甚至有一种全新的印象西湖的感觉。演员们在水面下3厘米的台子上跳舞，唯美动人，这也是整台晚会中群舞人员最多的节目。"瞿旭平说。

"中国是茶的发源地，能代表中国的饮品一定就是茶。我们看到晚会特别激动，杭州有句口号，茶为国饮，杭为茶都，正是如此。"青藤茶馆馆主毛晓宇说。

彼时，无论是杭州人，电视前的中国观众，乃至海外的朋友，想必都沉浸在中国这杯茶中。

（原载于《人民政协报》2016 年 9 月 9 日第 11 版）

从"一带一路"到一盏一叶

——"中国茶文化传承与国际传播"主题沙龙活动侧记

文／徐金玉 纪娟丽

中国是茶的故乡。茶文化既是中华优秀传统文化，也是中华民族为世界文明作出的巨大贡献。茶从中国走向世界，从历史走到今天，无不跳跃着和平的韵律、传递着健康的理念、闪耀着文化的光辉。6月22日，由中国国际文化交流中心、中国艺术研究院休闲文化研究中心指导，中国茶叶流通协会、云南省茶叶流通协会、云南双江勐库茶叶有限责任公司主办的"中国茶文化传承与国际传播"主题沙龙活动在京举行。

茶文化传播，借助"一带一路"走出去

曾几何时，在古老的丝绸之路上，中国茶广泛传播，世界茶香弥漫。如今，"一带一路"建设中，古老的中国茶如何焕发新生机？

"我和多数国人一样，喜欢喝茶。驻外期间，我总是喜欢用茶而不是用咖啡招待外国朋友，他们大多表示赞赏。因为我们用中国茶招待客人，不仅提供的是饮料，捧出的还是文化。"十一届全国政协委员、中央外办原副主任吕凤鼎曾是中国驻瑞典大使，他以瑞典为例说，在那个离我国万里之遥的北欧小国，茶在两国交往的历史中谱写的辉煌篇章，受到广泛称羡。

中国和瑞典的交往源远流长，茶叶贸易在其中发挥了重要作用。吕凤鼎说，"哥德堡号"商船的故事尤其具有传奇色彩。300多年前，装载有中国茶叶、瓷器和丝绸的"哥德堡号"，在从中国返回即将进入哥德堡港的海域沉没。300年后，人们从沉没的船中打捞出当年货物，惊奇地发现，在海底浸泡了几百年的茶叶，品质依然保持良好，这件事在瑞典和世界引起轰动，使瑞典人更增加了对中国茶的认识和喜爱。他认为，在"一带一路"建设中，要努力扩大中国茶在国际贸易和国际友好交流的舞台。

十一届全国政协委员、中国驻欧盟使团原团长关呈远，因为曾作为外交大使常驻欧洲，对中国茶对欧洲的影响，他深有体会。"中国是茶叶、丝绸、瓷器的故乡。自古以来，中国茶叶与丝绸、瓷器等风雨相伴，通过'陆上丝绸之路'、茶马古道和'海上丝绸之路'走向世界各地，成为中国与世界和平、友谊、合作的纽带。"他说，中国茶叶在世界近现代历史的发展进程中，有着举足轻重的地位。英国的中国科技史专家李约瑟更是将茶叶看作中国继四大发明之后对人类的第五个贡献。中国茶与茶文化还与当地社会文化相结合，发展出新的茶文化形态，丰富了不同国家和地区人们的物质与精神文化生活，饮茶成了许多国家国民的生活内容，增强了人的身体健康。

九至十一届全国政协委员、中国投资协会生态产业投资专业委员会会长林嘉騋生在茶乡福建，更是时刻与茶相伴。"福建是海上丝绸之路的发源地，纵观历史，中国传播茶文化的历史途径有很多，茶马古道、万里茶路、茶船古道，不胜枚举。"林嘉騋说，前不久，中国投资协会生态产业投资专业委员会下属的国际合作部，在丹麦举办了茶文化艺术节，将中国传统的文化传播出去。

谈到茶文化的国际传播，全国政协委员、中国艺术研究院篆刻中心主任骆芃芃不由得想起了连亘万里、始于17世纪、繁荣两个半世纪的万里茶路。"万里茶路是继丝绸之路之后又一条横跨欧亚大陆的国际商贸通道，它南起福建，途经浙江、湖南、湖北、山西、河北，来到了俄罗斯的恰克图、莫斯科，并一路延伸至北欧。这条边贸之路主要就是依靠茶贸易形成、兴盛的。"骆芃芃说，文化和贸易的兴盛与当下的时代背景息息相关，希望更多茶界人士能够搭乘"一带一路"东风，把茶文化传播出去，让茶叶走出国门，走向世界。

茶文化传承，从家庭开始

茶文化流传千年，传承最关键。几千年来，有人小心呵护着祖辈留下的茶园，有人拿起了父辈传下的制茶工具，有人则端起了代代相传的茶杯……茶文化传承千年的背后，是家庭的耳濡目染，更是环境的潜移默化。

"茶和中国人有不解之缘，跟说书人更是了。"十至十二届全国政协委员、中国曲艺家协会名誉主席刘兰芳说，在茶馆说书，可以追溯到唐宋时期，现在在全国各地，不管是哪里，只要有说书人就有茶馆，先沏茶、后说书。听书的平心静气，喝着茶、静下心，听说书人娓娓道来，讲述中国故事。

中国的传统节日里很多都跟茶有关，七至十届全国政协委员、著名人文学者李汉秋一直研究中国的传统文化，尤其是中国传统节日文化。"过节，是传统文化的结晶，过节少不了茶。"李汉秋以庆寿为例，现在给老年人庆祝"米寿"，是88岁。"茶寿"比"米寿"，又多了20岁。因此，以茶为礼，祝贺老人长寿，是重阳节最美好的祝愿。再比如元宵节猜茶谜，端午节喝消暑茶等，都是茶与生活密切结合的例子。他认为，茶走进家庭，传统节日是一个很好的契机。"使茶饮产品走进传统教育，由传统教育走进家庭，茶文化就能有更好的社会基础。"

"我们今天生活在科学化程度很高的社会，茶也需要创新性、创造性的发展。"全国政协委员、中国作家协会副主席阎晶明认为，茶文化和当代生活之间，有时候也有矛盾。"比如说喝茶到底会不会影响睡眠？吃药前能不能喝茶？"这些疑问会导致在一个家庭即使饮茶品位相同，对于喝茶的观念也会产生分歧。他认为，喝茶的观念需要有正确的引导。"茶也需要随着科技的发展，更好地融入现代生活。"

作为传播学专家，全国政协委员、首都经济贸易大学文化与传播学院副院长郭媛媛一直致力于文化与传播方面的研究。茶作为文化的代表，如何从传播的角度进行传承，郭媛媛认为，当前的中国茶文化呈现三"常"状态。"即寻常、日常、经常。"她说，"平常"使得人们不太注意深入挖掘茶的价值；"日常"使得茶缺少了一种深厚的内涵；"经常"则让人们忽略了茶的品质。他认为，不同年龄段的人所接受的文化和感受是不一样的；茶的品质需要大众化的层面，也要有更多高端的层面；茶的品牌建设，包括价值的重构、内涵的再现和品质的维护，都需要以更专业的方式去打造，希望在今后的茶产业建设中，能够做出精品工程。

茶文化生活，普洱熟茶新风向

无论是琴棋书画诗酒茶的高雅，还是柴米油盐酱醋茶的朴实，每个人的生活，都可以与茶产生关联。然而，要将茶真正融入自己的生活，还要找到适合自己的茶与适合自己的喝茶方式？

云南双江勐库茶叶有限责任公司副董事长戎玉廷生在茶乡，长于三代制茶的茶叶世家。他说，云南是普洱茶的故乡，普洱熟茶是一款非常有特色的茶类。普洱熟茶通过渥堆发酵，不仅口感柔和，还因产生茶褐素、可溶性多糖等成分，具有突出的保健功能。然而，也正因渥堆发酵，过去的熟茶有"堆味"，滋味比较单一。

"这种'堆味'，一些茶客不易接受，滋味单一也满足不了茶客味蕾体验的需求。"戎玉廷说，他一直希望做一款茶客一喝就能接受的熟茶，同时保留熟茶柔和且具保健功能的优点。他透露，经过十年研究，勐库戎氏创新熟茶发酵工艺，不仅实现新熟茶没有"堆味"，还让其既有老熟茶的醇厚，又有上品生茶的回甘生津。他希望，创新工艺的熟茶引领普洱熟茶新风向，并给云南普洱熟茶带来新的发展机遇。

"过去喝普洱觉得有股霉味，别人还告诉我没有霉味就不是普洱茶。"对于熟普的"堆味"，十一届全国政协常委、国家体育总局原副局长张发强深有体会，对于熟茶的创新工艺，他十分期待，因为"每天锻炼一小时，朝朝泡杯普洱茶"是他的生活方式。

"健身与喝茶都有益于健康，健身是流水，喝茶是补水；健身是动，喝茶是静，动静结合，非常和谐。"张发强说，他现在喝茶并没有太大偏好，白天什么茶都喝，但晚上一定是一杯以普洱茶为代表的黑茶。

熟普也是全国政协委员、国家京剧院三团团长张建国的最爱。他说，经过后发酵的熟普滋味醇厚，口感柔和，不仅带给人好的体验，还带给人健康。喝茶不仅要喝好茶，最好还有一群爱茶的人在一起，大家品茶聊天，又是不一样的体验，是一种能带给人快乐的生活方式。

喝茶能让人年轻、充满活力吗？全国政协委员、中国中医科学院广安门医院食疗营养部主任王宜现场权威解读，她表示，喝茶之所以能带给人益处，是因为茶中含有咖啡碱、茶碱、儿茶素等对人体有益的元素。普洱熟茶的突出保健功能，也主要体现在其渥堆发酵中菌群的变化，这些菌群对人体是有益的。与普洱熟茶新工艺相比，王宜更关注的是熟茶产品的"可追溯"，她认为这对茶食品安全至关重要。

每个人适合喝哪类茶？王宜表示，喝茶要因人因地因时而异，比如青茶、普洱生茶，可以作为清热凉茶。但要暖胃、助消化，就应该来杯普洱熟茶。在人们的饮茶生活中，还要根据季节调整，春喝花茶借花香体验新品，夏喝绿茶借寒性让人清热解暑，秋喝青茶润肺心旷赏秋，冬喝普洱熟茶让人消食暖胃。不同的茶，有不同的适用场景。常喝茶，喝对茶，必然让生命更健康，让生活更精彩。

告别"堆味"普洱熟茶新工艺亮相北京

"这款熟普和我以前喝的不太一样，没有'堆味'，口感还更丰富。"

"是的，喝起来不仅有老熟茶的醇厚，还有上品生茶的回甘生津。"

……

6月22日，北京国际茶业展"中国茶文化传承与国际传播"主题沙龙活动之后，独有焦糖香、花果香的新型熟茶——勐库戎氏博君熟茶举行产品发布，获得了京城茶友的认可和赞誉。而就在前一日，北京国际茶业展开幕当天，"2019博君熟茶"即征服京城茶叶专家，喜获"双奖"：2019中国茶叶集群品牌联盟（春季）2019春季茶叶超级单品，2019北京国际茶业展、北京马连道国际茶文化展茶叶产品质量推选活动特别金奖。

这是博君熟茶又一张新的成绩单。此前，该款产品已先后亮相昆明茶博会、杭州茶博会、广州茶博会，并走进农业农村部茶叶质量监督检验测试中心、中国农业科学院茶叶研究所，获得了业界专家一致好评。

"我想做一款口感舒适愉悦、滋味丰富，让消费者一接触就能接受的熟茶。"勐库戎氏副董事长、戎氏制茶技艺第三代茶人戎玉廷怀揣这样的初心，2007年开始，他以大量的试验和详细的数据为支撑，通过10余年不断钻研，研发出一套以茶叶原料特性为基础，通过分类发酵、精准控制、复合拼配、精确度更高的熟茶发酵法，博君熟茶横空出世。博君熟茶以创新熟茶的工艺，独有的花果香、焦糖香、甜香、无堆味的新型熟茶口感，颠覆了人们对传统熟茶的认知。

戎玉廷说，普洱熟茶市场广阔，但也存在弊端，需要技术创新与突破，他希望能够通过普洱熟茶工艺创新给企业带来内生动力，为云南普洱茶的发展作出自己的贡献。

（原载于《人民政协报》2019 年 6 月 28 日第 11 版）

舒茶：春秋六十载 "兰花"绽新香

——纪念毛泽东同志视察舒茶60周年活动侧记

文/徐金玉　　摄影/周先才

9月16日，是安徽省六安市舒城县舒茶镇人民的大日子。

1958年的这一天，毛泽东同志视察了这个舒城小兰花茶香飘万里的茶乡，提出了"以后山坡上要多多开辟茶园"的指示……

2018年的这一天，在身披绿色的青岗岭前，纪念毛主席视察舒茶60周年活动举行。这60年来，以茶产业振兴经济，舒城人民一直在路上。

山坡茶园换新颜

9月16日，安徽省舒城县，清晨微雨，一尊两米多高的毛泽东同志雕像前，参加纪念毛主席视察舒茶60周年活动的嘉宾静静伫立。历史曾在这里驻足：1958年的这一天，毛泽东同志视察舒茶，在这里提出了"以后山坡上要多多开辟茶园"的指示……

舒茶镇党委书记褚进宏虽然没有亲身经历过那段时光，但对那段历史

九一六茶园

却如数家珍："当年，全国掀起人民公社浪潮。9月9日，舒茶成立了安徽省第一个人民公社，没想到16日，毛主席就来到了这里。"

说起舒茶这一光荣的往事，褚进宏有些激动。"当时，毛主席视察舒茶人民公社时，不仅参观了公社展览馆，看了公社远景规划模型，还来到了我们当时的制茶厂，指着一台机器问：'这是什么机器？'时任舒城县委书记处书记杜来春答道：'这是揉捻机。'随后，有两个少先队员用手推转给毛主席看。走出制茶车间后，毛主席驻足眺望西边的青岗岭，指着山上问：'那是不是茶树？'当听到'是'的回答时，他高兴地点点头，说：'以后山坡上要多多开辟茶园。'据我们了解，这是主席一生中关于茶业发展方面作出的唯一指示。主席的亲临视察，是对舒茶当时在全国率先、全省第一个成立人民公社的敢为人先精神的充分肯定和鼓舞。主席的指示，是对舒茶未来发展道路和方向的高度引领和企盼，开启了茶乡发展的历史新篇章。"褚进宏说。

舒茶镇镇长高瑞稳介绍，到了1966年9月16日，舒茶人民决定利用两年时间，在毛主席当年指点的青岗岭开辟高标准梯式茶园，向毛主席视察舒茶10周年献礼。"这项工程全靠当地农民手拉肩扛，共建石坝25道，筑土坝109道，建成高标准梯式茶园176亩，成为龙舒十景之一——青岗云梯。为纪念毛主席视察舒茶，命名为九一六茶园。"

在纪念活动的开幕式上，全国政协常委、安徽省政协副主席、安徽农业大学教授夏涛说："舒茶是一代伟人毛泽东同志亲临视察的地方，茶产业在这里有着辉煌的发展历史和扎实的产业基础。希望舒茶要在茶业发展上谋求新思路，高标准建设茶谷项目，打造茶叶品牌，要以发展成六安茶谷重镇、茶叶名镇的目标进行定位，力争打造成六安500里茶谷的最美茶乡。"

纪念活动结束后，众多嘉宾拾级而上，向九一六茶园进发。当年毛主席面前那片闲置的荒山秃岭，早已换了容颜、焕发着勃勃生机。雨后的茶园，更是泛起层层薄雾，将绿色的茶园掩映在云雾之中，愈显一份恬静和自然。

"现在你看到的是绿色的景致，体会到的是红色精神，等到4月采茶季，你还会看到漫山的映山红围绕其中，红绿相映、春意盎然。"全国政协办公厅挂职干部叶松一边带领记者深入舒茶，一边介绍着。

"这里的每一株映山红，都是由镇上党员捐赠。这不仅是红色印迹，更是红色精神的传承。我们正积极争创国家 AAAA 级舒茶人民公社景区，以后这里有茶、有美景、有美丽乡村，能够为游客提供吃住行游购娱一条龙服务，能把游客留住。"叶松说。

舒城兰花香愈浓

"兰花茶，兰花茶，舒城就是你的家；兰花茶，兰花茶，一壶茶水醉天下。"伴随着动人的歌声，嘉宾们同样被沁人心脾的茶香吸引。

"这就是我们的舒城小兰花茶，兰花形、兰花色、兰花味，让人喝过便忘不了它。"褚进宏说，现在打造"一镇一品"，舒茶将茶叶作为主导产业进行扶持，也为稳定脱贫、乡村振兴打下基础。

"茶产业既能保证群众稳定增收，又能保护生态环境，我们更将其作为脱贫的重要抓手。现在，镇上以九一六茶场为龙头，采取两免三保一分红的措施。两免是指自 2017 年起至 2020 年连续为产茶村的每个贫困户免费提供一亩茶苗，为非产茶村的每个贫困户免费提供一斤茶叶；三保是指保培训、保收购、保就业；一分红，贫困户可以入股企业，定期分红。"褚进宏介绍，当地茶企纷纷成立了扶贫驿站。一方面，茶企投入扶贫中来，政府搭台帮助其宣传品牌，随着茶品质量和价格不断提升，企业又可以把收益回归茶农。

古尖香启明家庭农场就是当地的一个扶贫驿站点。走进一看，车间宽敞明亮，现代化的生产设备布置其中。

农场老板吴绳友指着一台颜色亮眼的设施，笑着说："这是在政府支持下，今年新添置的色选机，花了五六十万元呢。"

"这些年，我们当地的企业一直在不断提升品质、打造品牌，通过这一措施，也促进了茶农的进一步增收。"吴绳友说，品质高了，茶价也提升了，茶叶越卖越好，相应地，茶农卖茶青的价格也在稳步提升。

"原来茶青卖三四十元的时候，我都不敢收，怕制成成茶价格太高没人买；现在茶青价格一斤 70 元，我都一点不发愁。有多少收多少，现在每年茶叶售卖都有大量订单，茶叶根本不愁卖。"吴绳友笑着说。

每年采茶季，来启明农场采茶的农户有一两百人。"一顿中饭就要用上七八袋米。"吴绳友的儿子吴启明笑着说，收茶青时，他们更是格外关注当地的贫困户。

"我们每年会优先收购贫困户茶叶鲜叶 8000 多斤和干茶 1000 多斤，优先保障 100 多贫困户需要的茶叶生产技术培训，还为 8 户贫困户进行了资金入股，每年分红就有 4.8 万元。"吴启明说。

"这些茶企还打造了就业扶贫车间、电商服务中心和公共就业服务中心。支付务工工资和茶叶销售货款时，给贫困户的工资也会比标准工资高出 10%。"舒茶镇党政办工作人员周先才说。

褚进宏介绍："我们全镇 3.5 万人，有 2 万人事茶。目前，镇上现有茶园 1 万亩，其中可采面积 8000 亩，茶叶综合年产值 1.5 亿元。现在政府搭台、茶企唱戏，通过为贫困户提供就业岗位等多元化措施，共同帮扶贫困户尽早脱贫、走上致富路。"

因茶脱贫笑开颜

"舒茶兰花地方茗茶"，在一间十几平方米的门店门口，八个红色的大字格外显眼。只见玻璃货柜前，整齐划一地摆放着一排绿色包装的舒城小兰花茶。

东山茶庄老板余兴安起身迎客，一脸笑意盈盈。你或许很难想到，眼前这个满面春光的老爷子，在几年前，还是舒茶贫困户中的一位。

余兴安的手腕上，套着一只长长的护腕。"我是因残致贫的。"余兴安边说，边将护腕轻轻脱下，几道深浅不一的疤痕长达十几厘米，有些触目惊心。

"我之前是个大货车司机，靠跑运输养家。有一年出了车祸，受了重伤，当时腿上、背上都是血。整个身体也垮了，再也开不了车了。"由于身体残疾，余兴安不能再干原来的营生，妻子又常年体弱多病干不了活，家里一下子陷入了贫困。

"那时候，俩女儿都考上了大学，拿到录取书的那天，人家父母是笑着的，我是流着泪的，我给她们交不起学费啊！"想到这儿，余兴安仍忍不住眼眶泛红。

是茶叶，一点点让余兴安一家又重拾起了脱贫的希望。

"茶叶是舒茶的特产，如果能在运输主路上，卖卖茶叶，说不定能改变面貌。"因此，前些年，家乡的路边常看到一个身影，肩头扛着扁担，两边的竹筐里装满了舒城小兰花。每逢大车或者外地车经过时，他都会招手示意，希冀过往的路人尝尝家乡最有特色的土特产。

几年兢兢业业的努力，再加上政府的帮扶，余兴安开起了自己的小茶厂，能够自产自销舒城小兰花。后来，茶厂因修路关闭，但余兴安的茶叶店却开将起来。有了自己的小门脸，再不用到路边风吹日晒兜售茶叶了。

"我媳妇儿现在也到了镇里的九一六茶场帮忙扦插茶苗、打扫卫生等，一年也能挣个 8000 来块钱呢。我的孩子都在上海找到了工作，还有一个自己创业，当上了老板。我们老两口什么都不愁，每月还能赚不少钱。2016年我主动申请脱贫！"余兴安有些骄傲地说。

"我还有自己的微店呢。"一句话，余兴安骄傲无比，令记者刮目相看。"50后"的余兴安紧跟时尚，不仅微信用得溜，连不少年轻人都不熟悉的微店，他也弄得风生水起。

余兴安说，他给茶厂起名叫"东山茶庄"，是政府的扶持、茶叶让他们家的日子"东山再起"。"这些年来，我得到了镇政府的帮助，虽然我已是老年人，但我也希望把自己的这一份热诚献给社会、献给家乡。"

育苗基地播希望

"吴场长在吗？"

"吴场长没在镇上，下田了。"当听到九一六茶场工作人员回答时，褚进宏显然是意料之中。他立刻带领记者下了田。

"正是茶苗扦插的时节，吴场长一般都会在田里指导。"褚进宏说。这些年，舒茶因茶致富，不只销售舒城小兰花，卖茶苗也成了当地营收的重要手段。

"'舒茶早'是我们舒茶培育出的国家级茶树良种，它发芽早、芽头壮、产量高，全国各地产区都在引种，现在推广面积达到了 100 万亩。我们每年能卖 1000 万株茶苗，这样又给贫困户增收了一笔不小的收入。"褚进宏说。

乡间小路上，远远地看见一片开阔的农田，几十个农民正戴着草帽蹲在地里忙碌着。他们的不远处，一片田地已被盖上了黑色的薄膜。

此时，精瘦、黝黑的一位走上前来，他就是九一六茶场场长吴福广。九一六茶场传了 50 多年，这第二任场长已干了 34 年。

他的手上，选育出了"舒茶早""山坡绿"等国家级茶树良种，现在全国各地都有它们郁郁葱葱的身影。"我们最近刚选育出了一个新品种，正在申报呢。"吴福广笑着说。

"这个茶苗剪得好，是最标准的。"一边接受采访，吴福广一边还忙不迭地指导着一个农妇。心领神会的农妇蹲坐在小板凳上，更加认真地用剪子一根根剪着扦插的茶苗。

"一般一根茶枝上中间有一片芽头的最好，到时把它插在地里，就可以生根发芽。"吴福广说，一亩地大概扦插 20 万株茶苗，成活率在 70% 左右。

每年三四月，当地人忙着采茶、制茶，茶香笼绕着幸福的小镇；到了 10 月份，他们又开始收获茶苗、扦插茶苗，继续播种新的希望。

"来扦插茶苗的，很多都是贫困户。扦插需要简单的技巧，只要指导以后，他们上手特别快。每天什么时间来都可以，按照扦插的数量发工资。除此之外，茶园日常管理、卫生打扫，都为当地的贫困户提供了就业岗位，他们也可以通过这些方式增收。"吴福广说，九一六茶场单是每年给茶农支付的费用就有 100 万元左右。

"现在眼看着大家的日子越过越好，我心里头也为他们高兴。"吴福广说，现在镇上已有 4 块这样的育苗基地，接下来，随着茶场越办越大，肯定能给茶农带来更多的福利。

（原载于《人民政协报》2018 年 9 月 28 日第 11 版）

广西横县茉莉花节印象

文/纪娟丽

没去广西横县之前，茉莉花茶还只是杯中茶香与花香相得益彰的饮品；而一趟横县之行后，这杯茉莉花茶变得意味深长：有花农、茶农的期盼与汗水，有花茶制作工艺的智慧与传承，还有横县凭借一朵小茉莉，走向大世界的生动篇章。

花与茶的交响

茉莉花开的季节里，横县向全世界发出了邀约。8月22—24日，2014年中国（横县）茉莉花文化节举行。8月的广西，天高云淡，从南宁一路往东，当鼻尖漫过清幽灵动的花香，就抵达中国茉莉之乡横县了。

位于校椅镇石井村的中华茉莉园，是横县茉莉花对外展示的一个窗口。8月23日晨，一望无际的花田里，因为采花人的到来变得热闹。花农刘殿华一大早就起来了，家里两亩茉莉，从4月忙到10月，采花成了他每天睁眼就要做的事。昨天，两亩地收了15斤花，每斤20元，这是今年的最高单价。"如果每天都能卖这个价，那就太好了。"刘殿华说着开始麻利地摘下一朵朵待放的花苞，"这种花苞摘下来，晚上开时就会散发出最大香气，用

茉莉花茶原料筛选

来窨制花茶最好。而这朵全开的，香气已经散发出去了，就不能用来做花茶了。"指着一朵全开的茉莉花，刘殿华说，茉莉花开得最热闹的是七八月，他要从早上6点采到晚上7点，天黑的时候才能去卖花。"每天都要采完，不采完花就过期了，茉莉花跟其他的花不一样，不能等明天。"

晚上的横县，是另一种热闹。21点30分，金花茶业车间内，春天制好的绿茶为了这一天，已经等了好几个月了。工人们将新摘的茉莉花与茶拼合后，堆成长方形。"花要有一定的温度，才能更好地开放，一般是37度，要根据这个温度'堆'跟'摊'。"金花茶业执行总裁王彦告诉记者，为了让整批含苞待放的茉莉花最大程度盛开放香，制茶师傅必须反复堆花、摊花。果然，过了一会儿，制茶师就开始拿起木锹扬花摊放了。"一次窨制，这样扬花的动作，制茶师不知道要做多少次。"王彦说，窨制过程中，要准确掌握茶与花之间的温度跟湿度，适时进行通花，如果有一次温度没控制好，这一批茉莉花茶的香气就可能走样。

接近晚上11点，这一批次的茉莉花茶第一道窨制工序终于完成。王彦说，第二天一早还要起花，就是将花与茶进行分离。起花后，再进行烘焙，将花茶中水分降低，同时避免香气流失。烘焙后通凉两三天后，再开始下一窨制。一款茉莉花茶最终制作完成，要经过多次窨制，以五次窨花为例，最少需要20多天才能完成。

世界花茶看横县

花与茶的完美结合，复杂与讲究的工艺，让茉莉花茶香飘世界，世界各地人们也闻香而来。

"因为特有的地缘环境气候，造就了横县茉莉花花期长且香高的鲜明特征。每年的这个季节，我们都会相聚横县。"北京张一元茶叶有限公司董事长王秀兰热情地说，虽然年年来，但今年意义不一样。24日，在中华茉莉园旁边，北京张一元广西横县标准化产业园奠基仪式举行。"我们从设计、施工、生产工艺、质量控制和自动化程度均将达到国内一流水准，希望能推动茉莉花茶产业从传统产业向现代产业转型。"王秀兰说。

除了国内一流的花茶制作企业，这次茉莉花节，还吸引了世界各国友人慕名而来。"这已不是我们第一次来横县参加茉莉花节了,这一次,我们希望可以更深入地了解茉莉花的种植,以及茉莉花茶的制作工艺。"一位来自越南的客商说。

30多年前,横县人民也许不会想到,一朵茉莉花会对横县产生怎样的影响。30多年过去,茉莉花茶的香气充满着横县的大街小巷,成为当地的特色产业。"横县种植茉莉有400余年,但一直只作为观赏花卉,并未大面积种植。"横县人民政府副县长覃志坚说,20世纪70年代,横县茶厂开始尝试制作茉莉花茶的历史。当时,以横县茶厂为代表的制茶企业创造性地把浙江、福建一带制作茉莉花茶的技术引到了横县,很快,因茉莉花茶在北方市场逐步走俏,尝到甜头的花农开始大面积种植茉莉花。

花农和茶农的积极性很快转变成占据市场的力量。1989年,全国花茶加工产销座谈会提出,茉莉花茶生产加工中心逐步从广东、福建向广西转移,横县迅速成为市场主角。2013年,横县茉莉花种植面积稳定在10万亩、年产鲜花8万吨左右,全县有花茶加工企业150家,年加工花茶6万吨,产值超28亿元。"横县茉莉花产量和花茶产量占全国80%以上,世界的60%以上,成为名副其实的全球最大茉莉花和茉莉花茶生产加工基地。"覃志坚说,"可以毫不夸张地说,横县茉莉花的质量直接影响世界茉莉花茶的质量。"

小茉莉的大转身

从单一的茉莉花种植和加工,到如今集种植、加工、销售、文化、旅游、科研等为一体的茉莉产业,正如人们所看到的,一朵小小的茉莉花正在横县盛开出一个越来越精彩的世界。

从2000年开始举办的全国茉莉花茶交易博览会和中国国际茉莉花文化节,正是横县茉莉花产业实现完美转身的推手之一。覃志坚告诉记者,"一会一节"已经成功举办了八届和四届,已成为全国花茶界活动的知名品牌,极大地提升了横县和横县茉莉花茶在国内外的知名度和影响力。

中国茶叶流通协会常务副秘书长姚静波亲眼见证了这一点。从2001年首次参加全国茉莉花茶交易博览会至今，姚静波已经来过横县多次了。"刚去横县时，茉莉花以及茉莉花茶交易还是在马路边摆摊，县里接待能力也很缺乏，当时很多嘉宾甚至直接住到了茶农家里。"姚静波回忆说，现在，县里有了一流的茶城、茉莉花交易中心、茉莉花（茶）产品质量监督检验中心等，"可以说发生了翻天覆地的变化"。

对于横县茉莉花茶产业的发展，覃志坚信心满满。他告诉记者，横县先后建成西南茶城、中国茉莉花茶交易中心和中国茉莉花茶电子商务中心，建立全国茉莉花茶价格指数发布机制，为茉莉花茶贸易提供了良好的软硬环境，并采取多项措施占领了茉莉花产业发展的新高地。此外，横县还依托与东盟国家相近相邻优势，搭建中国与东盟茉莉花茶产业合作与发展平台。加强与东盟花卉、茶叶商务交流，促进花卉生产与茶叶贸易，促进文化交流与传播，积极探讨

建立交流、合作机制。"我们要努力把横县打造成为享誉世界的中国茉莉花产业中心，让花茶走向世界，让世界发现横县。"覃志坚坚定地说。

（原载于《人民政协报》2014 年 8 月 29 日第 10 版）

茶品篇

和委员一起品品六大茶类

文 / 纪娟丽 司晋丽

　　茶，如同一个隐士，沉稳内敛并不多话，因此让人看不清她的真面目。其实，她如同养在深闺的女子一般，正静静等待有心人或有缘人的对话。

　　作为我国传统文化的代表，茶文化享誉世界。其六大茶类——绿茶、黄茶、黑茶、白茶、青茶、红茶，每种茶类都是劳动人民智慧的结晶，无不体现我国茶文化的博广。

　　热爱便会执着。在全国政协委员中，也不乏茶文化专家、茶产业的推动者……今天，让我们跟随委员一起走进我国六大茶类，通过他们与茶的奇妙缘分，了解茶隐士的不同性格。

绿茶，天然滋味尽在杯底

　　"茶叶既是我的养母，更是我的孩子。"这是骆少君委员的茶哲学，更是她与茶的深情。她说，茶是她的养母，给了她生命中最重要的一切；茶又像她的孩子，她深深地爱着茶叶大家庭中的每一员。正是对茶的热爱，近年来，骆少君提交了"倡导茶为国饮已迫在眉睫""喝茶要从娃娃抓起"等提案。

　　绿茶的特性，是较多地保留了鲜叶内的天然物质。骆少君介绍，由于绿茶是一种不发酵茶，鲜叶经高温杀青后，纯化了酶的活性，使鲜叶中固有的品质成分被保留下来，这些成分是形成绿茶滋味品质的重要物质基础。"因此，绿茶保留了天然滋味。"骆少君说，绿茶滋味以味感浓厚、鲜爽、回味甘甜为上品。绿茶在冲泡后，其中的许多成分以水浸出物的形式溶解于茶汤中，各种成分的含量及其组成比例的变化，构成了不同的味感和不同的滋味类型。其中味感最强烈的是茶多酚，其次是氨基酸类和咖啡碱等。

茶多酚对绿茶滋味品质的影响较为复杂，由于其含量高，在水浸出物中所占比重最大，因此是决定茶汤浓度的主要物质，在一定范围内必然对品质有积极的作用，同时由于它又是绿茶苦涩味形成的主要物质，当超过一定限度后，便会对品质带来消极影响。

骆少君介绍，由于绿茶天然物质成分较多，对防衰老、防癌、抗癌、杀菌、消炎等均有特殊效果。

绿茶小档案

绿茶是不发酵茶，其干茶色泽和冲泡后的茶汤、叶底以绿色为主调，故名。绿茶是我国的主要茶类，其产量最高，产区最广，分布在浙江、安徽、江西、江苏、四川、湖南、湖北、广西、福建、贵州等各个茶区。

按干燥和杀青方法的不同，绿茶一般分为炒青、烘青、晒青和蒸青绿茶。

青茶，成员丰富好选择

"青茶这个大家庭成员很多，其加工技术是六大茶类中最复杂的，既有杀青又有发酵。青茶包括不同的花色，有铁观音、水仙、大红袍等，虽然都是半发酵茶，由于发酵程度不一样，各有风味，因此，我喝起来也会相应有一些选择。"杨孙西委员向记者介绍起自己的喝茶经。

杨孙西个人爱好一天"四杯茶"，早上起床喝半发酵茶，一般选择的是武夷岩茶；中午喝绿茶，或者是轻度发酵的铁观音；下午喝红茶；晚上则选择陈年的普洱。杨孙西认为，喝茶最主要的是个人爱好和适合自己。"有人按照体质选择茶类，有人按照季节选择茶类，但都不是绝对的。"

出生于福建的杨孙西从小喝武夷岩茶长大，对岩茶有一种特别的感情。四大名丛大红袍、铁罗汉、白鸡冠、水金龟，他如数家珍。"岩茶中还有一种老丛水仙，茶树有百余年历史，属于半乔木，也很有特点。"

为了继承和弘扬中国茶文化精粹，促进茶文化跨越国界，走向世界。2008年，中国茶文化国际交流协会在香港成立，杨孙西任会长。"福建华侨很多，这些华侨都十分关心茶文化和茶产业的发展，对一些传统茶类，如四大名丛都有很强的认同感。"

杨孙西表示，香港饮茶存在多样化的特点，他希望把香港办成中国茶叶经销中心和茶文化之都。他还透露，中国国际茶文化交流协会还将与孔子学院合作，将茶文化教育推广到全世界，"目前，教材正在编写中，期望在今年变成现实"。

青茶小档案

青茶亦称乌龙茶，属半发酵茶，由宋代贡茶龙团、凤饼演变而来，创制于清雍正年间。青茶大多以茶树品种命名，如铁观音、乌龙、毛蟹、本山、肉桂、佛手、凤凰单枞等，有几十个品种。乌龙茶的药理作用，突出表现在分解脂肪、减肥健美等方面。

乌龙茶主要产于福建的闽北、闽南及广东、台湾。近年来四川、湖南等省也有少量生产。

黑茶，如历史般厚重

2010 年两会，焦家良委员提交了设立中国茶节的提案。"利用茶叶的国际化属性，有助于在本土及海外传播中华传统文化，有助于提升中国的软实力。"

焦家良对茶文化的热爱，始于家乡云南的普洱茶。"因华美而矜持，因富有而远藏。"为了让更多的人了解普洱茶，焦家良投身茶产业，并在云南的普洱茶产业全面调查研究后，专门撰写了一本关于普洱茶历史和文化的著述《普洱茶道》。

当焦家良一次次迈向云南的茶山，拥抱着几个人围起来才能抱住的古老茶树，他感动地摩挲着那干裂的树皮和躯干，这些有几千年历史的茶树，印刻着家乡古往今来的变迁，他在茶树下经常默立良久。

焦家良说，仿佛那古老的茶树一般，普洱茶汤里也有一股醇厚，那是岁月的积淀。普洱茶还可以长期存放，而且有越陈越香的特性。"喝普洱老茶，仿佛喝到历史的厚重，特别醇厚。"

当普洱茶风靡世界，人们将它当作宝贝一样追寻时，焦家良感叹，"普洱茶道一度藏之于云南，藏之于岁月，藏之于天边的人民，然而它的香内敛而浩荡、古老而新鲜，难于被岁月所遮盖，终于迎来了彰显的这一天。"

作为医学博士出身的焦家良还注重黑茶的保健功能，他说，现代人的压力普遍大，染胃疾的人很多。而黑茶温和的保健性能已被科学证明，多喝对调脾胃、气血都有好处。另外，它的去脂消食功能，也符合现代人对健美身材的追求。

"每种茶类都有自己的特点，都有独特的品质。"现在，焦家良已经不局限于做普洱茶，他仿佛一位茶文化使者一般，在全世界推广茶，只希望中国茶的道路能够越走越宽。

黑茶小档案

黑茶属后发酵茶，由于所选用的原料外形粗大，在制造过程中堆积发酵时间较长，所以成品黑茶呈黑褐色。

黑茶花色品种丰富，主要有湖南黑茶、四川边茶、老青茶、普洱茶等。

黄茶，醇和口感下的平和心态

茶叶专业出身的夏涛无疑是茶专家，其家乡安徽所产的霍山黄芽是黄芽茶的代表。很多人对黄茶也许并不了解，夏涛便从黄茶的制作开始娓娓道来。

从黄茶的历史来看，黄茶出现在炒青绿茶之后，可以说是我们的祖先妙手偶得之。他们在制作炒青绿茶时发现，由于杀青揉捻后干燥不足或不及时，叶色即变黄，于是产生了新的品类——黄茶。

黄茶属轻微发酵茶类，黄茶的制作与绿茶有相似之处，不同点是多一道闷堆工序。这个闷堆过程是黄茶制法的主要特点，也是它同绿茶的基本区别。

夏涛说，正是由于闷黄工序，造就了黄茶独特的品质，汤色不似大红大绿，口味也醇和回甘，不会对肠胃形成刺激。比如霍山黄芽，其外形似雀舌，叶色嫩黄，汤色黄绿清明，香气鲜爽，滋味醇厚，叶底黄亮。

自明代出现以来，黄茶一直默默地传承着，直到市场经济打扰了这种平静。

"由于市场经济的影响，造成了黄茶的茶类并不稳定，先后经过了几次变革。"夏涛告诉记者，比如霍山黄芽，在20世纪50年代，由于红茶出口的火爆，霍山黄芽改做霍红，后来红茶没落后又改回黄茶；20世纪80年代，名优茶促进了绿茶的发展，霍山黄茶又改绿茶。这种变革也同样出现在其他黄茶上。

"茶类的不稳定让我们的教学很无奈，也让我们对这些茶的前途很担忧。"夏涛说，市场牵着教学，我们只能调整教案，把这些历史和变革都还原给学生。

夏涛认为，六大茶类都是茶文化的瑰宝，传统的东西应该守住。

然而，茶农却认为，"你是站着说话不腰疼，要卖得出去才行"。"老百姓的说法很对。"夏涛告诉记者，"但是，品种的混乱是对消费者的不负责任，也对茶类的传承不利。为了让黄茶和其制作工艺得到传承，我们与霍山县联系，恢复生产了部分霍山黄芽，现在影响力还不错，得到了部分消费者的青睐。"

夏涛说，像霍山黄芽这种典型的区域性小茶种，应该守住传统，提高品质，通过科学理念、文化层面来引导并推动消费，让消费者品尝、接受并喜欢这种茶的品质才是最根本的。

黄茶小档案

黄茶，按鲜叶的嫩度和芽叶大小，分为黄芽茶、黄小茶和黄大茶三类。

黄芽茶主要有君山银针、蒙顶黄芽和霍山黄芽；黄小茶主要有北港毛尖、沩山毛尖、远安鹿苑茶、皖西黄小茶、浙江平阳黄汤等；黄大茶有安徽霍山、金寨。

白茶，"绿妆素裹"之美感

因为宁德也是白茶的产地之一，陈兴生又讲起与坦洋工夫一并列为世博会指定礼品茶的福鼎白茶。

"去年在北京的钓鱼台国宾馆，驻华外国使节迎国庆60周年品茶会上，福鼎白茶跟坦洋工夫齐齐亮相，赢得了一片好评。"

"白茶的外形相对漂亮，芽毫完整，满身披毫，毫香清鲜，满披白毫，如银似雪。"陈兴生说，白茶有"绿妆素裹"之美感。然而，对于白茶，大家原本了解也很少，白茶没经过发酵的程序，营养成分被破坏最少，有专家界定，白茶能有效地降血脂、降血压，预防各种疾病的疗效很好。

陈兴生说，白茶还有一个美丽的传说。相传，在福建的太姆山上，有个女神叫太姆娘娘。当年山下的村子里发瘟疫，所有的孩子都得了麻疹。结果太姆娘娘用白茶将他们治好，所以从此白茶的功德也名扬四海。

"茶性清凉的白茶被誉为活化石，作为外销茶叶，福鼎白茶享誉海外。"陈兴生说，经过政府和企业的努力，2010年1月15日，国家工商总局授予福鼎白茶"知名商标"。而关于白茶文化的拓展，还要继续努力。

白茶小档案

白茶主要产区在福建，萎凋是形成白茶品质的关键工序。白茶属轻微发酵茶，因其成品茶多为芽头，满披白毫，如银似雪而得名。

红茶，走在复兴之路上

这次来参加全国两会，陈兴生委员准备了几罐福建著名的红茶——"坦洋工夫"和金骏眉。

"原来跟一些外地的朋友提起坦洋工夫，他们完全不知所云，今年春节假期，我惊喜地发现，红茶成了北方许多朋友桌席上'当红'的茶饮。"陈兴生说，静寂了多年的中国红茶能有今天，确实是一个不小的惊喜。

2009年，宁德市承办了第三届海峡两岸茶叶博览会，宁德与台湾的阿里山乡等产茶重镇结成了合作关系。陈兴生全程参与了这项工作，红茶复兴的盛况令他想起1915年的巴拿马博览会，那是坦洋工夫第一次拿到国际金奖。2007年，第十届巴拿马中国贸易展览会在巴拿马城拉开大幕，坦洋工夫作为福建主要参展品参展。当时，一条中英文巨幅横标悬挂在福建展馆的正中央，"中国红茶'坦洋工夫'重返巴拿马"，盛况令人动容。坦洋工夫的香气令不同肤色、不同民族的爱茶人陶醉。一位老华侨在留言中写道，"久违了，坦洋工夫。请努力吧！民族茶叶品牌一定重振雄风。"

可以说，坦洋工夫还是背负着历史的重任在前行。"宁德有个三都澳港口，是孙中山当年提出建东方大港的地方。100年前，全中国的茶叶有60％从这儿出口。以前，英国皇室在挑选下午茶的原料时，对坦洋工夫的香气，可谓情有独钟。立顿红茶的原料，不也主要是坦洋工夫吗！"

红茶小档案

红茶属于全发酵茶类，因其干茶色泽和冲泡的茶汤以红色为主调，故名红茶。

我国红茶种类较多，产地较广，主要分小种红茶（丘山小种、烟小种），工夫红茶（祁红工夫、闽红工夫、滇红工夫、川红工夫）及红碎茶。

（原载于《人民政协报》2010年3月7日第22版）

十年黑茶的几多滋味

文／徐金玉

金花、黑茶、10 年，当这些关键词组合在一起时，很难不勾起一个茶友对于老茶口感的无限神往。

一个周六的午后，刚一走进北京茶伴书香驿站，满室浓郁的陈茶悠香混合着淡淡的书香，向茶友们扑鼻而来，一场"传世 1902"茯砖茶品鉴会正在举办。

只见茶艺师、茶缘创客基地联合创始人简小敏手持一樽红色的景德镇瓷壶，将两小块铺满金花（学名冠突散囊菌）的茯砖茶投入壶中，注水、醒茶、出汤、分茶：透明的公道杯内，琥珀色的茶汤橙红明亮，分外清透可爱，啜饮一口，醇厚绵柔、满齿留香。

"这就是 10 年安化茯砖茶的魅力。这款茶于 2012 年出厂，到今年刚好 10 年。"作为东道主的北京茶伴书香驿站创始人、中茶湖南安化第一茶厂北京营销中心负责人雷金镁笑着介绍，当然这和茶叶的原料和工艺同样息息相关，采自安化云台山百年野生大叶老茶树原叶，在历经安化黑茶必备的 72 道工序和 1800 天天然窖藏以后，茶砖金花满布，自然在时间的转化下形成了醇香四溢的鲜明特点。

"黑茶似乎和时间有个约定，新做出来的茶没那么好喝，口感普遍不易被接受，所以一定要陈放一段时间后再喝。"雷金镁坦言。

于安化黑茶而言，新一年的原料，往往要存储一年后才压制成品，也有存储 3 年或 5 年再出厂的，被称为 3 年陈或 5 年陈。

"尤其是 5 年陈的安化黑茶，基本一出厂，就拿到了品饮的'入场券'，此时的茶，已有了初步转化，喝起来也很舒服，这属于安化黑茶的'青春期'。如果 5 年陈再存放 5 年，则被称为 10 年陈。一般 10—15 年属于中期老茶，转化后的内含物质很丰盈，口感会非常饱满，滋味醇厚、回味无穷。到了

15—20 年,则属于黑茶中难得一品的佼佼者,更有其独特的魅力。"雷金镁说,时间赋予了黑茶以岁月价值,但并非存储时间越长越好,存放三四十年的黑茶,可能口感会很甘甜,但由于内含物质的流失,导致滋味也相对淡薄一些。

"随着时间的推移,安化黑茶主要会发生两大类变化。"中茶湖南安化第一茶厂有限公司茶博士黄红芳在现场进一步向茶友科普道,"一是茶叶本身内含物质之间的化学变化,会使其口感更为美妙;二是附着在安化黑茶上的微生物,利用茶叶作为基质进行发酵,产生多种对人体有益的物质,其滋味和口感也会发生变化。目前,我们也在通过工艺创新和领先科技,使其更好喝、更健康。"

茶叶的存储条件同样会影响安化黑茶的转化,甚至还会出现"龟兔赛跑"的有趣对比。"例如,茶叶在湖南茶仓的转化速度就比在北京快,在湖南放 1 年,可能相当于在北京放两到三年。但慢工出细活,北京虽然转化慢,可转化后的茶叶确要比湖南好喝。"雷金镁笑着介绍,茶叶的转化随着当地的气候、湿度等有所不同,湖南潮热,属于湿仓,但存储条件也更为苛刻,一定要放在二楼、三楼,还要时刻注意通风;北京干燥,属于干仓,存储条件更有便捷,可以放在地下室内,只要保持一定的通风度、无异味,口感转化就要好很多。

作为安化黑茶从边销到内销市场开拓的见证者,雷金镁从故乡安化走出来"北漂",到现在也正好 10 年。

"10 年前,黑茶在北方的市场还相对冷清,很多人甚至都没听过这个茶类。到现在,随着人们生活水平的提高和对健康养生观念的重视,黑茶的保健功效可谓口口相传,在北方也有越来越多的忠实消费者。"雷金镁说,不仅如此,她发现茶叶的爱好者,也有年轻化的趋势。

"过去,大家都认为喝茶只是中老年人高品质生活的享受。但现在,则成为年轻群体的新时尚,已有不同行业的年轻人展现出了对这片茶叶的好奇、关注和喜爱。正是为了回应这样的社会需求,我们在茶伴书香驿站的基础上，成立了茶缘创客基地，向年轻人公益推广专业的茶领域知识，教他们习茶、泡茶，传递这种饮好茶的幸福感。"雷金镁说。

（原载于《人民政协报》2021 年 6 月 4 日第 10 版）

湖湘黄茶分外香

文 / 徐金玉

黄茶，六大茶类中不可或缺的一大品类，作为中国十大名茶之一的君山银针更是其中翘楚。8月，中国首个黄茶产业园——君山银针黄茶产业园的竣工投产，再一次引起人们对黄茶以及黄茶产业发展的关注。

君山银针产自美丽的湖南岳阳，这里也被称为"中国黄茶之乡"。据了解，岳阳的黄茶产量及产值占据了整个黄茶产业的半壁江山，而在这里建成的中国首个黄茶产业园，也成为我国目前最大的集产、学、研、茶文化传播与旅游于一体的黄茶文化产业园。

走进寻常百姓家

相较于其他茶类，人们对黄茶的认知度相对较低。这是基于黄茶的生产情况及历史原因造成的。

湖南君山银针茶业有限公司总经理王准，在茶叶行业摸爬滚打几十年，更见证了黄茶发展的起起落落。

"所谓'物以稀为贵'，黄茶产量低，一直以来都是作为'贵族'茶叶，面向高端群体，大众接触少，自然导致其认知度不高。在20世纪80年代，黄茶的销量并不成问题，社会上有固定的黄茶消费群体。"直到20世纪90年代，伴随着绿茶在全国的畅销，黄茶在竞争中日趋弱势。连一贯以黄茶为品牌的君山银针茶业，也陷入了经营绿针与黄针的徘徊中。"当时公司选择主推绿茶，2010年世博会十大名茶唯独少了黄茶这一茶类，在茶叶界的不少人士看来，那时的黄茶一度消失在人们的视野中，这段低潮期也更降低了人们对黄茶的认识。"

就在此时，王准走马上任，开始为黄茶正本溯源。他重新将黄茶作为以后茶产业开拓的方向。"我当时考察了北京、上海、广州等地的市场，发现市场空间很大，完全可以做起来。近些年，黄茶的发展有目共睹。以前，君山茶产业的整体市场布局还停留在岳阳，有部分销售到省会长沙，始终没有大规模走出去，但如今，黄茶销售网络已覆盖全国23个省市，单以我们公司的销售额为例，就从2009年的几百万，上升到了现在的两个亿。"王准介绍，当前的产品系列也覆盖了多种消费群体。

"黄茶主要分为黄芽茶、黄小茶、黄大茶三类，其中黄芽茶原料细嫩，一般是单芽或一芽一叶，代表品种就是君山银针，所以银针系列的产品价格相对高昂。但现在市场上已开发了多个系列产品，例如毛尖系列等价格适中的产品，极大地拉长了产业线。"王准半开玩笑地说，黄茶目前的发展可以说是"昔日皇家茶，进入百姓家"。

茶旅游一条龙

茶旅游是当前茶产业链上重要的一环。王准介绍，黄茶在这方面也不甘示弱。在新兴的黄茶产业园内，黄茶文化走廊也将于明年建成，为游客提供"看得到"的黄茶文化。

"与黄茶的零距离接触，并不限于简单地品，而属于参观体验式的旅游模式。"王准介绍，文化长廊的展示，将会像一幅历史画卷，在游客面前将黄茶的历史文化娓娓道来。

除此之外，消费者的参观与体验还将涉及黄茶的采摘与加工环节。"春季，这里会举办君山银针开采节。君山银针的采摘要求很高，例如9种情况下不能采摘，即雨天、风霜天、虫伤、细瘦、弯曲、空心、茶芽开口、茶芽发紫、不合尺寸等。采摘的手法与标准同样十分讲究。消费者能够亲临茶园中，与郁郁葱葱的茶树为伴，当上半天的采茶女、采茶郎，感受采茶的乐趣，相信这也会是一趟奇妙的茶之旅。"

不仅如此，茶叶加工的体验环节也在等着他们。"产业园内设有生产加工中心与游客中心，根据他们的需要，可以带领他们参观黄茶的制作流程，听工作人员现场讲解，不仅丰富消费者对茶工艺的认知，同时也能给他们吃上一颗保证质量的'定心丸'，对茶叶的品质会更加信赖。"王准说。

未来有无限可能

企业的发展，靠市场说话。在王准看来，如今茶叶这块大蛋糕在市场份额中逐步增加，发展前景不断扩大，黄茶的未来还有很多可能性。"像铁观音很早就开发了清香型、浓香型等不同系列产品，来适应消费者的不同需求。同样，黄茶也不能止步不前，不仅要研究黄茶自身的特性，同时与之相关的茶饮料、茶食品以及更多衍生品，都有很大的开拓空间。"

中国茶叶流通协会常务副会长王庆介绍，目前，中华全国供销合作总社已经决定将总社杭州茶叶研究院——"中国黄茶研究所"落户在君山银针黄茶产业园，科技的支撑与探索将全面改进黄茶的加工技艺与保健功能，开拓出更多符合市场的新产品。

著名青年科学家、湖南农业大学教授刘仲华是黄茶发展之路上的践行者。2014 年 8 月 7 日，他联合国家植物功能成分利用工程技术研究中心、教育部茶学重点实验室等权威机构发布了《金花黄茶的化学成分及养生功效研究报告》，他们研发的黄茶也有金花，使得金花不再是黑茶的专利。"相比传统黄茶，金花黄茶的苦涩感进一步降低，咖啡碱的兴奋作用得到抑制，对睡眠的影响更小。"刘仲华说。

"相信黄茶的市场还有更多的潜力可以挖掘，黄茶的魅力还值得更多的人认识与体验。"王准说。

（原载于《人民政协报》2014 年 9 月 12 日第 11 版）

白茶：走出深闺为人知

文/徐金玉

"老白茶已成为茶叶消费者的收藏新宠！"

"白茶在国内茶行业的市场占有量稳步提升！"

"据中国茶叶流通协会发布的《2014年中国茶产业形势报告》，受国内外经济影响，除普洱茶和福鼎白茶价格保持上涨外，其他高档名优茶价格在2013年都大幅下跌。"

......

不知不觉中，作为六大茶类之一的白茶，由原来的"鲜为人知"，逐日"声名鹊起"，它仿佛行业里的一匹"黑马"，正引颈嘶鸣，坦然接受着人们的关注和肯定。

只是时候到了

2013年，北京国际茶业展上。"白茶？没听说过，它属于哪类茶？"那时，白茶茶商常被这些基础性的问题所"困扰"。

2014年，同样的场合、地点，问题却大有不同。"您家的这款老白茶是哪一年的？"刚刚喝了一年白茶的茶友孙红，显然有些"阅历"的样子，给身边的茶友热心地介绍着："白茶主要分为白毫银针、白牡丹、贡眉、寿眉和新工艺白茶，属于微发酵茶……"

这样的改变没有逃过茶商敏锐的眼睛，他们欣喜于这样的变化。

"所谓风水轮流转，白茶是好东西，应该受到青睐。"对于白茶在茶叶市场上的突出表现，福建省天湖茶业有限公司总经理、北京绿雪芽文化发展中心茶师施丽君并不感觉到意外。茶学专业毕业的施丽君，从20多岁开始工作，30多年来始终没有离开过茶行业。"我最初在国企上班，担任的就是白茶的审评师，工作实践接触的第一种茶就是白茶。后来自己创业，白茶依然占据公司 85%—90% 的比重，对白茶的热爱早已成为我内心的情结。"

施丽君介绍，从 20 世纪 70 年代开始，我国茶行业开始复苏发展。不同的茶类，几乎都在一定区域内经历过不同的"火热"的阶段。"是时候需要停顿下来静一静了，于是，白茶开始引来了关注。白茶是属于人为工序最少的茶，它只需要萎凋和焙干两个步骤，因此特性平和，是最平衡的茶类，能够很好地去火、减轻热症、感冒等。无论是修身，还是养性，白茶都是能够满足人们需要的茶。"

墙内开花内外香

对于白茶，人们常用"墙内开花墙外香"来形容它。在 2006 年以前，白茶大多对外出口。

"早在二三十年前，那些采购白茶的国家，例如美国、英国等，就已经将白茶的有益元素应用到了食品、医疗和化妆品当中。但与之相对的是，大多数国人还不知道什么是白茶，这对我们自己而言，是一个很大的损失。"

直到 2006 年，白茶原产地、福建省福鼎市政府开始主推白茶，引领市场导向，白茶才逐步由出口转为内销。8 年来，福建白茶企业不断参与各类茶博会、品鉴会，熟识、喜好白茶的人也越来越多。在施丽君看来，白茶的发展过程是比较有序、健康的。"首先，白茶的特性不温不燥；其次，白茶的储备量不太多，虽然存在一些老白茶，但也不会随意定价。如果厂家有谎言，理性的消费者很容易识破。"

施丽君介绍，在去年国内市场，白茶是属于六大茶类销量增幅最高的，增长了 19%。"主要是因为它的基数较低，在市场的占有率为 1%—6%，在红茶、绿茶等市场饱和度较高的情况下，消费者就会购买白茶，使得其增幅最为明显。在价格上，白茶原料的价格较往年增长了两三倍，随着用工成本增加等原因，成品茶的价格上升 20%—35%。所以，白茶出口转内销后，国内市场一片向好，整个行业也更加阳光起来。"她说。

老茶不能随便存

白茶有"一年茶，三年药，七年宝"之称，因而，它与普洱茶类似，越陈越香。"但存茶不能盲目跟从,消费者要存茶,首先就要把一家企业产品的产地、原料(茶树品种)、工艺等三个特性弄透了,再去存储老白茶也不迟。"施丽君说。

茶树的种植很重要,其产地环境要干净、无污染,这才是好原料产生的基础。在福建省白茶主产地福鼎、政和、松溪、建阳等地,茶树品种为福鼎大白茶、福鼎大毫茶、政和大白茶等。再者就是工艺。"现今,一些厂家的工艺不到位,一般经过萎凋后,并没有进行文火焙干,使得茶叶还不够干燥,其苦寒也未能转化掉。这种半成品的茶是不完整的,它存放后也容易发酵发霉,因而消费者在购买前一定要先品饮,进行鉴别。"

在存储条件上,施丽君建议,个人在经济条件允许的情况下,可为白茶开辟一个单独空间,与其他物品隔离开,尤其不要放在书房,避免它将墨香吸收进去。"一般厂家会将消费者购买的茶叶密封在箱内,若无必要,就一直让它存封起来。尽量不要让它接触地板,要避光、防潮、防异味等,同时,也要让它感受到四季的变化,让白茶进行自然地陈化,茶如人,只有这样自然地生长,其茶气才会一直留存。"

"伴随着白茶的被热捧,现在白茶企业遍地开花,甚至一些不做白茶的商家也会挂出白茶的招牌,这是市场规律下的正常反应。我们所需要做的就是进行正面引导,告诉消费者如何品饮、储存白茶。"施丽君介绍,作为白茶企业内的佼佼者,她不仅在茶叶知识的普及上下功夫,对于茶叶品质的把关上,也为同行做出了典范。他们一直采用人工除草,同时推动生物土壤改良等生态农业技术,通过活性生物酵素的喷洒,来让土壤"活泼"起来,进一步滋养茶树。

"白茶的前景一路向好,希望更多的白茶企业能用心地将其做好,而爱茶者也能把茶喝明白,真正地支持白茶的发展。"施丽君说。

(原载于《人民政协报》2014年7月25日第11版)

水仙茶：乌龙茶里的一颗明珠

文／徐金玉

淡淡的水仙茶香弥漫于空气中，悠扬的琵琶曲调飘荡在耳边，喝茶的人仿佛置身于水仙茶带来的"仙"气当中。2014年第一个下午，在北京马连道国际茶城的品香堂会馆，一场福建水仙茶迎春品鉴会正在举行，与会宾主都非常津津乐道的是，水仙茶，已经为更多的人熟知和品饮。

一抹润红，一杯香醇，水仙茶展示的是一段水煮沉浮的故事。

提到水仙茶，人们的脑海中就会浮出水仙花的字眼，其实二者是两码事。

福建省闽东北经济协作办综合处处长、福建水仙茶品牌战略联盟主席杨廷生已研究水仙茶多年，对于它很有发言权。"水仙茶其实属于乌龙茶，不过它与水仙花名字之间的缘分并不只是巧合，在《闽产录异》中记载，'瓯宁县之大湖，别有叶粗长名水仙者，以味似水仙花故名。'"杨廷生说，"从这个时间算起，水仙茶栽培历史约在140年以上，不过现在对很多人来说，才刚刚开始了解它。"

水仙茶的美丽传说

水仙茶美妙的名字为它带来了诸多版本的美丽传说。

"主要有两个版本比较流行，其中一个是讲古时的某位皇帝下江南巡游，沿路吃了很多海鲜，肠胃有些不舒服。于是，当地的茶女给皇帝献上了这种茶，结果皇帝喝后肠胃大有改善，龙颜大悦，听闻茶女名叫'水仙'，于是赐茶名为'水仙茶'。"杨廷生说。

另一个版本的故事更广为流传。据说，有一年武夷山的天气十分炎热，一个福建的柴农大热天没砍多少柴就热得头昏脑涨、胸闷疲累，于是走到附近的祝仙洞休息。刚坐下，就感觉一阵凉风带着清香扑面而来，远远看到是一棵小树上开满了小白花，绿叶却又厚又大。他走过去摘了几片含在嘴里，凉丝丝的，嚼着嚼着，头昏胸闷的症状有所减轻，于是从树上折了一根小枝带回家。这天夜里突然风雨交加，第二天清早，一看那根树枝正压在墙土下，枝头却伸了出来，很快爆了芽，发了叶，长成了小树，那新发芽叶泡水喝了同样清香甘甜，解渴提神，小伙子长得更加壮实。这事很快在村里传开了，问他吃了什么仙丹妙药，他把事情缘由说了一遍。大家都纷纷来采叶子泡水治病，向他打听那棵树的来历，小伙子说是从祝仙洞折来的。后来水仙茶传至崇安，崇安人讲"水"与"祝"字发音一模一样，渐渐就演绎为"水"仙茶了。

"虽然是传说，但水仙茶始于清道光年间，所用的水仙种，就发源于福建建阳大湖村的严义山祝仙洞。"杨廷生说。水仙茶其实在很久以前就受到了大家的认可，并得到了很多的赞誉。在 1915 年，水仙茶获得了巴拿马金奖，当代茶圣吴觉农在 1942 年就谈到水仙茶是闽北望族，茶界泰斗张天福称赞水仙茶为乌龙极品。

乌龙茶的一颗明珠

"香不过肉桂、韵不过红袍、醇不过水仙。"在福建武夷山，还有这样的俗语。"醇香、顺柔是水仙茶的特点，它的味道不会像肉桂等那么浓烈刺激，很多人都可以饮用，而且让喝的人念念不忘。再加上它本身又耐存、耐泡，所以深得茶人的喜爱。"

在福建，水仙茶的种植面积已达 20 多万亩，除武夷山外，在建瓯、建阳、永春、漳平等全省 30 多个市（县）都有种植。

"水仙茶的叶片肥厚、粗壮，条形比较紧致、壮实。它属于半草木型，相对于灌木的茶树种来说，它的根部能更加深入地扎进土壤中，可以吸取更多的养分。水仙茶的香气也十分独特，因工艺不同以及独特的采摘条件、气候等，水仙茶会有桂皮香、花香、果香等不同的香气。再加上它口感醇和，非常适合上班族和老年人饮用。"

"打个通俗的比方，水仙茶就像是大米饭，它的味道适合很多人的口感，而且走平民化路线，适合大众消费。"杨廷生笑着说。现在在广州、潮汕等地，水仙茶已经成了人们生活中不可分割的一部分。"沿海地区的人们经常吃海鲜等食物，多喝水仙茶能够养胃、降脂。而多年的习惯也使得他们喝水仙茶的浓度较高。例如我们平常喝水仙茶多是五六克，他们则是十一二克。他们买水仙茶也通常是一次就买三五斤。现在为了方便携带，水仙茶还被制成茶饼，销往各地。"

立足打造闽派水仙

水仙茶的种植条件和几十年形成的贸易环境，为水仙茶的品牌推广带来了一定的便利，同时也带来了某些方面的局限。

"一方面，长期以来，水仙茶的销路多以出口为主，在新加坡、马来西亚等地都有市场，国内也多是东南沿海一带，对其他省市的影响并不大，这就导致了水仙茶并不为大众所熟知。另一方面，由于水仙茶在福建的种植范围广泛，30多个市（县）都会种植，反而使得人们忽略了将其作为一个品牌来打造，也就间接阻碍了水仙茶的推广。"

现如今，随着水仙茶的品质和功效越来越受人们的肯定，如何提高知名度，让水仙茶更多地走进寻常百姓家成了水仙茶茶农、厂商等关注的话题。

基于此，杨廷生组织创建了福建水仙茶品牌战略联盟，力图推广闽茶文化，打造水仙品牌。杨廷生介绍，现在联盟已经运行了近五个年头，如今确立了新的目标：实现福建水仙茶打造内销市场"十百千万"工程，培育十家水仙龙头企业、带动全省百家水仙茶企、开辟全国千个联盟会所、造就万个"水仙公主"团队。

"除此之外，我们还在推广闽派水仙品牌，希望更多的人能够了解水仙茶的魅力，我相信会有愈来愈多的人爱上水仙茶。"杨廷生说。

（原载于《人民政协报》2014年1月10日第11版）

黄茶与黄化茶，"差"在哪儿

文 / 徐金玉

黄茶与黄化茶，看似一字之差，实则含义截然不同。

国家茶叶质量监督检验中心高级工程师、国家一级评茶员沈红介绍，前者是工艺类黄茶，后者则是品种类黄茶。具体区别何在，请听她娓娓道来。

按照制茶工艺的不同，中国茶共分为六大茶类：绿茶、白茶、黄茶、青茶、红茶、黑茶。黄茶与绿茶工艺基本相似。除了绿茶的杀青、揉捻、干燥外，增加了一道闷黄的工艺，以黄叶、黄汤为显著特征，属于轻发酵茶。

黄化茶则是以茶树变异品种黄化茶青为原料，以绿茶工艺制作的茶。"茶树品种变异相对常见，如安吉白茶是白化茶，广元黄茶是黄化茶。这些茶树品种都是在群体种中选育出来的，进行扦插繁育后成为一个单一的优秀品种。"沈红介绍，由于扦插的年份、时间不同，黄化茶的品种也很多样，如中黄1号、中黄2号、中黄3号、黄金芽等。

黄化茶，单从外形就可做较好区分。以中黄1号（天台黄茶）为例，它是1998年浙江省天台县的一个村民上山发现了黄茶母本后，经过中茶所专家的研究和品种选育，最后在2013年通过浙江省林木品种审定的一个品种，后来在县市开始大面积推广。在冬天，中黄1号茶树顶部是黄色，到了春夏，茶树三分之二都是黄色的，远远看去，煞是可爱。

"以黄化茶为原料做出的绿茶，颜色漂亮、风味独特。而且内含成分丰富，氨基酸含量特别高，以滋味鲜爽为主要特色。"沈红说。

而为什么黄化茶多以制绿茶为主，鲜少制成黄茶呢？沈红给出了自己的解读："黄茶有地方品牌、全国品牌，而黄化茶要创出新的品牌需要一个试制和消费者认可的过程。现在黄化绿茶已有一定知名度、认可度，所以多数还是以制作绿茶为主，且该原料也适合制作绿茶。但随着未来市场所需和品牌打造，以黄化茶制作其他茶类仍有无限可能。"

（原载于《人民政协报》2021年6月4日第10版）

陈皮＋茶，"官宣"11 周年

文 / 徐金玉

11 月，正值黄柑采摘的黄金季节，小院、车间、园区，一张张簸箕上，圆圆的柑茶组合正懒洋洋地晒着太阳，浓郁的果香混着茶香，仿佛在向沉醉的人们轻声低语："嘿，我们又来了！"

满城尽带"黄金甲"，满城尽是柑茶香，这里正是广东省江门市新会区。

茶，破解柑的难题

"陈皮＋茶，应该是新会陈皮产业发展历程中最成功、最得意、最值得骄傲的作品！"说起这段过往，广东省江门市新会区农林局潘华金一连用了三个"最"字。

陈皮如今家喻户晓，可众人或许不曾记得，早在 11 年前，贵为广东三宝之首的陈皮，依然面临着养在深闺人未识的困境。

"新会陈皮具有不错的保健功效和药用价值，其种植、加工、应用历史已有上千年。然而它的影响力，始终走不出珠三角。"

潘华金记得当初不少新会人都曾有过这样尴尬的经历：家里有北方朋友做客，新会人会拿出最珍贵的礼物——陈皮送给对方，得到的却常常是一个充满不解的问句："这不就是橘子皮吗？""由于缺乏宣传推广，陈皮不仅没有被广泛地推广到各地，相反，还被贴上过低廉、低端的标签。"潘华金说。

直到茶的到来。

2010 年，一批云南品牌茶企千里迢迢来到新会，在一番市场调研后，迅速确定方案、建设厂房，陈皮＋茶组合横空出世，柑茶生意由此风生水起，搭载上顺风车的陈皮，也成功"出圈"，知名度水涨船高。

"其实，早在 1847 年，新会人就曾将陈皮与普洱茶试制、拼配在一起，但一直没有实现规模化生产。而这一次的跨界合作，不仅创造性地为中国传统茶类增加了柑茶这一新的品类，而且彻底改变了当地产业发展的现状，为其注入了蓬勃生机。这一年，也理所当然地被人们称为柑茶元年。"潘华金说，数据说明一切，到了 2018 年、2019 年，柑茶生产达到顶峰，产量实现 8500 吨，产值达到 34 个亿！

"茶是中国发展历史最为悠久、消费群体最为广泛、品牌市场支撑最为强大的一种产品，陈皮能够与最主流的茶结合，真是最正确的选择。消费者有机会通过茶体验陈皮的好——形状好、味道好、品质好、体验好，这万般好终于深入人心。"潘华金不禁慨叹。

柑，多变茶的滋味

11 年携手并进，陈皮 + 茶的玩法多了，变化也是层出不穷。

陈皮 + 茶，不仅塑造了新的消费方式，也扩大了全国的生产面，各省柑橘产地纷纷加盟。福建、云南、广西、四川等柑橘盛产省份，都在积极试水柑茶生产，小青柑产品逐渐走向大众化而且不断扩大市场。"小青柑以鲜香清爽著称，滋味强烈，口感区分并不明显，这也为各地进一步完善和扩大市场提供了可能。"潘华金说。

再者，新会当地的产品也向品级化、品牌化发展。"在过去，新会有 300 多家茶企，其中仍有不少家庭作坊的身影，现在则是紧跟时代脚步，壮大生产规模，以品牌企业为标杆，进行标准化、品质化发展。"

起初，市场上最先流行的陈皮 + 茶组合以普洱茶为主，柑普茶先声夺人。"到如今，陈皮与茶的混搭更加多元，已有红茶、黑茶、白茶等多个品类。其中，陈皮和黑茶搭配得最多、最好，主要以安化黑茶、普洱茶、六堡茶为主。进步速度最显著的则是白茶。之前我们曾到访福鼎考察多次，当地负责人介绍，目前已有 1/3 的白茶企业，正在开发新会陈皮白茶产品。"潘华金说，无论是黑茶还是白茶，都与陈皮有着一样越陈越香的特性。"陈皮百搭，只要味道过关、品质过关、体验良好，都有一定的市场前景，这也为未来的无限可能，留了更多的市场期待。"

融，升级产业发展

15 日，新会传来好消息：农业农村部乡村产业发展司公示全国农业全产业链重点链和典型县建设名单，新会区陈皮全产业链典型县作为 63 个全产业链典型县之一，成功入选。

这一消息令潘华金深感振奋。"2019 年，我们成功创建了新会陈皮国家现代农业产业园，这步棋下得很妙，也很有水准。按照市场规律，我们把所有三产元素、动能组合起来，对产业进行体系化、纲领性地统筹发展，进行农业供给侧结构性改革，以产业振兴带动乡村振兴，现在不仅被认定为中国特色农产品优势区，也成功入选全国乡村产业振兴典型案例。"潘华金说，随着一、二、三产融合发展，小陈皮"接二连三"蝶变成"大产业"，年产值从 1996 年的不足 300 万元发展到 2020 年的 102 亿元，带动超 6.5 万人就业，实现农民人均增收 1.88 万元。

"新会陈皮经历过两轮产业升级，从 2002 年陈皮行业协会成立到 2011 年，是第一阶段产业升级，在这一时期，构建了公共品牌、明确了产业价值、定位了主导产品等；2011 年到 2020 年为第二阶段，达到了三产融合、业态舒展、企业做强、产业集群，并实现了新会陈皮国家现代农业产业园成功获得认定的标杆性事件。中共新会区十四届党代会提出做好新会陈皮大文章和力争 2025 年全产业营销超 500 亿元的宏伟目标，正预示着新会陈皮产业面临第三轮产业升级，机遇与挑战并存，必须守正出新，真抓实干。但不可否认的是，全国陈皮价值的觉醒和回归是大趋势，未来陈皮＋茶的发展，更是值得期许。同时，新会陈皮的发展也为县域经济提供了范本，地方发展特色产业、健康产业、文化产业，只要紧抓机遇、做精做细，同样能闯出一片新天地。"潘华金说。

（原载于《人民政协报》2021 年 11 月 19 日第 11 版）

探秘桐木关：
正山小种的百年风云

文 / 徐金玉

"我觉得我的心儿变得那么富于同情，我一定要去求助于武夷的红茶。"

——拜伦（英国）

探秘发源地

清晨的桐木关，在潺潺的溪水声中，轻轻醒来。此时的它，宛若陶渊明笔下的"世外桃源"：鸟儿清啼，狗儿闲卧，一派恬静和惬意。"世界红茶源于中国，中国红茶根在福建，红茶始祖在武夷桐木。"当由原农业部专家组成员、中国农业历史学会原常务理事长兼秘书长穆祥桐带队的问山寻茶队伍的脚步，踏进桐木关时，关于正山小种的故事，再一次开始讲述。

在掩映的树丛中，偶尔会看到一长排的黑褐色木屋，有三层高，几十米长。在木屋的一侧，粗壮的松木层层叠起，似乎正等着自己光荣的使命。"这是青楼，是传统正山小种熏焙工序中最重要的场所。"穆祥桐说，正山小种特有的松烟香，便来源于此。所以只需看到这别具一格的风景，便能确认自己在桐木没有错了。

"桐木关位于武夷山国家级重点自然保护区核心区域内，保护区有着世界公认的'生物之窗'的美誉，森林覆盖率达到96.3%的这片绿洲，为茶树生长提供了最丰沃的生态土壤。"武夷山市星村镇原副镇长祖耕荣说，武夷山保护区地跨福建省武夷山、建阳、三泽三市（县）交界处，北与江西省毗邻。闽赣交界处，便是桐木关的所在地。相传桐木在宋代称崇安县仁义乡周村里，是福建出入中原的重要关隘。因关前后有大量的梧桐树，因而得名。

现如今，由于受保护区管辖，要进入这里，需通过道道关卡。这也更让这片爱茶之人的向往之地，多了些许寻根问源的神秘。

"正山小种名字的由来，也与它独特的地域有关。"高级评茶师、福建省茶叶学会会员徐庆生说，小种，指的是茶树的品种；正山，乃是真正高山地区所产之意，其涵盖范围以武夷山桐木村的庙湾、江敦自然村为中心，北至江西铅山石陇，南到武夷山曹墩百叶坪，东至武夷山大安村，西至光泽司前千坑，方圆600公里。

"只有在这个范围内采制的红茶才能称为正山小种。"徐庆生说，这些地方"因土壤之宜，品质之美，终未能攘而夺之。"而产于政和、福安、屏南、古田、沙县等地，仿制正山小种工艺生产的红茶，统称为外山小种或人工小种。人工小种现已被市场淘汰，唯正山小种百年不衰。

正山小种外形条索肥实、色泽乌润，香气高长带松香，带有桂圆汤味，加入牛奶，茶香味不减。所以正山小种不仅是世界最早的红茶，也是中国最早入欧的茶，被荷兰、英国人称为"史王茶"。威廉·乌克斯《茶叶全书》中记载：1607年，荷兰东印度公司首次从中国岭南的澳门采购武夷红茶，经爪哇转口销售欧洲。当时欧洲茶叶市场主要是日本的绿茶，武夷红茶因味香醇厚而艳压群茗，很快占领了欧洲的茶叶市场。

从巅峰到低谷

"喝正山小种红茶胜过饮人参汤。"英国人诺顿说。

"我觉得我的心儿变得那么富于同情，我一定要去求助于武夷的红茶。"英国著名诗人拜伦如是写道。

正山小种在国际市场上曾一度广受赞誉，但其发展之路并非一帆风顺，在无限的风光之后，一场风雨正悄然降临。

"正山小种曾在19世纪中叶迎来了自己的巅峰时刻，那时候，桐木村正山范围内，以茶为厂（户）的有六七百户，每年生产的正山小种红茶有3000多万斤，每年茶季由江西到武夷山来的采茶、制茶工人，超过万人。"徐庆生说，然而，到了19世纪后期，伴随着一连串重大事件的发生，武夷红茶的生产也走向了没落。

"一方面，武夷红茶传播出去后，其他省份的红茶产品陆续诞生，它们的出现逐渐挤压了正山小种的影响力和市场空间；另一方面，印度、锡兰红茶迅速崛起，对武夷红茶生产产生了极大的冲击。"徐庆生说。

冲击到底有多大？《武夷山市志》中的一段数字更为直观："清光绪六年（1880年），桐木红茶（包括正山小种15万公斤，价值15万元）……民国三十七年（1948年），0.15万斤。"在惨淡的市场面前，不少村民不得不含泪砍茶种竹，正山小种的生产，在遭受着"灭顶之灾"的危险。

"如果没有几代人的坚守，不知道当下的正山小种，会是什么样子。"祖耕荣讲起这段历史，总是心存感动：1941年，张天福在桐木建立"正山小种红茶示范基地"；茶叶界前辈吴觉农不遗余力地为正山小种的恢复生产进行技术指导；正山小种第二十二代传人江润梅、正山小种第二十三代传人江素生等几代人的钻研和守护……"中国的茶人前辈没有辜负自己的使命，不管面临多大的困难，也没有断了正山小种的传承。"

在正山堂茶厂的展示柜内，他们之间对正山小种的关注，化作了一封封千里传递的书信，轻声诉说着那一辈茶人的热忱。

"没有他们的坚持，就没有正山小种振兴的基础。不过受各种条件影响，作为我国特有的茶类和传统出口商品的正山小种，虽然在吴觉农、张天福的关心建议下，有关部门给予重视、得以继续保留。但由于标准难统一、质量难保证，加之没有品牌，一直无法做大做强。"徐庆生说。

为传承而战

在正山小种的传承保护中，江润梅祖孙三代的努力功不可没。尤其当衣钵传到正山小种第二十四代传人、正山堂茶业董事长江元勋这一代人时，正山小种的未来有了新的起色。

"正山小种是祖宗留下来的东西，不能丢，一定要把它传承下去！"江元勋至今记得祖父在临终前的嘱托。为了将正山小种红茶发扬光大，江元勋曾走过不少弯路。1997年，34岁的江元勋凭着8000元的借款，创建了元勋茶厂。建厂初期的他，便首先尝到了采用传统制茶方式和分散经营模式的苦头：产品没有品牌，卖不出好价钱，也打不开销路。

此时的他，又冒险地选了一条新路，开始用当地品种试制乌龙茶。两年后，更大的困境袭来，乌龙茶积压了 25 吨，再加上红茶的滞销，整个仓库都已被产品填满。1999 年工厂被迫停产，企业陷入了深度困境。

正当茶厂命运岌岌可危时，它迎来了临危受命的救星祖耕荣。作为武夷山市委派出的首批民营企业厂长（经理）助理，祖耕荣调研市场、总结经验，提出了筹措资金尽快恢复生产、申请注册品牌、申请有机红茶认证等建议。为了解决停滞的资金困局，祖耕荣以内兄一处价值几十万元的房产作抵押，向银行贷款了 19 万元，才得以让工厂重新运转。在他们的努力坚持下，企业又申请下来了有机认证，成了福建第一家取得德国 BCS 认证的茶叶产品。

新的思路和运营方式，不仅让江元勋当年生产的 100 吨红茶销售一空，还解决了库存堆积如山的乌龙茶的出路。而一家企业的崛起，迅速带动了整个桐木当地红茶的发展，正山小种由此再次以崭新的姿态重现江湖，又成了欧盟国家和国内经销商竞相折腰的佳茗。

金骏眉的横空出世

恢复和传承历史名茶的使命做到了，武夷茶人的志向又树立得更加高远——"要为世界制作最好的红茶"。

怀揣着这样的梦想，祖耕荣、江素忠出发了。他们带着福建省著名茶叶专家叶兴渭的书信，前往安徽芜湖，叩响了在那里参加茶博会的、时任国家茶叶质量监督检测中心主任骆少君的房门。

每每回忆起 10 多年前的这一幕，祖耕荣总是充满感激，"没想到这一敲，敲开了骆院长和武夷山这么多年的缘分。从那以后，她每年都要来这里指导工作。正山小种的振兴，离不开她的指点迷津，我们武夷山人忘不了她。"

在专家和朋友们的建议下，在多年的钻研和努力下，2005 年，一款以芽头为原料制作红茶的想法，横空出世。没想到以此制作出的干茶香气独特，沸水冲入，汤色金黄透亮，滋味甘甜爽口，集蜜香、薯香、花香于一体。

首试成功的惊喜，给了武夷茶人新的希望。

2008 年，这款被命名为金骏眉的红茶一经上市，便迎来了爱茶之人的追捧，迅速走红。"金骏眉是正山小种创新改良后的产品。"叶兴渭说，从采摘上看，正山小种以春、夏两季茶树的一芽二、三叶为原料，金骏眉采摘标准高，一年一次，只采头春的单芽。从加工工艺来看，正山小种有"过红锅"和熏焙两道工艺，茶品有较强的松烟香；金骏眉省掉了这两道工艺，茶品有幽雅的花果蜜香，没有松烟香。从制作工艺来看，正山小种采用常规发酵技术，成茶汤色浓红，似桂圆汤；金骏眉采用人工增氧、加温、悬挂式发酵技术，成茶汤色"金圈"宽厚，滋味鲜爽，花香特殊。

"作为后起之秀的金骏眉，与正山小种一脉相承。"祖耕荣说。他不禁感慨，几代人的努力，换来了正山小种新的辉煌，能够参与其中，是身为茶人的骄傲和荣幸。

（原载于《人民政协报》2018 年 9 月 7 日第 11 版）

读懂喝对金骏眉

记者／徐金玉

金骏眉，有人喜欢它的甘甜滋味、高山韵味，有人喜欢它的蜜香、薯香和花香，福建省茶叶学会会员、厦门茶叶学会副会长徐庆生则在享受品饮妙趣的同时，喜欢将其精彩的故事诉诸笔端。用笔雕刻茶时光，是他对金骏眉的浪漫。

近日，他的第十本茶书——《金骏眉》大规模上市。封面、环衬、腰封分别采用正红古沉香纸、灰绿草香纸和白色织女星纸，既凸显了中国顶级红茶的文化底蕴，又还原了茶本身的朴素质地。书中洋洋洒洒20万字，图文并茂，全面呈现了金骏眉的历史起源、诞生过程、加工技术、品鉴要点、红茶文化等内容，只为让茶友们一书在手，读懂喝对金骏眉。

"金骏眉又何尝不是一本书呢？先读厚再读薄，融会贯通后再梳理成卷，我希望将这样的内容分享给大家。"

记者记得第一次见到徐庆生时，正是在金骏眉的发源地——武夷山的桐木关。武夷山间秀峰林立，徐庆生站在石桥上侃侃而谈。一讲起金骏眉的故事，总有说不完的话。

"金骏眉在诞生之初曾饱受争议，有人说它是特定环境条件下的产物，没有武夷山就没有真正的金骏眉，有人说它是创新红茶，是对传统正山小种红茶的改革，也有人认为，它纯属炒作。如果你了解它诞生的历史，就会对它有一个清晰的认识。"曾担任武夷山市组织部长的徐庆生，就亲眼见证过这场"化危为机"的旅程。

在2000年前后，桐木关的正山小种红茶生产陷入困境，当地茶企运作举步维艰。正山小种是福建独特的外销产品，但由于没品牌、没认证，海外市场贸易停滞不前。从保护正山小种特色茶的角度，政府采用向农村导入科技特派员机制。祖耕荣临危受命,深入民营企业元勋茶企（正山堂前身），负责技术开发工作。

在他们的努力下，资金渐渐回笼，茶企重新有了起色。在困局过后，他们没有停下脚步，而是寻求机遇，致力于将正山小种做精做细，并将"制作顶级红茶"的目标提上日程。"2002年4月15日，受江元勋所托，祖耕荣、江素忠前往安徽芜湖，向在那里参会的茶界泰斗张天福、骆少君汇报设想，并得到了他们的充分肯定和支持。在专家团队的指导下，五人研发小组正式成立，并终于在3年后，通过颠覆传统红茶制作工艺，用奇种茶树品种的芽尖，研究发明了金骏眉。"徐庆生介绍，金骏眉与正山小种一脉相承，是在其基础上的改良创新，其采摘标准更高，只采头春单芽，从加工工艺上，省掉了"过红锅"和熏焙两道工艺，并采用人工增氧、加温、悬挂式发酵技术，最大限度地生成茶黄素，使其汤色金黄、"金圈"宽厚、滋味鲜爽、花香特殊。

"它的创新与突破，开启了中国顶级红茶的业界传奇，引发了国内的红茶热。如今的金骏眉，更是中国红茶卓越品质的代表和象征。"徐庆生说。记得当初为了给这款刚问世的茶叶新品起个好名，江元勋和张孟江反复思量，最后根据该茶在首次开汤鉴赏品尝时表现的特征特性和对该茶的希冀，取名为"金骏眉"。

徐庆生进一步解读道："所谓'金'，言其色、展其实、喻其价；所谓'骏'，表其形、彰其源、寄其望；所谓'眉'，显其精、现其技、耐冲泡。尤其是开头的'金'字，具有三层含义，金骏眉干茶身骨重实，有金的重量；干茶金黄黑相间，汤色金黄，有金的颜色；原料稀有难得，一年仅采一次，制作500克金骏眉需用7.5万个芽头，有金的价值。"

在徐庆生看来，金骏眉的诞生是"化危为机"的产物，它饱含了茶界前辈为复兴小种红茶的精神理念，也融入了新一辈茶人传承和创新正山小种红茶的热忱和初心。"现如今，通过品牌、技术、市场和文化的输出，正山堂研发推出了信阳红、普安红、会稽红、新安红、潇湘红等系列红茶产品，把金骏眉制作技术推向全国，相信这也是当地茶人制作最好红茶的担当和使命。"

（原载于《人民政协报》2020年12月4日第11版）

乌牛早：浙江春天的第一缕茶香

文／纪娟丽

一杯翠绿，观之明亮，闻之清香，品之鲜爽。正月初一，浙江省农业农村厅茶叶首席专家罗列万手捧一杯乌牛早，在这春天的第一缕茶香中，感觉春意盎然。

能在农历辛丑年正月初一品尝到乌牛早，无疑是幸运的。罗列万说，乌牛早是浙江春天的第一缕茶香，也是全国特早名茶之一。一般 2 月中旬开采，今年由于气温较高，2 月 6 日即开采，因此才得以在牛年正月初一喝到这杯"牛茶"。

乌牛早是款怎样的茶？

罗列万在他的著作《茗边清话》中曾有介绍：永嘉乌牛早产于浙江省温州市永嘉县乌牛镇、罗东乡等区域。乌牛早既是茶名，又是树名，原称岭下茶。200 多年前，罗东乡龙头村村民金某路过乌牛镇岭下村，见山坡上一丛茶树生长茂盛，发芽抽梢特别早，这位村民就将此丛茶树夹土带回种植，由于该茶树春分前后就可采摘（一芽二三叶），比其他品种提早 15 天左右，故取名"乌牛早"。

寒冬挡不住春天的脚步，在抖音中输入"乌牛早"，视频中，从翠绿的茶园、忙碌的采茶人、制茶人到飘香的茶杯，一股春天的气息扑面而来。然而，不仅有原产地永嘉乌牛早，更有贵州乌牛早、广西乌牛早……纷纷送来茶香，这又是怎样的故事呢？

罗列万介绍说，乌牛早虽然有 200 多年历史，但如今的乌牛早却是创新名茶。1984 年，温州籍茶学专家高麟溢、王镇恒提出挖掘温州早芽良种资源，开发生产名优早茶的建议。1985 年，永嘉乌牛早试制成功。茶学泰斗庄晚芳先生赋诗："古载永嘉产奇茗，金毫翠绿胜群英，山间溪涧烟雾漫，改革创新龙味春。"外形扁削显毫，色泽绿翠光润，内质香气浓郁持久，滋味甘醇鲜爽，汤色嫩绿清澈明亮，叶底翠绿肥壮，匀齐成朵，这正是乌牛早的品质特征。

乌牛早起初既是茶树品种名，又是茶名。2004年，为了申请原产地域保护，茶树品种乌牛早改名为嘉茗一号，永嘉乌牛早茶也成为国家地理标志产品。可是，由于乌牛早特早品种以及适制绿茶，尤其是扁形茶的优势，早在永嘉乌牛早试制成功后，全国各地如广西、贵州、安徽、江苏等绿茶产区均广泛引种，这才造成了乌牛早遍地开花的情况。

早春，手捧一杯乌牛早新茶，无疑是一种时尚，然而这杯茶却得来不易。

由于发芽早，嘉茗一号也极易遭受倒春寒伤害。"由于天气影响，嘉茗一号产量极不稳定，如果在初春遭遇两三次倒春寒，茶农很可能颗粒无收，或者收成寥寥无几。"罗列万说，近年来，好在农业气象指数保险推广到茶业，可以有效弥补茶农因倒春寒导致嘉茗一号减产带来的经济损失。如今，作为特早品种，嘉茗一号在浙江省各产茶县市均有种植，名副其实成为浙江各地春天的第一缕茶香。

因为早，人们品尝乌牛早，常常尝之而后快。但罗列万分享了一个"秘密"，乌牛早若存放至下半年，也表现出优异的品质。"其汤色绿中带黄，色泽明亮，滋味鲜爽之外，还表现出突出的醇厚。"他说，乌牛早的这一突出特点已经在不少人的感官品审中得到了证实，但并没有广为人知。"乌牛早，早品可尝其鲜。也可不必着急，晚品也别有一番醇厚。"

（原载于《人民政协报》2021年2月19日第11版）

桑植白茶："风花雪月"的味道

文 / 李冰洁

湖南张家界的风景秀丽人尽皆知，正所谓好山好水出好茶，在这里也诞生了白茶界的"新秀"——桑植白茶。

从工艺改良到形成公共品牌，桑植白茶走出了一条不寻常的路，并迅速成长为湖南省委省政府主推的"三湘四水五彩茶"区域公共品牌之一，茶业也成为桑植脱贫攻坚和乡村振兴最主要的农业主导产业。

风花雪月　白族为源

来到桑植，处处流传着这样一句话："品桑植白茶，赏风花雪月。"记者从湖南省张家界市政协委员、桑植县茶叶协会会长伍孝冬那里，了解到这"风花雪月"的故事。

别看桑植白茶近两年才崭露头角，成为湖南茶业的一匹"黑马"，其实，桑植县种植茶树已经有 700 多年的历史了。

南宋时期，一支白族军队从云南大理东征而来，因为有喝茶的习俗，同时白茶有很好的消炎作用，可医治战士们水土不服、寒暑伤风等症，所

桑植白茶鲜叶的采摘

以白族军队随身携带白茶。"其实，云南的茶果泡水喝也有药用，部分解甲归田的军人到了桑植，把茶果中的种子种下，遵循古法制作白茶，这就是桑植白茶的起源。"伍孝冬说。

桑植少数民族有不少，以白族特色最为明显，这里也是全国白族第二大聚居地，又因白族带来了白茶，所以在给桑植白茶分类定级时，结合了白族文化，定了"风花雪月"四个系列。

"风花雪月是白族人的图腾。"伍孝冬介绍，在白族少女的头饰上，垂下的穗子代表下关的风，艳丽的花饰是上关的花，帽顶的洁白是苍山雪，弯弯的造型是洱海月。"为此，打造桑植白茶时，我们便结合白族服饰为白茶分类，这也是一种巧思。"

"风、花、雪、月"四个系列，代表桑植白茶的四种原料等级。风系列原料为一芽三叶，花系列原料为一芽二叶，雪系列原料为一芽一叶，月系列原料为芽头。

"月系列对应福鼎白茶里的白毫银针，是桑植白茶四个系列里最高端的，雪系列对应的是福鼎白茶中的白牡丹，这两种茶因品质好、样貌佳，常作为礼品流通。"伍孝冬说。四个系列里性价比最高的，是花系列和风系列，作为桑植白茶中的"口粮茶"，适合平时自饮。"别看花系列采用一芽二叶的原料，它的香气和味道比月和雪都要好，只不过样子没有那么好看罢了。"伍孝冬笑道。

桑植白茶的鲜叶原料的采摘也是十分讲究，分手工采摘和机械采摘两种，并且有着严格标准。例如，风系列的一芽三叶，如果采摘的鲜叶长度超过10厘米，做出的茶氟含量会超标，所以采摘时茶青必须控制在10厘米以内。

如此，桑植白茶便开始了她"风花雪月"的味道……

独辟蹊径　柳暗花明

与大众所熟知的福鼎白茶、云南白茶不同，桑植白茶有着很鲜明的特点——甜。为此，桑植一直致力于打造"最甜的白茶"。

伍孝冬说，这"甜"的来源本是桑植白茶的缺点。因为地处山区，桑植人采茶要用竹制背篓压紧运输，外侧靠篓壁的叶子常会受损，叶片不完整的形态着实影响了白茶价格。

但是，伍孝冬发现，叶片受损后反而令茶叶更香、更甜。"我们就利用这个特点，把曾经的缺点做出了特色，反而变成了优点。"对于这个"柳暗花明"的发现，伍孝冬颇为自豪。

桑植白茶的"甜"，还源于这里独特的自然生态——茶区森林覆盖率超过了90%，散射光多；板页岩母质土壤矿物养分含量丰富，有机质含量高达 6.63%……

"别看桑植种植白茶历史这么悠久，但以前市场情况并不好。"伍孝冬说，原来的白茶以药用为主，山区老百姓就医不方便，出现头疼脑热后，喝老白茶就能好个大半，但作为茶叶销售时，因口感一般并不能受到大众喜爱。

为了解决这一问题，他们对桑植白茶进行实验、审评，从而实现工艺改良。区别于福鼎白茶萎凋 24 小时，伍孝冬加长了桑植白茶的萎凋时间，改为 48 小时。"这样做的好处是茶叶中的可溶物能达到 50% 左右，其他白茶种类则不到 40%，桑植白茶溶于水的物质更多，则口感更香甜。"

同时，桑植白茶不经过杀青、揉捻工序，融入晒青、晾青、摇青、提香、压制等工艺。伍孝冬说，摇青作为桑植白茶工艺创新中最核心的技术，最大的优点是给茶叶去涩，这样做出来的新白茶都不会有涩味，反而独有呈杏花香的"毫香蜜韵"。

对于这项创新，伍孝冬笑着说，本是"不得已为之"的改良，没想到取得意想不到的效果。好的白茶在市场上流通，一般需要陈化 3 年以上，而作为曾经的国家级贫困县，桑植如果效仿这种做法，就会造成茶叶积压，起码两年不能销售，茶企也就没钱从茶农处收茶，如此，会形成恶性循环。

"改良后，我们的新茶非常好卖，这也铸就了桑植白茶'新工艺、老茶味'的独特风味：毫香显现，汤味鲜爽，回味悠长。"伍孝冬说。

打造品牌　持之以恒

2012 年以前，桑植全县茶园面积不超过 2 万亩，亩产值仅 2500 元；

到 2016 年 3 月，县委政府为提高产业扶贫成效，启动建设"桑植白茶"公共品牌，按照"风花雪月"确定分级标准，形成桑植白茶品牌文化。伍孝冬说，短短的四五年，桑植白茶虽飞速发展，历程却也十分艰难。

其实桑植县原以生产红茶、绿茶为主，但由于受山区交通不便影响，采茶成本高，鲜叶原料较之湖南其他产区没有竞争力，茶叶销售难度大。且这类茶只能消化春季鲜叶，浪费了夏秋茶原料。自从开发桑植白茶品牌后，如今红茶和绿茶都只按订单制作，订多少做多少，其余茶叶全部用来做白茶。白茶易储存，素有"一年茶、三年药、七年宝"之说，越陈的白茶，药用价值也就越高，让桑植白茶有了升值空间。如今，桑植县茶园面积发展到 7.9 万亩，亩产值超 4000 元，产业扶贫效果显著。

"以前做红茶、绿茶时，每年只有 1 个月的工期，闲时太长，茶厂里都只雇用临时工，现在做了白茶，工期延长到了七八个月，茶厂有了固定工人，大大提高了加工水平，茶叶生产也更加标准化和规范化。"伍孝冬说。

说起桑植白茶的推广，伍孝冬也有一件颇为自豪的事，就是野生白茶。全县茶园中，有 2.3 万亩是野生茶树，曾因地处原始森林，采摘难度非常高，无人愿采。"我把收购价翻了两倍，提高到每人每天 150 元，才有人愿意采摘。"伍孝冬说。而且因为是野生乔木种，茶叶做出来叶子非常大、不好看，所以根本销售不掉。"野生白茶一直在亏本，我就到处送人，每人送一个月的量，一送就是 3 年。"伍孝冬的执着终于感动了一位投资人，直接花 100 万买下他的野生白茶，不仅填平了他送茶 3 年的亏空，还有了资金周转，他给茶农的收购价翻到了原来的 5 倍。

"送了这么多年，现在我的野生白茶不愁推销，大家也发现，野生茶的鲜叶很香。"伍孝冬说，现在，从茶农到加工厂再到茶企茶商，都很认可野生白茶，"大家都很喜欢我。"说到这儿，伍孝冬开怀大笑。

"做产业、做品牌，要持之以恒。"伍孝冬直言，没有一二十年的功夫潜心做下去，是不会有成效的。桑植白茶以前在县内名气大，却一直打不出去，因为各企业自行其是，品质参差不齐，直到转变思维后做了公共品牌，让大家都冠上"桑植白茶"的名字，终于在 2018 年进入了湖南"五彩湘茶"

之一，才算上了发展的快车道。"五彩湘茶里，虽然我们茶产区不强，但我们做到了白茶中的最强。"伍孝冬自豪道。

如今，桑植白茶凭借地标产品宣传之势，迅速进入张家界旅游市场，伍孝冬说，虽然投入了大量资金，在以张家界为中心的景区进行宣传，但来张家界旅游的游客会把桑植白茶带向全国各地，不仅发展了新客户，也留下了回头客，宣传效果非常好。

当前，桑植全县有茶叶加工企业 56 家，茶叶产量近 2000 吨，年综合产值约 3 亿元。曾经为全面实现"户脱贫、村出列、县摘帽"作出了巨大贡献的桑植白茶，由绿叶子真正变成"金叶子"，在老百姓的富裕路上，继续书写她"风花雪月"的浪漫故事。

（原载于《人民政协报》2022 年 10 月 14 日第 11 版）

红楼茶会新体验

文／刘圆圆

一部《红楼梦》，满纸茶叶香。如果以红楼茶事为题，举办一场茶会，又会擦出怎样的火花呢？日前，在台湾桃园的随缘茶空间，就有这样一场别致有趣的茶会。

"《红楼梦》里的十二金钗，变成了12个茶席。依据每位金钗的性格、为人处事的风格，又选配了不同的茶。"台湾茶协会常务副会长、随缘茶业进出口贸易公司总经理邱国雄坦言，有主题的茶会已经做过多次，但以红楼文化来讲茶，他们也还是第一次。"没想到红楼茶会的推广消息一经发出，茶会门票一下就被抢光了。一些没有得到票的茶文化爱好者，哪怕不能入座茶席，也愿意旁听《红楼梦》里的茶事。"

"在一百二十回的《红楼梦》中，有273处写到茶，这还不算与茶有关的事物，其中涉及的茶名就有六安茶、老君茶、暹罗茶、普洱茶、龙井茶、枫露茶、女儿茶等许多种。"两岸红学专家、台湾大学中文系教授欧丽娟娓娓道来红楼梦中的茶事。

"《红楼梦》第四十一回'贾宝玉品茶拢翠庵，刘姥姥醉卧怡红院'，写到贾母与刘姥姥等人吃过酒饭，用过点心，又带了刘姥姥至拢翠庵来，贾母对妙玉说：'把你的好茶拿来，我们吃一杯就去了。'妙玉捧了茶来，贾母又道：'我不吃六安茶。'妙玉笑道：'知道。这是老君眉。'"欧丽娟解释说，贾母说她不吃六安茶，是因为她不喜欢喝绿茶，而妙玉奉上的"老君茶"，有一说是产于福建武夷山的乌龙茶，其茶香浓馥、茶色鲜亮。而"老君"之名，意含"寿星"。可见妙玉敬献此茶，既适合贾母口味，又有敬重、恭维之意，这于茶道、情理都很恰切。

"十二金钗中的妙玉也是一个大家小姐，遁入佛门，带发修行。"欧丽娟接着说，今天在妙玉的茶席上，特意选择了"东方美人"这款茶，相较于其他乌龙茶，"东方美人"茶汤色更浓，明澈鲜丽，犹如琥珀。"这款带着独特韵味的乌龙茶恰似妙玉的才华横溢，性格孤僻。"坐在妙玉席的茶客，端起茶杯呷了一口"东方美人"，果然品出了不同的韵味。

……

伴随着欧丽娟的讲解，红楼梦中的茶事，一幕幕展现在茶客面前。

"今天在这样的场合，伴着书香、花香、茶香，听着红楼故事、品着带有十二金钗各自性格的茶，仿佛穿越了时空。"一位"70后"茶客如是说，"我虽然以前读过《红楼梦》，但真没注意到这么多与茶相关的细节。茶与文学结合，带给人很多新意境。"

事茶30余年的邱国雄听到茶客们的分享，很是欣慰。他说，"这次红楼茶会融入了红楼文化、插花花艺、琵琶古筝等民乐，因此也吸引来不同层面的爱好者。"邱国雄说，台湾的茶艺文化比较多元，所以，随缘茶空间也要尽量拓展兼容并包的茶事活动，吸引更多相关人士来品茶、了解茶、爱上茶。

现在电商虽然很发达，很多茶叶销售也由线下转为线上，但邱国雄始终认为，茶文化的推广还是要从茶体验入手。"以前工厂是用来生产茶的，而茶馆是用来喝茶的，而我现在所做的茶空间就是想突破这个分隔，把产观学销售结合在一起。同时，我们结合台湾茶产业多元化的特点，开设了一些插花、制茶等体验课程，让更多有兴趣的人可以触类旁通地接触到茶。"

邱国雄表示，发扬茶文化，必须抓住年轻人这一新生力量。"现在年轻人比较喜欢调饮茶、冷泡茶，所以我们的茶空间不仅制作传统茶，还有年轻人比较容易接受的冷茶吧台，并融合现代工业风的茶席，让年轻人先走进来，再引导他们认识传统的茶文化、健康地喝茶。"

（原载于《人民政协报》2021年5月28日第11版）

茶风篇

普洱：因茶而名因茶闻名

文 / 徐金玉　纪娟丽　刘圆圆

一片茶，是这里人们的图腾和信仰：他们遵循古训，如同呵护"眼睛"般爱护着它……

一片茶，是这里历史文化的印记：景迈山千年万亩古茶林，是世界茶文化的根和源；从这里开始的茶马古道，记载着中华民族的生生不息……

这里是普洱，茶的故乡，

神奇的地方。

苏国文：从茶祖帕哎冷说起

初到此地，只见一处陡坡，远远只能看见一扇大门。但沿坡而上，视野忽然间豁然开朗，不禁为眼前的景观惊叹：院内花草丛生，宛如一处花园。正中间布朗族茶祖祭祀台庄严肃穆，一芽二叶的茶叶图腾格外显眼。环顾四周，左侧设有帕哎冷馆，右侧则是一方戏台，这里不是别处，正是澜沧拉祜族自治县芒景村文化中心所在地。

文化中心负责人、布朗族文化学者苏国文缓缓从园中走出，一边拿出上好的茶品，一边介绍："这是用最早的阴干工艺做的普洱茶，它的原味还在，可以喝出普洱茶最原始的味道。"

苏国文的布朗族历史故事，就从这杯茶的源头——茶祖帕哎冷开始。

布朗族茶祖帕哎冷

"帕哎冷，是布朗族第一代领袖。帕是部落长的意思，哎冷是人的名字。"苏国文介绍，在东汉时期，佤族、布朗族、德昂族等少数民族还是一个民族。后来由于部落间征战频繁，该民族往南迁徙时四散分开，其中一支渐渐成了布朗族。

"迁徙过程中，布朗族经历了一次大的瘟疫，整个族群甚至到了灭亡的关头。正在这时，族人在无意中发现茶，并知道茶可以治病，救布朗族于危难之中。"苏国文说，从此以后，布朗族对茶始终怀有崇拜之情，且每到一个地方，第一件事就是先找到茶，甚至在他们居住的地方开始种茶。纵览布朗族迁徙的历史，会发现只要是布朗族停下来居住过的地方，不论时间长短，都会留下种茶的痕迹。

来到景迈山以后，帕哎冷发现这个地方很适合茶树生长，气候环境好、雨水充足，便开始召集族人进行人工大面积种茶。从一棵到多棵，从零星种植到连片种植，从一座山再到几座山，最后形成了这片历经几十代人的努力、现今如此壮观的古茶园。

"种茶始于佛历713年左右，到现在已有1800多年的历史。"苏国文说。

帕哎冷在临终时，给后人留下了一句遗训："我要给你们留下牛马，怕遭自然灾害就会死光；要给你们留下金银财宝，你们也会吃完用完。就给你们留下这片茶园和这些茶树吧，让子孙后代取之不尽、用之不竭。你们要像爱护自己的眼睛一样爱护茶树，一代传给一代，绝不能让它遗失。"

"时间证明，遗训很英明、很伟大。布朗族从一个贫穷的民族，逐步走上脱贫、致富的道路，就是依靠茶叶。茶叶是布朗族最大的经济支柱。经济收入有70%是靠茶叶，30%是靠其他副业收入。"苏国文说，布朗族遵循遗训来保护古茶园，来保护生态系统。当今能看到人工种茶的这一片片活化石，也正是因为对这一遗训代代人的坚守。

1700多年的茶祖节

帕哎冷之后，布朗族有一任头领，名叫召西题，他为了率领后人来缅怀帕哎冷的伟大功绩，开始举办茶祖节。

"布朗族的茶祖节，并不是现代的商业操作，而是在茶叶还没有成为商品时，就已经存在。截止到2017年，已经举办了1711届。"苏国文说，茶祖节已然是一种信仰、一种精神，是对历史文化的负责和传承。

每到阳历的4月17日，即佛历新年刚起步的时候，所有山上的布朗族、拉祜族、傣族等少数民族，都要来这里祭拜茶祖。一方面总结上一年的生产、生活情况，另一方面是面向新的一年，求茶祖给予保佑和祝福。

茶祖节是每三年一次大祭，连续两年是两次小祭，小祭可以在文化中心举行，大祭必须要到山顶茶祖居住的旧居。

小祭和大祭供品的规格也颇为不同。小祭是用 7 只鸡来祭拜，大祭则是要到山上，剽一头小水牛。

牛的选择也有讲究。"首先必须是一头小水牛，它的牛角和耳朵要一样高；其次，它的头顶上要有两个旋，颜色必须是纯色，再者，尾巴还要相当直。有时候，为了找一头标准的祭祖小水牛，要挑上个把月才能挑好。"

"由于帕哎冷是在西双版纳过世的，因此，牛必须到版纳去找，如果版纳找不到，才会去其他地方。"

"以前，我们也不是到家里去找，而是直接到田里去找。找到以后，会在牛的背上用石灰水打一个标号。牛回到家，它的主人看到了标号很高兴，认为他很有福气、很幸运。讲价时，牛主人如果说卖 50 元，我们要给他 60 元，价格只会往上涨。谈好了价格，主人家要为找牛的人做好中午饭，饭后还要送他们一程。"

让保护古茶林成为信仰

除此之外，在祭祖时，最关键的供品就是酸茶了。

"酸茶是茶叶供品当中的最高等级，只能供给神或者是领袖。"苏国文说，酸茶是把茶放到竹筒里，让它变黄，吃起来有点酸味。酸茶的药用价值很高，还有消炎的功效。

"供品第一是茶，第二是米饭，第三是鸡，第四是水果，第五是酒等。上午边诵经边祭拜，下午到晚上，就是盛大的狂欢活动。"苏国文说。

他为此特意在文化中心搭建了一个小舞台，可以进行文艺表演。

现年已 70 多岁的苏国文，努力希望通过茶祖节的形式，将帕哎冷的遗训代代传承下去，将传统文化融在民族血脉中。

"因为有茶祖信仰，在过去，茶园就是神山，进入茶园，行为都是要很文明的，不能说脏话。比如说：过去有的老百姓一时冲动，在茶园里砍树，当作柴火背回来。背到一半觉得做法不对，就会掉回头，把树还回去。"苏国文说，"在我们这里，有的老树倒了，我们也不要，而是让它就地变为肥料，回归自然，重新给新的植物供应营养。"

苏国文希望，过去的这些做法能够提倡并继续延续下去。"不能小看传统文化在人类心灵中的作用，一定要把传统文化和法律贯彻执行统一在一起，只有让保护从法律约束发展到自觉行动，用信仰去保护，这片古茶园才会永远存在。"苏国文说。

景迈山古茶林申遗进行时

"中文名：古茶树；海拔：1581米；树高：6米；树龄：约1200年；地名：景迈村大平掌……"它的胸前挂着一方小小的"身份证"，肩上点缀着一簇簇苔藓，身披白绿相间的"迷彩服"，树冠已掩映在天际间。时光荏苒，这棵古茶树已和它的伙伴们，在这方土地坚守了1000多年。

此时，傍晚的阳光星星点点，连空气似乎都因这厚重的历史，变得静谧、缓慢。

这片景迈山千年万亩古茶林，是云南普洱市澜沧县重要的自然和人文遗产，也已然成了世界的财富。

近几年来，推动普洱景迈山古茶林成为世界文化遗产的脚步从未停止。2012年，它已成功入选《中国世界文化遗产预备名单》，今年两会上，全国政协委员、普洱市政协人口资源环境委员会主任何春再次发出"声音"，她提交提案，建议加快推进普洱景迈山古茶林申报世界文化遗产工作。

"我们申报核心区有10个村寨、3片古茶林，其中有9个是中国传统村落，主要居住着布朗、傣2个世居民族。遗产区内现存1.8万亩古茶林，有古茶树100多万株，与6.9万亩的森林混交生长。"何春说，"景迈山古茶林若能申报世界文化遗产，不仅有利于传承弘扬民族文化和茶文化，抢占国际先机，更能有效捍卫中国茶文化在世界种茶、制茶及饮茶领域的发源地和主体地位，促进民族文化资源保护和民族团结进步共同繁荣发展。"

多年来，景迈山古茶林的美名早已传扬中外：中国科学院项目研究提出，它集生物、文化、生态、人文旅游和艺术宝库于一身，具有重大的科学、景观、文化和生产应用价值，是重要的自然和人文遗产，是世界茶文化的根和源，也是中国茶文化的历史见证；日本茶叶专家松下智和八木洋行先生，称它为"人类茶文化史上的奇迹""世界茶文化历史自然博物馆"；"远看是森林、近看是茶园，抬头是绿色天堂、低头是绿色地毯"，更是国际古迹遗址理事会、国家文物局专家多次实地考察、研究和论证后得出的结论。

"正因如此，做好景迈山古茶林的保护管理，扎实推进景迈山古茶林申报世界文化遗产工作，具有重要的战略意义。"何春说，从国际层面看，可以填补世界遗产中没有茶文化的空缺和遗憾。从国家层面看，我国周边一些国家，如印度、斯里兰卡等正在积极申报茶园类遗产，中国作为茶叶生产大国和在世界茶文化中具有极其重要地位的文明古国，其地位和作用尚未得到国际社会的广泛认可。

但现在其申遗面临的形势仍是十分严峻。

"国内外申遗竞争激烈，申报时间尚未明确；我们自身还存在规划滞后、传统民居保护压力大、综合整治资金不足等突出问题。"为此，何春建议，国家文物局将普洱景迈山古茶林确定为 2020 年我国申报世界文化遗产的正式申报项目，并且加大经费投入。

"普洱景迈山古茶林申报世界文化遗产工作已被列入普洱市重点工作之一，经费已纳入财政预算保障。随着申遗工作纵深推进，资金投入需求量进一步加大，建议国家文物局在资金项目上给予倾斜支持。"何春说。

景迈山古茶林

布朗姑娘卖茶记

在景迈山，留心观察你会发现，几乎家家户户的阳台，都是茶青的日晒场。一到采茶季，脚步还没迈进村口，茶香已飘来迎客了。

在景迈大寨，一户茶农的家——一幢四层小楼引起了记者的注意，楼门口竖着澜沧县景迈腊龙茶叶农民专业合作社的牌匾，最主要的是，它还专门设有一架运输茶叶的货梯。

"腊龙是傣语，腊是指茶叶，腊龙即为古树茶的意思。"女主人布朗族姑娘玉努笑着拉上记者的手，一边邀请进屋喝茶，一边介绍，从孩提时奶奶、妈妈教茶，到现在兄弟姐妹做茶，再到女儿也喜欢喝茶，她们家祖祖辈辈都在和古树茶打交道。

玉努6岁上山爬树采茶，10岁开始做茶，虽然患有眼疾，她常要比别人付出更多的努力。但现在只要她伸手摸摸鲜叶，就能分辨出古树茶和生态茶。"古树茶的鲜叶更加柔润、更有弹性，它的香味也很独特。刚开始并不会很香，但会越闻越香。"

玉努家的5片古茶园遍布村寨的各个方向。玉努回忆起小时候的趣事："上五年级的时候，茶叶是三毛钱一斤。我有时就会趁上课的间隙上山采茶，一两斤茶能卖个五六毛钱，就可以自己花了。"她满足地笑道。

当时，10岁的她跟着妈妈学做茶，上锅没炒一会儿，手就被烫伤了。即使这样，她还会坚持着揉捻茶叶。"烫伤后，妈妈会给我抹点芦荟。等到10多天以后，手结上了茧子，也不怕烫了。"虽然有些辛苦，但玉努至今都觉得那段时光，是她感觉最快乐的日子。

"差不多在我16岁的时候，家里买来第一批小型的揉捻机，新增了机械制茶的方式。"如今每到采茶季，就有十几人在场内忙活着，既有人工制茶的师傅忙到深夜2点，也有机械制茶的轰隆声通宵达旦。

"我们现在的这幢四层小楼，一楼是加工厂，二楼是品茶区，三楼、四楼是给客户提供的休息的客房。"玉努笑着说，当初盖房时，他们也是申请贷款建的房，现在不仅还清了房贷，还在芒景村内又建了一幢家庭旅舍，可以赏景品茶两不误。

由于诚信做茶，玉努家的消费者几乎都是回头客，甚至有不少人已是她10多年的老朋友。"我记得他们刚来那会儿，路还都是坑坑洼洼的土路，外面人不好进，村里人不好出，有时出去一趟，要坐着拖拉机走上半天，甚至不小心还得在路上过夜。"玉努说，"现在路修好了、修宽了，来往都方便了，每年春茶还没采摘，来订货的茶商就已经到了。"

前几年，玉努家还带头联合周边村寨的农户建起了茶叶合作社，已有90多户茶农参加。"大家一起采摘、加工，对卫生标准也能做到更好地把控。"在玉努家顶层露台上可以看到，一摞摞竹席整齐地摆放着。"等鲜叶采摘下来以后，也能保证茶不落地，提高其卫生标准。"

随着古树茶打开市场，玉努不仅做普洱茶，更尝试做起了古树红茶。不过最为独特的是，她采用晒青的工艺，且完全靠自然光进行萎凋。清甜的红茶香中，可以满满感受到阳光的味道。

"我们争做最干净的茶，让消费者喝得放心。"玉努说。

"保护好景迈古茶林的金字招牌"

"手机从哪里来，是从茶里来；小车从哪里来，是从茶里来；结婚、办事、盖房子的钱从哪里来，都是从茶里来。茶让我们景迈山从穷变富，早已成为了这里的支柱产业。"普洱景迈山古茶林诚信联盟盟主南康说，正因如此，"我们更应保护好景迈山古茶林这块金字招牌。"

南康组建的普洱景迈山古茶林诚信联盟，已经发展成员单位30多家。

"我们要求所有的成员单位都要严格按照采摘、生产标准来加工茶叶，并邀请老师进行培训。"南康说，现在联盟生产的产品上，都会多一个二维码。消费者只要轻轻一扫，这款产品的名称、检验报告、实物标样，以及采摘、揉捻、加工和包装的制作过程都会一目了然。

车内有异香

汽车行驶在普洱市境内，鼻尖时不时地飘来一种香气，且随着时间越来越浓。

"好香啊，怎么有这么浓郁的果香？"大家不约而同地把目光放在了车后座的"新乘客"——几大包普洱茶上。果然,这香气就来自它们。

"这是月光白,是选用古树茶为原料,室内阴凉处摊晾、自然干燥而成。"买茶的茶友,手捧着一把月光白介绍给大家看,只见它弯如月牙,芽头遍布白毫,秀气的模样如名字般美好。

"买茶时特别有意思,卖茶的大姐特别朴实、热情,她卖茶不论斤,只论包。所以我就拎回来几大包。"她笑着说。令她更惊喜的是,大姐又热情地免费送了一大包黄片。普洱茶黄片,在不少发烧友眼里,它可是个好东西,不仅滋味甘甜醇厚,且持久耐泡。

一次买茶之旅,不仅收获了便宜又实惠的普洱古树茶,还有意外收获,这样的买茶经历真想多来几次了。

普桑茶的别样滋味

橙黄透亮的茶汤,喝起来却是甜甜的口感,这不是普洱茶,是什么茶呢?

孟连锐远农业科技有限公司总经理袁志强介绍:"这就是普桑茶,是将食用桑叶以制茶的方式进行加工,生产的茶叶,属于代用茶、非茶之茶。"

在普洱市孟连县娜允镇芒街村,在一片光伏板铺就的"避风港"下,600亩的桑叶园正在茁壮成长。

"桑叶喜阴,光伏板下面4米宽的地方,正好可以作为桑叶的生长地。"袁志强说,从2016年自广东引种食用桑叶种子以来,他们已经尝试生产了近7个月的桑普茶。

"在我的四川老家,大人常拿桑叶泡水喝。后来来到广东,发现他们早已在开发桑叶茶这种饮用方式。"袁志强介绍,他们为此专门联系广东和云南的科研院校,来研发普桑茶的制作工艺以及功效。"目前,我们已知的桑叶的用途很广,可以食用,可以制作药物,具有降血压、降血脂、消炎等作用。"

(原载于《人民政协报》2018年3月30日第11版)

到黄山怎能不访茶

文 / 徐金玉

安全、高效出好茶

每每采访茶，全国政协常委、安徽省政协副主席、安徽农业大学副校长夏涛都会如数家珍，特别是安徽茶。"家乡茶嘛！"夏涛说。

作为我国主要茶产区，安徽省产茶历史悠久。"单是有文字记载的历史即可追溯到东汉时期，距今有 1800 年左右。这一切首先源于安徽得天独厚的生态环境。"夏涛说，安徽所处的气候带正好是从江南茶区向江北茶区的过渡带，四季分明。"与不少产区不同，安徽主要采摘春茶，夏茶采摘较少，从秋天封园茶树开始休养生息，一直到来年开春再开采，这就使得茶叶积累了丰富的内涵物质，品质较高。"

"和安徽省其他地市类似，黄山市目前大部分茶园都建立在 20 世纪 70 年代左右，已经由壮年期走向了衰老期，此时正是改树换种的好时候。我认为新茶园可以抓住机会，推行良种化，打造标准化茶园，将不适宜种茶的坡度茶园逐步取消，退茶还林，改善生态，注重提高单产，并进一步从整体上提升茶叶的内在品质。"

夏涛说，众所周知，中国十大名茶中黄山占了其中三种：黄山毛峰、太平猴魁、祁门红茶。在茶叶生产和茶文化推广上，黄山都是徽茶的典型代表。

"我们学校正在为黄山制订'十三五茶叶发展规划'。目前，经济发展进入新常态，茶叶的生产也应加快从'以生产为导向'转向'以市场为导向'。消费者对茶叶的要求越来越高，且消费日益理性，我们更应以其需求为导向，生产出消费得起的、安全的好茶。"夏涛说。

在夏涛看来，当前人工采摘成本过高，采茶工一天工资是 160 元，这样一斤名优茶的成本可能要高达五六百元，等再销售到消费者手里，价格会更高。因而首先要调整产业结构，进行全产业链的重塑，在生产和加工上实现"机器换人"。

"为此，我们要加强科技创新，不能再拼资源拼投入，在大宗茶实现机械化采摘后，名优茶也要逐步实现机械化，并从加工等方面不断提高水平。"

当前，在加工层面，皖南茶企大多已经建立了高标准的清洁化的生产线。"一条生产线每天即可生产上万公斤的茶叶，其产能是过去作坊式加工所无法想象的。这些加工厂与日本等发达国家相比毫不逊色，生产出来的茶叶也是品质稳定，安全有保证。"夏涛说。

黄山茶产业正是皖南同业的典型代表，其产业化程度较高，夏涛认为，应当主抓龙头企业，打造品牌，将地区茶产业带上大平台。

其次规划时要注重茶叶安全。"茶农和生产企业的意识不断加强，这个方面就好办。"夏涛说，"安徽茶产业总体健康，稳中有进。不过在出口方面，伴随欧盟要求不断提高，包括农残检测品种的增多，检测限量的降低，压力还是不小。为了满足市场需求，倒逼企业进行质量监管，在安全卫生方面，不能掉以轻心。"

在产品销售上，现在不少企业经营也在做O2O的结合。

"我们看到线上消费很热，但实际上赚钱的很少。消费还是要注重线下的体验，而不能单纯靠电商概念单一渠道营销。"当前个性化的需求日益增多，无论是线上还是线下，消费者可选茶叶的余地都在增加，这也为企业拓宽市场增加了新的挑战。

"因而茶文化更要成为生活式的茶文化，要接地气，不能高处不胜寒。"夏涛说。

陈月娥的幸福"茶经"

从高速路到公路，从公路到乡间小路，一路颠簸了近两个小时，"休闲中国"报道组一行来到了黄山市祁门县箬坑乡红旗村。

一幢阔气的白色三层小楼前，我们停下了脚步。开放式的庭院里静悄悄的，新采的竹笋晒在竹篮里，一些农具零散地堆放在院子中。放眼四周，是延绵的群山和碧绿的茶园，我们要见的人和她的茶园在哪里？正想着，房子的主人——倪初林、陈月娥夫妻俩满头大汗地走进院子，肩上挂着一筐绿油油的鲜茶叶。

"这房子真漂亮！"趁着陈月娥热情让座、倒茶的功夫，我们端详着她的家，也赞美着她的家。她自豪地解释："盖了快4年了，花了40万。那时候，我天天上山采茶，这些事都是包给别人做的。"

陈月娥是祁门县政协委员，爱说爱笑的她一看就是性格爽朗、聪慧能干的人。"我一年就搞两样，一个茶叶，一个茶苗。"箬坑乡被称为安徽早茶之乡，从3月初，第一批早茶——红旗一号开采，茶农们就忙开了。"家家户户差不多都要雇十几二十个采茶工，我们每天车接车送，热闹极了。"陈月娥笑着说。

在这里，红旗一号特别受欢迎。而这个家喻户晓的品种就出自陈月娥家。

"20世纪80年代，我刚嫁过来的时候，我公公就在园里找茶树来扦插，当时选育了叫仙寓早的品种。后来不断研究，选育成今天的红旗一号。红旗一号这名字还是咱们汪主席起的呢，当时他是县农委主任。"

"汪主席，您是红旗一号的鼻祖啊。"倪初林开玩笑地说。

在门廊外接受采访的祁门县政协副主席汪传家听了这话，笑着向里回应道："红旗一号的鼻祖是你们，是咱茶农！"

陈月娥说，红旗一号要比其他品种早采十几二十天，炒出来的颜色又好看，所以很好卖，也因此让她在致富路上走得"快活"。

陈月娥的致富经，总结出来，就是实在的三个字——"茶叶好"。

"你不知道我之前尝试过很多，养过猪、种过田，还种过水蜜桃、柑橘、西瓜。只有茶叶最赚钱，还相对轻巧。老人可以采，年轻人可以采，小孩也可以采。采的质量好就有好价，即使不好也能赚两三百块钱。你看我，如果老了采不了高山上的茶叶，就去路边采，这样米啊、面啊都有了。"

茶叶早已成了陈月娥的生活。过了忙碌的早茶采摘季，一家几口仍闲不下来，每天6点多还是要上山采茶。

"现在采的是当地老品种，可以采到端午，一年能收入 3 万多块钱。"陈月娥家没有加工厂，都是将茶叶直接卖出去，光是鲜叶的收益就非常可观。

除此之外，茶苗是她家致富的法宝。"去年茶苗卖得好，原来 2.8 毛一株，后来涨到 3.5 毛，单是卖茶苗就赚了 40 万。"

"一年的收益就建一栋大房子啊。"箬坑乡政府副书记倪味汶形象地说。

9 月份是扦插茶苗的时候，陈月娥也要雇十多个人帮忙，20 亩茶树要扦插两个多月。"我一年扦插苗的本钱是 10 万块钱，每人一天 60 块钱，都不能乱扦，要一行一行扦，漂亮得很呐。"

到了来年 10 月，这些苗壮成长了一年多的茶苗就可以出售了。

"别人看我们家扦插茶苗富了，村里好多人家都跟着扦插，都富了，你看一栋栋房子都盖起来了！"现如今，他们不仅住上了宽敞的大房子，儿女也被送进城里读书、工作，生活如茶叶般欣欣向荣。

采访结束后，夫妻俩热情地送出我们好远。"明年 3 月份你们一定要来啊，那时候采茶好热闹啊！"

或许，我们走后，他们又背起箩筐，上山采茶了。

古法祁红带着手艺人的温度

伴随茶叶需求量的增加，传统的手工制茶工艺不断地被更高效、便捷的机械代替。但与此同时，手工制茶的传统，在历经时代铅华后，依然未被遗忘和淘汰。在安徽省黄山市祁门县，有人选择逆流而上，于是，一片片沿袭古法制作的茶叶上，留下了手艺人的温度。

来到祁门县祁眉有限公司的一处加工点，迎接我们的不是轰隆隆的机器声，而是炒茶师傅红彤彤的脸、炭火烘焙房里柔和的光，还有整个厂间四溢的醉人的茶香。

厂房里坐着四五排炒茶师傅，人人面前是一口炭火加温的炒茶锅，只见他们双手有条不紊地搓着，在为茶叶理条塑形。

"这是刚下锅的茶，一点儿也不烫。"一位师傅热情地招呼着记者亲自尝试，下手后，湿乎乎的茶叶带着锅温，记者还是清晰感觉到了其中的热度。

"现在主要是塑形，所以锅温一般是在 70℃ 左右。"他们每日的工作就是不停地炒制理条，一锅大概 30 分钟。从早上 7 点开始炒制，忙的时候要到晚上 10 点。每天十几个小时，70℃，师傅们的手早已成为"铁手"。

一位大姐向记者展示了自己与男师傅们同样粗黑的手，她说，水泡一层又一层，已经化为厚厚的茧。

"传统工艺重在精细。一个环节出问题，都出不了好茶。因为这些环节不是靠电脑控制，都是靠经验。"黄山市政协委员、祁眉有限公司总经理张惠民是黄山市级祁门红茶制作技艺代表性传承人，他介绍，让一个人把所有流程都做完不太可能，每个环节都要请专门的师傅来做，比如专门的萎凋师傅、发酵师傅、烘干师傅等。

"我们是按照祁门红茶最传统的工艺在做，不像机械化那样可以批量生产，基本上的程序就是摊晾、萎凋、揉捻、发酵、拉毛火成形。"一到这时候，张惠民每天的工作路线就是从这个加工点到下一个加工点，不断监看进程和指导。

手工制作环环相扣，每一步都大意不得。

芽叶的萎凋就非常有讲究。"摊晾后的芽叶上萎凋槽，要铺得匀整，厚度一般在 7 厘米左右。要先吹一个小时冷风，再慢慢加温。这实际上是芽叶脱水的过程，由于叶子的老嫩程度不同，脱水的程度也不同。若是脱水不够，揉捻就比较难。揉捻实际上就是要充分破碎叶细胞，也要分三次，轻揉、重揉再轻揉，需要 3 个小时左右，这样才能为下一步的发酵做好准备。"张惠民介绍，"完成所有的步骤大概需要 48 小时，且出来的茶还只是毛茶，之后还要精加工。虽耗时耗力，经济价值倒也十分可观。"

2006 年，当张惠民最早决定手工制作祁门红茶时，不少人断言"不可能成功"。详细的市场调查，却为他这个半路出家的茶人带来了底气。

"我当时做茶时，正赶上祁门县'绿改红'，在市场上流通的多是切碎的工夫茶，最高也只能卖到 180 元/斤。而祁门红茶又多走出口，内销市场还有待开发。要符合国内市场消费者的需要，我们打算沿袭古法做传统手工制作的茶叶，在传承中创新。"

为此，张惠民与同事用了 3 年时间，不断反复试验。"从高、中、低海拔的叶子，到芽头、一芽一叶、一芽二叶，到不同时期的不同叶子，同一时期的不同叶子，我们都在反复比对，后来发现一芽一叶的芽形好看，口感也相对饱满，香气也足够，大多数人都能接受。2009 年上市时，茶叶就已经卖到了 2800 元 / 斤，今年已达到 3200 元 / 斤。这种传统手工技艺不仅不过时，还为我们带来了福音。"

老字号的新传承

在黄山市谢裕大茶叶博物馆，一个 27 岁的小伙儿递过名片——谢明之，谢裕大第六代传人。但记者有些恍惚，第一感觉，他所体现的青春活力和直率，不太像茶人。也确实，谢明之的茶叶经里，更多的是现代感。

谢裕大的名号，最早来源于清代制茶专家谢正安，1875 年（光绪元年），谢正安创办了谢裕大茶行，赫赫有名的黄山毛峰，就出自他之手。百余年的岁月后，2006 年，谢家后人谢一平成立了谢裕大茶叶股份有限公司，谢明之便是谢一平的独子。

"传承到现在，最大的变化可能就是科技元素的融入，黄山毛峰从手工制作全部转换为机械制作。"谢明之介绍，每到采茶季，一个月内要做出 30 万—40 万斤黄山毛峰，时间短，量大，人工无力完成。

"我们不断创新、尝试，希望可以用机械代替人工。"最初，产量较小时，是半人工半机械化。机器有杀青机、烘干机等，但都是分开运作。"中间环节，还需要工人来转场。"

直到 2006 年，一条生产线彻底摆脱了对人工的依赖。"只是首位投茶、取成茶需要人工。"谢明之说。虽然谢明之是黄山毛峰制作技艺的传承人，但他认为，制茶师傅当天工作的状态会对茶叶质量的稳定性造成影响，但机械制茶很好地解决了这一问题。

看着博物馆门口熙熙攘攘的游客，谢明之自豪地说："不少来黄山旅游的人，对当地茶叶也感兴趣，所以我们在 2008 年建成了这家博物馆，是安徽首家茶叶博物馆，收集了徽州各种民间传统制茶工具、毛峰茶文化历史书籍，游客可以直接来这儿免费了解黄山毛峰的来龙去脉。"

而从博物馆驱车不到15分钟，谢裕大唐模生态茶园在那里静静等候。"那是我们的茶家乐。"谢明之说。

漫山遍野的茶树间，游客们化身为一个个煞有其事的"采茶工"，辛勤地看茶、采茶、拍茶，记录着自己与茶亲密接触的一刻。

"我们有专业的讲解员，会教授大家如何采茶。这片茶园里的茶叶都是为游客体验来种植的，我们希望打造集体验、休闲、养生于一体的生态园区，游客还可以加工茶叶、垂钓、种植等。"

与休宁松萝茶的不期而遇

由于工作日程的安排，报道组在结束了一天的采访后，途经休宁县落脚一晚。

拜会当地政协同人时，竟变成一堂茶叶"宣传课"。在听闻记者对休宁的了解中有松萝茶后，政协的工作人员仿佛都有了与我们相见恨晚的感觉，俨然每位都是松萝茶的"宣传员"。

"松萝茶产在我们这儿的松萝山，从明朝就有了，是历史名茶。它有'三重'，色重、香重、味重。"

"我们休宁县也是中国有机茶之乡，你们有机会再来，一定要去茶园看看，漂亮极了！"

他们热情地招呼报道组来年再去，"一定要为我们这里的茶宣传宣传！"

黄山爱茶人

在黄山采访数日，感触良多。特别是感受到，黄山爱茶人，真的很多。

回京前一晚，在朋友引荐下，我们到黄山市的一家祁眉茶叶店体验。一进门，店主宋大哥就热情地招呼我们喝茶。"我们先来喝喝正宗的黄山毛峰。"那种感觉，更像是一个茶友，丝毫不吝啬地分享他的爱饮。

相谈一小时，我们喝了顶级的黄山毛峰、祁眉，并和其他种类的红茶做了对比。眼看打烊时间到了，宋大哥还在专注地为我们泡茶、讲茶……

还曾在谢裕大茶叶博物馆偶遇过一位90后的姑娘,她做茶已有两年多,因为茶,她又开始被插花、古筝、香道吸引,慢慢学习起来。

我们闲散地聊着,谈到如何坚持自己喜欢的事情时,姑娘忽然冒出这样一句:"茶肯定是我一辈子能坚持的事儿。"

(原载于《人民政协报》2016年4月29日第11版)

一杯中国茶　千载藏汉情

文／纪娟丽

宁可一日无食，不可一日无茶。走在西藏，酥油茶的醇厚，甜茶的浓郁，清茶的原香，飘荡在随处可见的茶馆里，融入藏族同胞的血脉中。原产内地的茶叶与生长在青藏高原的藏族同胞，千里之遥，却交融难舍。

茶馆里的时光

当正午的阳光洒满木质的雕花窗台，位于拉萨八廓街丹杰林路的光明港琼甜茶馆已经座无虚席。依次排开的长条座椅，密密麻麻坐着茶客，独特的服装，陌生的语言互相聊着天儿的，那是藏族同胞；而挪着步子找着位子，一脸好奇还四处张望的，那一定是慕名而来的游客。

网上盛传，到西藏旅行一定要做两件事：一是晒晒拉萨的阳光，二是泡泡拉萨的甜茶馆。此时，我们正是这样的游客，转了两圈终于被几张陌生黝黑的笑脸迎接，示意我们坐下，桌面上一堆堆放着零钱，让人不知所以。

一侧的大爷靠着廊柱独自坐着，见我们茫然，告诉我们需要去里屋拿上玻璃杯，一会儿就有阿佳（女性服务员）过来倒茶，一杯茶七毛钱，将钱放在桌上，阿佳会自己找零。大爷名叫培次仁群，每天，他都会到甜茶馆坐上一会儿，满满喝上十杯茶。这样的日子，从1965年茶馆成立，已经整整50年了。培次仁群说，当时，茶馆以合作社形式经营，取名叫光明，由于面积小，称为港琼。现在茶馆空间已经很大了，但只要营业时间顾客都是满满的。

右边的一拨茶客一边打着手势，一边互相欣赏并讨论着对方戴在胳膊上、脖颈上的装饰。由于语言不通，不明就里的我们求教培次仁群，他用并不太标准的普通话告诉我们，"他们在吹牛"。

热乎乎的甜茶还在口齿间流连，藏家休闲生活就在眼前铺陈开来。茶馆里,茶香弥漫,橘黄色的灯光温暖宁静,人们有的三五围坐,边喝茶边聊天,有的摇着转经筒,口中念念有词……良久,身边的茶客离去,等候一旁的新茶客伺机坐下。

与光明港琼甜茶馆不同,开在寺院的仓姑寺茶馆明令禁止抽烟和打牌,显得格外安静一些。除了甜茶以外,这里还提供酥油茶和清茶,茶馆做工的都是寺里的觉姆(出家女性)。茶馆与寺院相连,一侧可以看到花团锦簇的寺院外围,有觉姆正在念经或者劳作。茶客以藏族女性居多,也不乏成群的外地游客。

仓姑寺茶馆的茶以磅计算,按量用暖壶装好,喝完一杯自己添,倒是更方便些。依旧买了甜茶坐下,阳光洒下来,把寺院与茶馆笼罩着,有着别样的安宁。邻座的藏族大爷虽不懂汉语,但慈祥地望着我们笑,见我们喝的是甜茶,便将自己的清茶分与我们共享。临走时,双手合十道一声"扎西德勒",我们也仿佛融进这藏家茶文化生活里。

高原上的茶香

拉萨茶馆里细枝末节,洋溢着阵阵暖流。在光明港琼甜茶馆,茶客普布次仁在一拨茶客起身时坐到了我们旁边,他感慨地说,近年来,古城拉萨发生了翻天覆地的变化,而甜茶馆始终以其固有的姿态,忠实地为它的新朋旧友们驻守着。由于离家远,普布次仁并不是这家甜茶馆的常客,"但我们很小就来过这里,这里的甜茶特别好喝,几十年不变,还是小时候的味道。"普布次仁说,每周,他总要来这里一回,喝喝这里的甜茶。

行走在西藏的城镇,甜茶馆星罗棋布,可以看出,泡茶馆已经成为藏族群众最重要的休闲方式之一。西藏文联副主席、曲协主席平措扎西在《世俗西藏》一篇专门写西藏甜茶馆的文中说:"甜茶不像酥油茶和青稞酒一样,发明权不属于藏人,它是一种外来的饮品,但藏族人早就把它纳入自己的生活中,使之成为日常生活必不可少的饮品。"

普布次仁是和妻子次珍一起来到甜茶馆的。次珍说,藏族人民离不开茶,早上大多喝酥油茶,一般在家里喝,因为家里的酥油更纯正。每天清晨,

笔者（左一）与
藏族同胞一起品
酥油茶

当黎明的曙光还未破晓，一声声机器搅拌酥油与茶的混声从一个又一个居民院或钢筋与水泥筑成的大楼里传来。对于许多藏家来说，这是每日清晨叫醒还在熟睡的孩子们的第一声晨钟。

"每天早上我和爱人都必须喝酥油茶吃糌粑，要不然一整天都觉得不对劲。如果没有喝茶，就感觉生活少了什么，全身都不舒服。"普布次仁说，喝完酥油茶，这一天才算开始了。

与在家喝酥油茶不同，甜茶则是要在茶馆喝的。聊聊天，吹吹牛，获得新信息，结交新朋友，甜茶馆里欢乐的小聚成为西藏人每日生活的习惯。在茶香中，我们与普布次仁夫妇相谈甚欢，最后合影留念，普布次仁掏出手机，与我们互相加了微信，并嘱咐我们将照片发给他。

茶中藏汉情

一日无茶则滞，三日无茶则痛。这句西藏俗语，道出了藏族同胞与茶的难解情缘。

西藏绝少产茶，但千百年来，茶却代替了任何一种饮品，成为藏族男女老幼每日必饮的最佳饮料。那么，为什么西藏创造了灿烂的茶文化？茶叶是怎么传入西藏的，又经过了怎样的历史变迁？

中国国际茶文化研究会副秘书长姚国坤说，据查，唐贞观十五年（641年）入藏嫁给吐蕃松赞干布的文成公主亲手将带去的茶叶，用当地的奶酪和酥油一起，调制成酥油茶，自此藏族同胞与酥油茶结下了不解之缘，敬酥油茶待客的隆重礼节一直保留到现在。

随着唐蕃之间友好往来，有的汉僧到藏区传法，有的则经吐蕃去印度求法，使饮茶习俗真正地传入吐蕃。但彼时，以王公贵族间和寺庙里流传为广。慢慢地，王室与寺院僧人饮茶习惯流传到民间。茶之止渴、消食、少睡、去腻等诸多功能，正好适用于高原牧业为主的习惯肉食和奶制品的藏族。到了晚唐时期，唐朝的丝织品和茶叶与吐蕃的马牛交换，安史之乱以后，唐蕃间在河西及青海日月山一带进行茶马互市，茶叶大量运往西藏，茶叶和饮茶习俗就这样在与内地的交流融汇中经过长期的传播和发展，由宫廷到寺院再传入民间，并形成了一种藏民族新的文化形态——茶文化。

"茶是藏族同胞生活中的头等大事。"姚国坤说，藏族当地有这样一首民谣："麋鹿和羚羊聚集在草原上，男女老幼聚集在帐篷里；草原上有花就有幸福，帐篷里有茶就更幸福。"因此，喝酥油茶成为藏族待客的最高礼仪。当你走进藏屋，男主人献上哈达的同时，女主人就会在厅堂一角打起酥油茶来。如果是待贵客的，还需要加入事先已炒熟研碎的核桃仁、花生米、芝麻、松子仁之类，再放上少量食盐、鸡蛋等，放入打茶筒。根据藏族经验，当抽打时，茶筒内发出的声音由"伊啊、伊啊"转为"嚓伊、嚓伊"时，表明茶汤和佐料已混为一体，酥油茶才算打好了。"藏族茶文化内涵丰富多彩，极富民族特色，是世界茶文化中的一朵奇葩。"姚国坤说。

（原载于《人民政协报》2015 年 9 月 11 日第 11 版）

阜阳香市井　无茶胜有茶

文／徐金玉　刘圆圆　纪娟丽

这里是百姓的茶馆。没有红木桌椅，没有典雅装饰，有的是一地厚厚的瓜子皮儿，有的是长条板凳上不舍离去的欢声笑语……

这里是千年古井的滋养地，有竹林七贤慕名而来、赋诗品茗的历史传说，也有"出杯不溢、日饮不烦、久饮不涨、水可浮币"的神奇佳话……

这里不产茶，却从古至今、从文人骚客到寻常百姓，都在述说着茶的故事。

阜阳双集的市井茶文化，等你来体验。

一壶古井茶岁月可相逢

一把冒着热气的铜壶，一小铁盘香气扑鼻的瓜子儿，一根油条、若干烧卖……上午10点，安徽省阜阳市颍上县双集回民村的胡大姐和老公俩人，坐在两把长条凳上，一边吃着早点一边喝茶。

"今天有点事，忙完了才过来。要是不来计大哥家里喝壶茶，觉得一天过得都不完整。"胡大姐笑着说。哪怕是上午10点了，没吃早饭的她也要拎着早点，来这里边喝茶边吃。几十年如一日，来茶馆喝茶，已成了全家乃至整个双集村人雷打不动的习惯。

她口中的计大哥，名叫计和国。他家的双集老茶馆已在村里开了20多年，是目前当地"年龄最大"的一家茶馆，也是当地人最熟悉的一家茶馆。

仔细一瞧，从地上厚厚的一层瓜子皮儿就可见一斑。这是早上这拨茶客留下的杰作。"我们这儿常年都是这样，大家伙儿来这儿边喝茶、边嗑瓜子儿、边打牌，一待能待两三个小时，轻松自在。"计和国笑着说，若是当天逢集，早上五六点钟的双集人，不是在喝茶，就是在去喝茶的路上。

"我想大家之所以愿意来，还是因为我们这里一直都没变过。"计和国说，茶馆还保留着几十年前的风貌，处处透露着亲切的味道：十几个老式的塑料暖壶、几十把上了年头的长条椅凳，还有外表已是斑驳掉漆的大肚子铜壶。

茶叶是装在铁桶里，泡茶也并不像南方人的工夫茶，而是从铁桶里抓出一把投进茶壶，用热水一冲便端上了桌。

偶尔若来了一位外乡人，很可能以为自己"穿越"到了20世纪八九十年代呢。

江店孜镇政府招商办主任刘勇，就曾记得第一次来双集喝茶时的场景。"才七八点钟，茶馆里已经没有空位了，往里一走，地上的瓜子皮儿踩得咯吱咯吱响。"刘勇笑着说："我当时真的被大家喝茶的氛围震撼到了，现在去哪儿还能找到这么接地气的茶馆呢？"

"我们双集村一天逢集一天背集，逢集那天，茶客一般五六点钟就来了，早上喝茶，上午干活儿。背集那天，他们一般下午两三点钟来，上午干活儿，下午喝茶。"计和国笑着说，他的工作也跟着两班倒，一天上午忙，一天下午忙。

"双集不产茶，可为什么双集人爱喝茶呢？跟这里的水有关。"计和国说，这水来自千年古井，泡出的茶格外香。

说到这儿，计和国忍不住来了兴致，他拿起茶壶向杯中倒水。只见茶水已经高出了杯子，却还是没有溢出来。"这叫'出杯不溢、日饮不烦、久饮不涨、水可浮币'，这就是双集茶的神奇之处。"计和国笑着说。

"来得稍微晚点儿，可真没地方坐。"计和国说。现在茶馆就他一个人管，根本忙不过来。这些茶客也习以为常地把自己当成了"半个主人"，自己倒水，自己泡茶。

为了能让老顾客天天有茶喝，计和国需要早上四五点钟便起床烧水。"即使提前做好了准备，人一来，水不一会儿就用完了。"计和国笑着说。他指着角落里一个直径一米多的大缸说："这是专门从村里那口百年甜井里挑的水，三四天就能喝完一大缸。"

计和国的茶馆不仅长得接地气，价格也是十分便宜。一壶茶才5块钱，加上一盘瓜子，还不到10块钱。"我做茶这么多年了，做的就是开心和热闹，留住了大伙儿的这些日子，就是留住了双集旧日的味道。"计和国说。

梦想未变茶馆不老

在双集村的茶馆一条街，一个巨大的茶壶镇守街头，也为慕名双集茶文化的爱茶人，指引着品茗的方向。

茶壶不远处，挂着明显招牌的"松青茶楼"首先映入眼帘。进门一瞧，窗明几净、桌椅整洁，一看就是当地新式茶馆的代表。没有了旧板凳桌椅的古朴，反而多了些许时尚和新派。

但馆主计新国，着实是双集村做茶馆的老前辈。

"我开茶馆已有40多年了，从小的梦想就是有一间自己的茶馆。"进入古稀之年的计新国笑着回忆。几十年如一日，他一直坚守着他的茶馆梦。

小时候，茶馆是最令他兴奋的地方，也是他每天最盼望去的地方。

在计新国的记忆中，双集的夜晚是属于茶馆的。干完农活儿以后，双集人都会聚在茶馆，听戏喝茶，享受一天难得的闲暇。"那时，说书艺人都选在茶馆里表演大鼓书，一边打鼓，一边说书，讲讲三国志、水浒传，听得我们这些小孩子都入了迷。等听渴了，再喝上一杯古井水泡的茶，觉得这是最幸福的日子。所以我当时就想，长大一定要当个茶馆主。"计新国说。

少年长成，一直没有忘记儿时的梦。怀着这样的想法，计新国张罗起了自己的茶楼。从最开始小小的门脸儿，到如今的三层小楼，他的茶馆生意越做越大。不仅茶楼梦实现了，连儿子计松青也继承了自己的衣钵。

现在，每天早上5点多钟，计松青就要开门做生意。"在双集，早上天刚亮，二三十家茶馆都挤满了人。我自己也是喝着古井水长大的。"计松青说。

"如何让茶馆与时俱进，一直是我们不断思考的问题。"计新国和计松青认为，虽然双集人喝茶的历史悠久，但茶馆也要跟随时代不断发展进步，要提高茶馆卫生条件，提升服务质量，要让当地百姓喝茶更健康、更舒服。

有了这样的想法，父子俩开始了对茶馆的重新"包装"：撤去了旧式的桌椅，换上了崭新的茶桌板凳，又从环境到布局到茶品，都做了新的设计和打造。

"我们统一了整间茶楼的风格，更加亮丽、时尚。不仅楼下有雅座，楼上还设有包房。"现在，茶楼里还开起了 KTV，让茶余饭后的消费者更加舍不得走。

"欢乐佳节，双集人同样离不开茶。即使是大年初一，他们也会聚到茶馆来。而且过年的时候，茶馆最热闹。返乡的老乡们都要到茶馆来喝茶，连 KTV 都要提前几天预订，否则根本没有座位。"计新国说。

"多年来，我们的茶品也有变化。从原来的只有安徽的红茶、绿茶，到现在已有福建的铁观音、正山小种，浙江的安吉白茶，云南的普洱茶等。价位也从 30 元到 268 元不等，满足不同消费者的需求。"计新国说。

现在，随着"品香茶、千年双集古井水"的名声在外，这里也成了旅游团队参观的"景点"。每逢周末，阜阳、颍上、淮南、凤台、寿县等地的客人都慕名而来。喝茶品茗，感受着、体会着"千年古井茶文化"。

"我们办茶馆，不仅可以弘扬和传承双集的茶文化，收入也很可观。"计新国说，几乎每天收入都能达到两三千元。

从少年时播在心里一颗茶种，到如今，种子在计新国的生活中生根发芽。他不仅实现了儿时的梦想，也成了一个时时关注茶文化的发烧友：哪里有长嘴壶表演，现在流行哪些茶，相关的信息他都不错过。而碰到茶器老物件儿，他也会用心收藏、把玩，爱不释手。

偶尔有感而发，更会做打油诗一首："双集古井四海名扬，水含矿钙有益健康。沏茶不溢口鼻生香，清心明目周身舒畅。"

神奇的"双井"

双集回民村的茶之所以如此受欢迎，功劳离不开当地的两口古井。

"这两口井不仅有着千年的历史，追根溯源，连双集村的名字也与它们有关。"双集老茶馆馆主计和国说。

据史料记载，双集村始建于公元 977 年的宋朝初期，当时村子里有两孔桥，当地因桥得名"双桥集"。后来，村中的宝贝——这两口井闻名于世，又更名为双井集。而后简称双集，双集之名一直沿用至今。

双集的这两口古井，独特与神秘之处，就在于它们的口感，两口井距离不足千米，味道却是大相径庭。

关于古井的来历，当地有几种不同的说法。

"一种是说双集古井为魏晋时期竹林七贤所掘。"江店孜镇政府招商办主任刘勇说，竹林七贤曾慕名来到此地，并被双集醇香的美酒和甘洌的清泉所倾倒，常常饮酒、赋诗、品茶、下棋于翠竹林中，最终七贤终老并长眠于七贤墓中。"我曾经考证过，这里确有七贤墓，但只是他们的衣冠冢，所以传说的真假不得而知。"刘勇说。

还有一种说法，认为双井是宋朝时挖掘的。

"据传，在战事频繁的古代，曾有一支军队在双集驻守。当时由于人员众多，再加上往来如织的大船运输，导致河水严重污染。"计和国说。河水一经污染，饮用此水的战马便遭了殃。在一次重要战役发动前，战马由于突发疾病，腹泻不止，根本无法上阵。经医官诊治方知是肠疫病，究其原因，是马常饮污水之故。

为了解决水的污染，马夫们在沟的两端各挖了一口深井，两井距离不足千米，没想到水质却完全不同：南井水味咸涩，马匹拒饮；北井水味甘甜，且势如泉涌，马匹争相饮之。饮用后，腹泻顿止，身体恢复如初，霎时间军营内人欢马啸，一片欢腾。

这两口井水质的独特与神奇，被越来越多的人传颂开来。当地不仅更名为双井集，更由于商贾往来，交通便利，逐渐发展繁盛，甚至还有十家馆子八家茶的传说。

"双集是回族同胞聚居村，当地人发现，南井井水味道咸涩，虽然难以饮用，但却是上好的汤料。用它煮牛肉，不论老牛、小牛，水沸肉烂，奇香味美，食之难忘。而北井的井水水味甘甜，用它煮水泡茶，茶沏数遍，浓香不变。"计和国说，"所以当时双集和现在一样，牛肉馆和茶馆林立，有十家牛肉馆的话，就会有八家茶馆。"

但伴随着战事的频繁和疏于治理的水患，双集村曾一度没落，双井的光环也消失了。改革开放后，双集的集市贸易得到了恢复和发展，这两口古井的魅力，又得以发扬光大。

"这样来看，虽然阜阳不是茶乡，但喝茶的氛围早已融进了当地居民的骨子里，代代传承了下来。"计和国说。

"无中生有"创茶业"双集模式"

茶文化节、茶博览会，在全国的各大茶产销区司空见惯。然而，在皖北平原，一个偏僻的小集镇，却出现了这样一个有趣的现象：当地不产一片茶，百姓却是一日不可无茶，现在本就底蕴深厚的饮茶风尚不仅日渐浓郁，近些年，连茶文化旅游节等茶叶推荐活动也是办得如火如荼。

"双集的千年古井水造就了当地独特的茶饮风俗。俗话说，水为茶之母，双集因水而闻名，通过水而发展，利用水而富裕，现在又通过水与茶的结合，打响了别具一格的茶文化品牌。"江孜店镇党委副书记、镇长余子艳说，双集历史悠久，自古就有"酿美酒、留七贤，湖畔竹林千古醉；烹香茗、邀四邻，茶楼雅座一席潭"的美誉，现在镇政府以此为基础，正在全力挖掘茶文化内涵，主打茶经济发展。

"随着集市贸易的发展和繁荣，双集的茶馆如雨后春笋般涌现，现有茶馆、茶社近30家。"余子艳说，2006年以来，双集重点打造茶文化一条街，极大地带动了周边相关产业的迅速发展，一个集品茶、餐饮、休闲、旅游、娱乐、文化于一体的双集茶文化正在发展壮大。

也是同一年，为推动双集茶文化节旅游区的建设，在颍上县委县政府的大力支持下，县宣传部、县文广新局、江店孜镇政府开始举办双集茶文化旅游节。

"这一天是中国传统佳节重阳节，也是我们双集的大日子。整个村汇集了来自四面八方的游人、客商5万人以上，连续几天都是热闹非凡。"江店孜镇政府宣传委员刘旭斌说，当天，他们不仅准备了精彩纷呈的舞台表演，还积极开展了"好婆婆""好媳妇""清洁文明户""清洁家园带头人"

评选表彰活动。"以茶会友，以茶为媒传递正能量，让旅游文化节成为全民热情参与的活动。"刘旭斌说。

为把双集茶文化推介出去，江店孜镇政府还分别在每年的阜洽会和阜阳文博会上进行双集茶文化展示。特别是 2016、2017 两年在第一、第二届阜阳文博会上，双集独特的茶文化引来众多人的关注，前来品茶、咨询、要求合作的人络绎不绝，茶文化展示获得了很好的效应。

"现在，每到逢集和农闲，双集各个茶馆都是客满，远近的村民以及往来的游客在此品茶休闲，谈古论今，成为皖北地区特有的江南现象。"刘旭斌说。

余子艳介绍，从 2017 年以来，江店孜全镇以茶为文化品牌，上下扎实开展脱贫攻坚、招商引资、美丽集镇建设、城乡环境综合整治等重点工作，各项事业突飞猛进，镇村环境发生了巨大变化，一个环境优美、乡风文明的新农村正在全镇广大干群的共同努力下，逐步展现在 6 万乡亲父老面前。

"今后，镇党委、政府将全力以赴优化发展环境，做好服务，进一步挖掘双集古井文化、提升茶品位，将双集打造成为特色茶文化旅游区。希望各界朋友多到江店孜镇这片充满希望的土地上走一走、看一看，留下来投资兴业。"余子艳说。

九月初九即将到来，双集茶文化旅游节正在有序地准备中。不知道，今年的双集茶又有着怎样的精彩，让我们拭目以待。

（原载于《人民政协报》2018 年 9 月 21 日第 11 版）

南宋点茶的光阴故事

文 / 徐金玉

"众里寻他千百度，蓦然回首，那人却在，灯火阑珊处……"南宋点茶，于杭州市上城区茶文化研究会而言，便是这般诗意又特殊的存在。

"杭州是南宋古都所在地，上城区又位于皇城根下，这里积淀着丰富深厚的点茶文化。当年，斗茶（比拼点茶技法）作为最流行的饮茶技趣之一，在朝廷贵族、文人雅士、市井百姓中都极为普及。推广南宋点茶、斗茶文化，我们责无旁贷，也重任在肩。"杭州市上城区茶文化研究会副会长兼秘书长瞿旭平说。

如同点茶需要研磨茶粉一样，研究会将南宋点茶的历史、技法、文化仔细"研磨"，数年间的尝试，已成功让宋式美学"照"进现代生活。如今，越来越多的市民游客选择共赴南宋文化盛宴，并由此踏上了热爱点茶的起点。

"斗"出生活美学

前不久，上城区迎来第九届南宋斗茶会。置身于人声鼎沸的现场，看着身着汉服的参赛者们娴熟的技艺，瞿旭平有些恍如隔世，"一晃儿，竟已近 10 年。"

比赛中，选手们茶筅击拂茶盏的声音如此悦耳，让她眼前浮现出南宋斗茶时热闹的街巷，耳畔仿佛奏响的正是这数年来未曾间断过的推广乐章。

"现场有一位父亲很让我感动，他特意请假，搭乘航班从北京飞回杭州，只为了带 3 个孩子来参加比赛。而这样的家庭，只是众多参赛选手的缩影，从中小学生到社区居民，他们多是'全家出动'，在赛场上一决高下。"瞿旭平说，而市民们这般参与的热情，是在她筹办举行首届南宋斗茶会时所无法想象的。

2013 年，瞿旭平第一次了解点茶。和她一样，当年无论是组织者还是参与者，对点茶除了好奇、赞叹，更多的情绪还是懵懂和陌生。

数百年前的南宋点茶，到底是什么来头？研究会工作人员埋首研读古书、资料，参观中国茶叶博物馆，请专家研讨分析，尝试对点茶进行活态展示。"比如，研究茶粉怎样加工，怎样才能点出更多乳花，怎样让茶汤又香又美，茶的制作方法有什么讲究等。"瞿旭平说，"由浅入深地去体会点茶的形、色、味、香之美，让我们逐步理解和把握了宋代茶文化的特质，对宋代茶文化更怀有热忱和崇敬之心。"

原来，点茶是一种具有时代特色、考验功底的饮茶技法，是将碾细的茶末投入茶盏中，冲入少量沸水，将茶调成膏状。然后点注茶汤，用茶筅击拂，手轻筅重、指绕腕旋、上下透彻，使之呈现如"乳花"一般的沫饽。沫饽越厚、咬盏越持久，其技艺越是高超。

"可以说，宋式点茶是宋代人最时尚的一件事情，也是宋代人将茶融入美学的一种生活方式。对于点茶人来说，点茶不仅是一项技艺，更是对自我心灵、精神境界的不懈追求和探索；对饮茶人来说，点茶不仅有欣赏的妙趣、茶汤的口味，更有相互交流产生共鸣的惬意和自在。我们希望把这种美的享受传播给更多人。"瞿旭平说。

"教"出文化传承

位于上城区的杭州市紫阳小学副校长叶娓便是众多的受益者、见证者之一。"从开始围观南宋斗茶会赛事，到我自己成为一个参赛者，后来带着学生参赛，再到如今我成为比赛评委，我也没想到，点茶会给教学生涯、休闲生活带来这么多改变。"叶娓笑着说，"在杭州市上城区茶文化研究会的支持下，茶

叶娓与参加点茶比赛的学生

已经成为学校的一张名片，从2013年开始学校开设茶课，如今，我们的'绿芽'们个个都是点茶小能手。上周，我们还得到一个好消息：学校的《寻访径山　品味南宋茶文化——径山茶会研学案例》入选了杭州市中小学生研学旅行优秀研学案例名单！"

最初，吸引学生们尝试的正是点茶的神奇之处。"茶粉竟然可以点出很厚的沫饽，而这项技艺已诞生数百年。现在竟然还可以在上面写字、画画，他们对此深感神奇，产生了浓厚的学习兴趣，平日里以喝碳酸饮料为乐的学生们，都转而喝起了茶，成了不折不扣的小茶人。"叶娓说，如今，这些小茶人们已经走出国门，曾到海外参加点茶文化交流活动，他们不再只是点茶技艺的传承者，更是点茶文化的传播者、推广者。

"从暑期开始，我们又开展了一项新尝试，创编一套以点茶为主题的少儿舞蹈，从音乐、动作、服装、道具皆为原创，我们希望借助这种受众面广泛的舞蹈形式，让更多人了解南宋点茶。"叶娓介绍，这个舞蹈还有一个美丽的名字——漏影春，这也是分茶中一种技法的名字，即借助图画模板，将茶粉轻轻筛下，沫饽上便会呈现出千姿百态的造型图案，化作"茶百戏"。

"不仅名字灵感取材点茶，我们的舞蹈动作也贯穿了整个点茶的流程，从备茶粉到捣碾磨筛，将每个环节都巧妙地融了进去。舞蹈几经打磨修改，以后会在各种茶事场合进行表演。明年，我们也将迈入推广点茶第10个年头，计划编撰一本专门的点茶少儿教材，在全国校园进一步推广点茶文化。"叶娓说，"茶是传播传统文化的重要载体，让人知礼静思、身心健康，培养品位审美，提升艺术感、科技感，这种寓教于乐的方式，确实值得让更多的校园一同飘满茶香。"

"守"住点茶根脉

数年间，有很多像紫阳小学一样的机构或单位，已从受益者，变为杭州市上城区茶文化研究会的同路人。

这些年来，杭州市上城区茶文化研究会不遗余力地推广点茶，喜讯也如同雪花般的信件，一件件飞来：成功申报点茶非遗项目和传承人，研究会成为点茶非遗项目的保护单位；开办宋式点茶系统课程，来自辽宁、山东、云南、广东、上海等地的点茶爱好者，得以学习得更为专业深入；完成了"宋代点茶与宋代八雅"研究项目；设立更多的点茶教学点……

"前不久，在中国国际茶文化研究会的支持下，我们还成立了杭州宋代点茶文化研究院。正如杭州市政协原副主席、杭州市茶研会会长何关新所寄语的那样，我们希望把点茶源头的阵地守住；也如上城区茶研会会长杨全岁所要求的那样，要让点茶这项宋韵文化得到更好地传播。我们会将多年的经验、实践进行梳理和提炼，让更多的人感受宋韵文化，更广地传播南宋点茶故事，更好地提升我们的文化自信。"瞿旭平说。

（原载于《人民政协报》2021 年 12 月 24 日第 11 版）

探秘冰岛村问香普洱茶

文 / 纪娟丽

对于普洱茶爱好者来说，冰岛茶让人又爱又恨，爱之尝一泡而不舍，恨之求一泡而不得。作为云南古树普洱茶的优秀代表，近年来，冰岛茶以势如破竹之势，成为普洱茶中的珍品。那么，一向提及普洱茶便是思茅，便是六大茶山，如何会在云南省临沧双江的勐库镇，杀出了这匹黑马冰岛茶？春茶开采时节，记者为此一探究竟。

从临沧机场往南，一路山地起伏、谷地相间，位于地球北回归线的双江，被称为"太阳转身的地方"。

路边的油菜已经挂了果，远山各色花朵竞相开放，充足的日照与雨水，不仅让这里有和煦的天气，更有丰富的植被。对这片土地的初印象，正好是"世界第一野生古茶树群落"在这里被发现的理由。

探秘冰岛村

在脚步没有到达之前，传说是遥不可及的。但穿越青山绿水，沿冰岛湖而上，正如火如荼建设的道路，春茶拍卖会的指示标牌，被各地来的车辆堵塞的村口公路，不仅印证着冰岛村的鼎鼎大名，更让你相信，传说中的那个古老村寨真的就在眼前了。

从3月8日开秤（春茶开采）以来，冰岛村就热闹了。急于一睹古茶树芳容的茶友们忍受不了堵车的等待，纷纷下车步行。道路两旁，满眼所见，都是正在修盖的独栋楼房，可见冰岛茶给当地村民带来了富足的生活。而位于古村中心，是一个不小的停车场，此时，已经停满了各地来的车辆。

"哇，这就是古茶树。"一个声音过来，茶友们沸腾了，从停车场往下看，茶树葱葱，粗壮的树身，树身上斑驳的苔藓，那是岁月的痕迹。而在这个春天，古老树干的顶部冒出的新芽，正在阳光下闪着光。

仔细一看，每一棵茶树上，还挂着一个身份证，表明它们不一般的身份，"人工栽培型古茶树 10 号"，这棵茶树的身份证上，不仅有树高、胸径等，甚至连生长的这块土地的海拔、横纵坐标都有准确的标注。不时，你还会发现，这些古茶树，虽长在这里，却有着来自各地的主人。某某茶厂基地、某某人所有，一块块这样的牌子下，有无数艳羡的目光。

"弯弯腰，保护我"，在一些拐弯处，茶树上的提示牌让爱茶人们走得格外小心。有人不时拍照，有人不停惊叹，更有人选择静静地来到这里，只为与古茶树共同度过一段时光。一位从昆明来的画家正坐在路边，老茶树已跃然纸上。还有来自异域的摄影师，正对着老茶树，聚精会神地调整着角度和镜头……

行走在春天的冰岛村，眼前是一幅幅与茶相关的风情画卷。这边，有采茶的大姐已经把嫩芽摊放在老茶树下；那边，柴火跃动的灶台上，鲜叶在杀青师傅的翻动下散发着茶香；还有一些茶友，已经坐进冰岛人家，开饮春天的第一泡冰岛茶……

如今冰岛村的热闹，是云南双江勐库茶叶有限责任公司（以下简称"勐库戎氏"）副董事长戎玉廷没有想到的。2004 年，他到冰岛村收茶，鲜叶不过 4 元一斤，而他也几乎是到冰岛村收茶的唯一一人。如今，冰岛茶风生水起，鲜叶价格也不断攀升，常常高至好几百元。

下山的时候，遇到不少车正奔赴冰岛村来。冰岛茶火了之后，但凡卖普洱的地方，总要摆一饼冰岛茶，仿佛不如此不能证明自己的江湖地位。但实际上，冰岛茶的产量，包括冰岛古寨、南迫、坝歪、糯伍、地界五个自然村，全年产量也不过 30 吨。

初遇会跳舞的茶

如果说冰岛茶享誉天下，那么亥公村的藤条茶则有点养在深闺人不识了。

如果不是因为来到双江，这个位于双江北大门的重要茶园——联合国粮农组织在云南唯一一个有机茶示范基地，记者也是未闻的。如今，这个示范茶园被勐库戎氏以"公司＋协会＋农户＋基地"的方式管理着。在勐库戎氏这个命名为 001 号的鲜叶收购站，摆放着两排小茶篓，茶篓里放着鲜叶，茶篓上写着茶农的名字。这些鲜叶是当日茶农采茶的茶样，以备检验和追溯茶叶的安全与否与产品质量。

走进有机茶基地，眼前不过一人高的茶树，与超过 100 年的树龄以及关于勐库大叶种的想象有不小的出入。

经介绍才知道，这里沿用着亥公村人古老的种植和管理茶园的经验。他们发现，用台刈的方法控制茶树的生长，老树新枝长出来的嫩芽更肥壮，做出来的普洱茶滋味更丰富。低头看茶树的根部，果然有被台刈的痕迹，目光向上，只见一根根枝丫向上生长，在这初春，冒出青青的嫩芽，彰显着茶农的辛苦和智慧。

戎玉廷告诉我们，被台刈之后的普洱茶又叫藤条茶，主要有几个优点：一是茶叶品质好，营养不被多余的枝桠浪费，自然的营养足够供应，因此也不要施化肥就能有良好的品质；二是病虫害少，风一吹，虫子就被吹掉了，无处躲藏栖身；三是茶叶间空隙大，所有叶子都能接触阳光，保证植物光合作用所需的光照，能让同一棵树的鲜叶品质达到一致；四是枝条柔软便于采摘。

"这里一直沿用着台刈的方法管理茶园，这样的茶园有效避免了病虫害，这应该也是这里成为联合国粮农组织有机茶示范基地的原因。"戎玉廷说，自 3 月 8 日开采以来，这片茶园每 5 天左右可采一次，如今，种植和管理祖辈留下来的茶园成了村里主要的经济来源。

告别基地，回望茶园，戎玉廷告诉我们，双江的下午，常常有风，风一来，藤条摇摆，整个茶园好似在跳舞，因此，藤条茶又被称为会跳舞的茶。

拜谒古茶树

作为双江的一张亮丽名片，勐库邦马大雪山 1.27 万亩古茶树群落，一直是爱茶人心中的向往。经专家考证，这是目前国内外已发现的海拔最高、面积最广、密度最大、原始植被保存最为完整的"世界第一野生古茶树群落"。

如此，来到勐库，拜谒大雪山古茶树是此行必须要去的。依旧起了个大早，赶在 8 点因修路而封闭部分路段之前通过，即便如此，到达山门时也临近中午。山里的空气有一股别样的清爽，鼻子里总有微风送来花香，一路沿小径前行，不知道爬过几座山，两个小时后，慢慢有了古茶树的身影。

与冰岛村经人工驯化过的古茶树不同，大雪山的茶树是野生的，原始的，高度可与这片热带雨林里的任何树比肩，带给人们前所未有的震撼。待到登顶大雪山，来到古茶树 1 号面前，疲惫一扫而光，激动与兴奋满血复活。从北京来的福建茶商吴春华站在古茶树旁，让同行的人按下了快门。他经营普洱茶已经十余年了，勐库也来过多次，对大雪山的古茶树也有耳闻，但真正来到这里，还是很激动。"亲自来看看这棵 3000 多年的古茶树，有一种朝圣的心态。"吴春华说，"我去过很多茶山，包括云南思茅的，但大雪山的 1 号古茶树，是我见过的最大的。"

对于爱茶人，见过 3000 多年岁月风霜下的古茶树，大概都会有一种特别的感情。从河南来的茶友弓春阳发微信说，"登顶勐库大雪山，与千年古茶树零距离接触，身为做茶之人，是何等幸事。"返程途中，遇到从台湾远道而来寻访古茶树的茶友。他说，台湾人爱喝普洱茶，自己尤其喜欢。勐库大叶种是普洱茶的优秀代表，能到勐库拜谒古茶树，一直是他的心愿。

寻访古茶树留念

幸会爱茶人

勐库大叶种是上天对勐库这片土地的恩赐，而提及特点突出、品质优异的勐库普洱茶，则绕不开制茶世家戎氏三代对普洱茶制作技艺的传承与坚持。

每年春天，勐库戎氏都会组织茶友茶乡行活动，让更多茶友领略勐库大叶种普洱茶的魅力。除了探秘冰岛村、参观有机茶基地、拜谒古茶树之外，还组织茶友亲手体验制茶，手工杀青、揉捻，体会一款好茶的形成。

晚上八九点，茶厂车间依然灯火通明，这时正是制茶最忙碌的时候。"好茶要好工，只有坚持古法做茶，才能发挥勐库大叶种的优势。"戎玉廷说，勐库戎氏拥有最大的普洱茶杀青车间以及最大的晾晒场。在普洱茶压制车间的高台石磨前，戎玉廷告诉记者，这是父亲戎加升发明的专利，今天看到的这个高台石磨，父亲先后改了4次，如今压制出来的茶饼松紧有度，不仅利于普洱茶的存放，更方便冲泡时的开茶。

既有创新又有传承。在戎加升的记忆中，勐库大叶种本一直是藤条茶，那是茶农智慧的结晶。直到20世纪90年代，政府倡导平头茶，低改高（追求高产量），才让藤条茶有了改变。如今，让藤条茶回归，并用市场的方式来倡导藤条茶，这是戎加升的坚持与选择。

如今，茶叶制作与销售都进入了轨道，戎加升只坚持做一件事，就是去基地转转。这是他认为最重要和最不让他放心的。"农民的工作得经常做。"多年来，把基地当作第一生产车间的戎加升没少做农民工作。十年前，戎加升去给茶农讲有机茶种植，为了吸引他们来听，他杀猪请茶农吃饭，茶农吃，他讲。现在，这些茶农特别愿意听戎加升的课，觉得学知识，得实惠，种有机茶让他们真正过上了好日子。

儿子戎玉廷爱茶，这是戎加升觉得最幸运的事。因为一个树种，勐库正吸引着茶人纷至沓来。在勐库戎氏，戎玉廷指着山顶一片已有雏形的建筑说，这是在建的普洱茶庄园，未来，这里可以实现采茶、制茶、品茶等环节，真正做到茶旅结合，让更多的人了解勐库茶，爱上勐库茶。

（原载于《人民政协报》2015年3月27日第11版）

来自印度大吉岭春茶的问候

文 / 徐金玉

"钟敲四下,一切为下午茶而停",一个星期六的午后,诸位爱茶人的脚步,也在北京的大吉岭红茶屋前驻足。这里正在举办印度大吉岭春茶品鉴会,一杯杯茶,竟成了代表印度的另一番风情。

红茶?绿茶?

看着杯中的茶汤颜色,很多茶友的脸上都是惊讶的神情——这茶泛着淡黄色光亮,到底是绿茶、黄茶,还是红茶呢?

"一般听到印度大吉岭,多是红茶,但这样的汤色、滋味,又和我们印象中的中国红茶太不同了!"有茶友感慨着。

北京东篱田园国际贸易公司总经理肖娟微笑着看着现场,大家的反应,都在她的意料之中。推广经营印度茶 13 年来,她一点点地看着国人对于它从陌生到熟悉,并十分乐于为茶友们揭开谜底。

"印度总共有三大茶区,北部是大吉岭茶区、阿萨姆茶区,南部是尼尔吉里茶区。其中,阿萨姆红茶的产量占了印度总产量的 70%,也在世界排名第一。大吉岭则是个小产区,只占 2%,但这里却诞生了世界三大高香红茶的一位主角——大吉岭红茶。"

肖娟说,"本来印度生产的全是红茶,但偏偏有一枝独秀,脱颖而出。这茶就是这次品鉴会的主角——大吉岭春茶。"

在 3 月中下旬春寒乍暖,大吉岭茶区已有少数海拔较低的庄园一角开始采茶了,海拔越高采摘时间越往后推,一直持续到 5 月中旬,这期间采摘的茶就是大吉岭春茶,也称为大吉岭初摘(Darjeeling First Flush)。

"有人问大吉岭春茶到底是绿茶还是红茶。若是按照工艺标准,它其实既不是绿茶,也不是红茶,而是属于轻度发酵,类似于国内的乌龙茶类。

从叶底看上去是绿茶，其实它有不同程度的发酵。"肖娟说。由于大吉岭产区小，加上工艺的不同，其春茶的产量也非常低。

"这茶，非常突出的是茶的香气，慢慢品，会有花香。茶汤入口，鲜爽甘醇，生津回甘，令人神清气爽。"老茶人于观亭，在茶界工作几十年，每次喝到印度茶时，仍有感于这异域的茶滋味。

一方水土一方茶

好茶，首先离不开好的树种。

老茶人施云清介绍，大吉岭茶树种源自中国正山小种红茶。随着当地生长环境的变化，茶叶的香气与小种茶有较大区别，鲜醇的花香喝起来非常柔和。

好茶，更离不开当地优越的自然环境。

大吉岭红茶产区主要位于印度喜马拉雅山南部的高原地带，在海拔 700 米到 2000 米的山林之间，常年云雾缭绕、昼夜温差大。

"这里的平均气温可以达到 18 摄氏度左右，日照适中，气候凉爽。土壤也是砾石土质，是茶树生长的最佳条件。"肖娟介绍，正因如此，大吉岭产茶区的采摘季可以绵延 9 个月，一直从 3 月中旬持续到 11 月中旬，分 4 个季节进行采摘。

随着年份的增长，茶汤颜色也是逐渐加深。你不会想到，随着季节变化，茶叶便呈现了不同的色彩，为品饮者展现了生命的张力。

最早的春季茶为淡黄色，味道也更为鲜爽，历经夏季茶、雨水茶，最后到秋季茶时，已全然褪去少女的青涩，以红亮微褐的颜色，彰显了一位恰似成熟女性的醇厚魅力。

大吉岭茶区共有 87 个庄园，品鉴会现场，卡斯尔顿庄园、瑟波庄园、玛格丽特的希望庄园等 3 个庄园的茶汤轮番"上演"，给茶友的味蕾带来一次次惊喜。尤其是那款来自希望庄园的春茶，被茶友们热议。

肖娟笑着告诉大家，这是她 2005 年的惊喜发现："我从 2005 年第一次登上大吉岭茶山，就被那里迷人的景色征服了，以后每年都会到大吉岭拜访不同的茶庄园。记得第一次到希望庄园时，老板说我是 100 多年来第一个到他们那里的中国人，我欣喜地在厚厚的签字簿上留下我的签名。"

大吉岭地区小种植园的历史可以追溯到 1830 年左右，之后发展出一批具有商业性质的茶园。巴瑞·岭烔，也就是现在的希望庄园，是早期的茶园之一，始于 1864 年，园内有 95% 是中国茶种，各式各样的茶树非常茂盛。

"希望庄园的春茶呈淡绿色，带有大量茶芽，也带着诱人的花果香味。这里的种植几乎都是手工劳作，在当地，既有田园的春色可以欣赏，又有干净的加工环境让人放心，所以我一有时间就会去那里。"肖娟说，由于印度的茶叶市场主要靠拍卖方式交易，该庄园在拍卖市场上也有很高的声誉。

纯正的印度奶茶

直接冲泡茶叶，出汤便饮用，这是大吉岭春茶的品饮方式，也符合大多数中国人喝茶的习惯——清饮。但是，如果以为清饮是大部分印度人的饮茶习惯，那便大错特错了。在当地，调饮——加糖、加奶或者加入香料，才是品饮方式的主流。

马萨拉茶（Masala Tea），就是当地颇受欢迎的一款。它的模样，首先就与我们日常看到的条形茶、碎片茶不同，是一个个深褐色的小颗粒。放在鼻尖下一闻，是一股奇异又有些霸道的香气。

"马萨拉茶是印度人习惯喝的一种奶茶，也称为香料奶茶。"肖娟说，"它是用印度阿萨姆红茶做基底，拼配肉桂、丁香、豆蔻、月桂叶、生姜等香料制作而成。"

在煮沸茶叶后，加鲜牛奶再煮上一分钟，再加入些许白砂糖，一杯马萨拉奶茶就冲泡好了。

"对于马萨拉茶，我真是铁杆粉丝，一接触就喜欢上了，它的味道比一些奶茶更有味道，更有内涵。"茶友丽敏说，她的亲朋好友早已习惯了在她家，喝上自制的马萨拉茶了。

"马萨拉茶是一种很好的保健茶，香味刺激霸气、滋味丰富醇厚，既可以热饮，也能制成冰奶茶，非常受欢迎，是当地老少皆宜的茶饮。"肖娟说。

不仅如此，品鉴会现场的冰柠红茶，也是赚足了茶友的溢美之词。

作为活动的组织者，肖娟深感欣慰："源于中国的茶，在印度衍生出了自己独有的茶文化。这或许，也是茶带给我们的另一个惊喜。"

（原载于《人民政协报》2017 年 6 月 16 日第 11 版）

日本茶道体验记

文／徐金玉

一个风和日丽的秋日，在友人吴步畅的引荐下，记者来到北京孙河 32 号院，于幽静的茶家生活馆，开启了奇妙的日本茶道体验之旅。

之前采访时，研学日本茶道多年、杭州茶家创始人之一的吴步畅就曾介绍过，参加日本茶事，是不能携带手机的。茶席间，没有电话铃声的纷扰，亦没有随处可见的手机低头族，主宾之间，甚至没有多余的言语，他们当下最需要慢慢体味的，就是眼前的那碗茶。

果然，在教室就座后，担纲翻译的中日茶文化交流活动家、中国茶叶博物馆日本事务顾问刘一平便提醒学生们：要把手机调成静音或关机，尽量不要放在桌面上。虽还没进入正式的茶事，对于手机的要求已经被提了出来。

不一会儿，木屐之声传来。一位身着日本传统服饰的长者，手拿戒尺，精神矍铄。他就是日本里千家正教授神谷宗舍长，研修日本茶道已有 60 余年。

一番日语自我介绍后，他缓缓地在黑板上写下这期茶课的主题——口切茶事。

学员立刻惊呼："这不是汉字吗？"

刘一平看着大家的表情，笑笑说："在日本，越是级别高的茶道教授，对中国的崇敬之情越是深厚。口说日语，手写汉字，已是很常见的一种现象。大家最应该欢呼的，反倒应是口切茶事，它可是在日本很隆重的一场茶事，在中国难得一见。"

理论：茶事有季节

在日本，茶事根据季节不同，形式也在发生变化。5—10 月，以风炉来举行茶事，11 月至来年 4 月，以炉来举行茶事。

口切茶事，即是 11 月的第一场茶事，也是新茶自 5 月份采摘封存以来，第一次被打开来喝。

为什么称为口切呢？这与时间和动作有关系。

神谷教授拿出装茶的茶壶来。"在茶壶里，有浓茶、薄茶两种茶。"

浓茶采摘的原料更为讲究。那些制茶品质好、口感佳的茶树，才会用来制作浓茶，且有固定的采摘时间。五月十五日摘的茶叶为初昔，五月二十一日摘的为千代昔，五月二十三日摘的为后昔。它们分别用纸包装好，放在茶壶里。

而同一季节其他茶树上采摘的茶叶，则被称为极昔，做成薄茶，直接倒入茶壶里，把剩下的空隙填满。

最后，主人会将茶壶口用封胶封上。当 11 月进行第一场茶事时，也是第一次拿刀将封口切开，从而称为"口切茶事"。

对茶事的认真与庄重，还体现在主人的印章上。每次取茶后，亭主都会拿条形的美浓纸将壶口封上，再盖上专属的亭主印。这意味着，该茶壶只有亭主一人可以开启。

茶事总共分为初座、中立和后座三部分。虽同为茶事，风炉和炉在具体的步骤上，略有不同。尤其在初座方面，风炉的茶事是先吃怀石料理，再点初炭，再吃果子。炉的茶事顺序则是初炭、怀石料理、果子。时长均为两小时。

"顺序之所以不同，是与季节温度有关。举办炉的茶事时，已进入 11 月，天气较冷，所以一般是先点炭，再进行食事。"神谷教授说。

中立即休息，30 分钟后，即进行后座。后座包含浓茶、后炭、薄茶三个程序，历时也是两小时。"一般来说，在客人吃饭时，主人开始做抹茶——用石磨将茶叶磨成粉。石磨越大，磨出来的粉会越细。做好抹茶后，通过浓茶、薄茶的方式，分享给大家。"神谷教授说。

实操：喝到口里不容易

理论课结束了，"口切茶事"的实操课即将开始。学员们都有些摩拳擦掌，在茶室外严阵以待。

日本茶道中对主客也有细致的划分。亭主由神户教授担任，他还有一位帮手，被称为半东，即半个东家之意。这次客人有3位，又分为主客、次客、三客（末客）。大家不要以为客人只是喝茶的，他们也有任务要做。

比如进入茶室前的第一步，是要先在外面的凉亭待合。此时，就是主客的活儿了。他需要把座椅上的香烟盘放好，把蒲团挨个放好，才能邀请其他两位客人就座。主客要坐到离茶室最近的第一个位置。

那么，客人什么时候可以进茶室呢？主人玄关打水，就是一个信号。

"主人通过现场打水，来告诉客人今天喝的是最新鲜的水，以此来表达尊重。"刘一平说。

进入茶室前，还有一项任务——蹲踞。

从亭子移步到茶室时，客人会经过一个叫作"露地"的小院子。露地内有一个石墩，石墩表面有一个凹槽，清水会从斜上方布置的竹管内倾泻而至。此时，客人要逐个蹲下来，按照规定动作，用水舀洗手、漱口，再把水舀洗干净。

"为什么要漱口呢？"神谷教授解释说，由于心口相连，口是心的玄关，漱口是为了把心清静了。

一番洗礼之后，客人才能正式进入茶室。

初座门道多

第一项初炭，炭也有讲究。它们的大小、形状都不同，摆放的顺序、位置，自然也不尽相同。

有趣的是，炭的中央还会放一粒香。"烧炭会有烟火味，燃香是为了清洁空气，让客人有舒适的感觉。而等到正式点茶时，香气又早已散尽，到时并不会影响茶香的品赏。"神谷教授进一步补充道，渐渐地，香也成了一个人乃至一个流派的象征，有时候，一闻香的味道，就知道是谁做的，应用于哪个流派。

当天虽然没有怀石料理，但是精美的果子，却是让大家大开眼界。果子由现场一位茶道教授连夜赶制，在柿香与板栗香中，学员感受到了来自日本茶点的独特风味。

盛放果子的盒子缘高也有门道，盒子最多只能有 5 层。每一层果子的多少，也会根据人数的多少进行调整，但最下面一层却是个例外，每次只能放 1 个，因为它是留给主客的。

后座品茶，来之不易

在榻榻米上跪礼两个小时后，后座品茶终于可以开始了。

当然，茶仍然不是立刻就能喝到的。在经由亭主拿出茶罐、取茶，宾客赏罐，主宾寒暄等一系列规程后，亭主才会开始正式点茶。

只见他先不疾不徐地将碾茶倒入碗内，冲入釜中沸水，再用茶筅快速击拂，使之产生沫搽。几分钟后，一碗冒着蒸青绿茶清香的茶汤，就做好了。

当日茶碗名为红安南，已是 14—15 世纪时的物什。茶汤荡漾其中，碧绿清盈，煞是可爱。

茶并不急着入口，主客要先将茶放在与次客中间的位置，礼貌地说上一句"我先喝了"，才可端到面前。此时，还要先向点茶人行礼，再将茶碗端起来，感谢所有的人。

品饮时，不可正对着碗的正面来喝，要顺时针将碗沿移动两次，在侧面品饮。因为茶汤还要继续传给其他茶客，每人的饮茶量，要根据茶汤量和客人数量，自行选择喝多少。

喝完以后，如何擦净杯沿，如何传递给下一位客人，如何赏碗，都是有规程有礼法的。即使是赏碗环节，一直采用跪姿的客人，也需要将两个胳膊肘抵在大腿上，按照规定动作，将碗进行细细打量。

浓茶将味道的浓烈与绿茶的清新，完美地结合在一起，回甘甜润美好。薄茶虽味道稍淡，但清凉和回甘迅速，同样给人带来了愉悦的感受。

一场茶事下来，夕阳的余晖已倾泻至茶室内，恰好捎来自然的暖意与宁静。

思考：完美的东西在中国

4 个半小时的茶事结束，学员们纷纷敲起已经跪麻的腿脚。有人不禁打趣道："还是在国内喝茶幸福啊！""喝上一杯茶，真是不容易！但也真的很值得！"

单不说早已跪麻的腿脚，光是记住口切茶事中繁复的步骤和礼节，学员们已然分身乏术。更何况，日本不同时节还有不同的茶事、不同的规矩。如此一来，在日本，要想做到茶道教授级别，定要付出几十年的心力来钻研。

这些严格的规程、谨慎的细节，归纳下来就是一个字——敬。因为敬重，所以认真。

众所周知，茶道最初由中国传至日本。这也不禁令人感到好奇，日本茶道是当时中国茶道的一个缩影，那古代的中国，到底是一个多么兴盛的茶之大国呢？

在当天教授和体验茶器时，神谷教授也一直在说："我们只是在做几近完美的东西。"那么，完美的东西在哪儿？

他回答："完美的东西在中国！"

常年与日本教授接触的刘一平，对此也深有感触。他与众多的茶道教授交谈以后，发现那些级别高的茶道教授，提到最多的两个词，就是"唐物"和"中国"。他们对中国的崇敬之情，已深入骨髓。

"了解了日本茶道，才知道中国自己的才是最好的，才真正明白文化自信到底是什么。"刘一平感慨道。

当前，中国茶礼茶文化的复兴，也仍然在引发业界的思考和推动。如何体现中国茶的气魄和历史底蕴来，他们在行动。

（原载于《人民政协报》2017 年 9 月 29 日第 11 版）

茶人篇

周国富：茶是中国的根

文 / 李寅峰

时任中国国际茶文
化研究会会长周国富

　　采访周国富，虽然每次都是在相对严肃的环境中开始，但是因为总伴
着袅袅的茶香，总听着他持着浓浓乡音的"浙江普通话"娓娓讲茶，反倒
总是让对话在随和、亲切的氛围中完成。一如茶香，清雅、深远、悠长。

人生之益

　　周国富从小喝茶，一生爱茶。茶在他那里，总是具有无数的亮点。听
他讲喝茶的好处，是一种信手拈来的自然，是水到渠成的真情实感，讲者
悠然、听者恍然：普普通通的茶，就是这样有这么多的好处！

　　在周国富看来，茶的益处数不胜数，但最重要的几点是：茶促和谐、
茶助健身、茶可养心。"虽然很多人认为，社会交际上，不会喝酒不行，
但是我更认为，不会喝茶也不行。"周国富说。

　　"茶最大的好处就是'和'。"周国富认为，茶道的精神事实上体现的
是一个"和"字，他特意补充，这个"和"就是"和谐社会的'和'字"，
是儒释道等各种传统文化的共同点。周国富说，客人来了，敬杯茶，相谈甚欢，

这是人与人之间的和谐；在风景优美的地方，品茶论道，这又是人与自然、人与心的和谐；相比于酒的刚烈，茶的静和柔更能促进人与社会的和谐。周国富笑着举例，李白自称酒中仙，杯酒成诗，但喜酒的他性情刚烈，与主流社会疏远。"倘若他也喜欢喝茶，也许又是另外一种人生！"

而茶对健身之作用，恐怕没有什么能比"百病之药"更贴切的诠释了。周国富介绍，《本草纲目》中记载，茶能够止渴、生津、兴奋、瘦身，还可以降血糖、降血压等。"从成分讲，茶中的有机物能达到93%—95.5%，茶中具有丰富的维生素，茶被称为'百病之药'也不足为奇了。"另外，之所以说茶可以养心，周国富认为，是因为品茶可以给人冷静的思考。"当代社会，节奏快、压力大，修身养性很重要，抑制欲望也很重要，看着杯中飘逸飞舞的茶叶，品着清香的茶汤，我认为，茶可以帮助人清醒自己、修善修心。"

交流之使

作为交流交往的桥梁，茶的这项用途更是古今通用。"从古代的丝绸之路到郑和下西洋，从现代的国宾礼到朋友间的传递，茶起到的桥梁作用可谓和平、友好而又轻松、惬意。"周国富说，20世纪70年代初美国总统特使基辛格访华时，周恩来总理曾送两斤龙井茶给他，后来基辛格幽默地说，回国后被"一哄而抢"，到他第二次访华，主动向总理索要龙井，成就了两国外交史中一段温馨而又充满人情的回忆。"茶是促进人与人之间交流交往的最好纽带之一。"周国富说，尤其在茶文化历史悠久的中国，茶的桥梁作用，更处处体现。"中国人的习惯，家中来了客人，首先要敬茶，端上的一杯茶，往往不止承担着解渴的作用，更承担着主人的热情、友好。而社会上的茶馆，最为普及的功能也是交友、聊天、谈心、洽谈生意甚至是谈情说爱。就连现在逢年过节，一些单位流行的茶话会，也是促进同事间交流交往的重要平台……"

正因为此，周国富以及他亲任会长的中国国际茶文化研究会一直致力推动"茶为国饮"，"茶是中国的根啊！茶文化在我们国家兴旺了几千年，在百姓的社会生活中起着重要的作用。所以，振兴中华茶产业，这是我们的责任。"

文化之美

周国富非常怀念自己小时候喝茶的往事，那时候，茶馆中总是很热闹，喝茶的、说书的、唱评弹的，各类群体中，传递的都是茶文化的魅力。入学后，学校总会摆放着两个大保温桶，一桶水，一桶茶，在夏天最热的时候，茶是孩子们钟情的消暑饮料，总先于白开水见底儿。课间、放学，虽是牛饮，在小孩子心里，茶的味道依然清香、爽口。周国富说，自己喝茶的习惯就是那时养成的，他也坚持认为，自己花甲之年，眼睛没有老花，功劳应该记在相伴一生的茶上。

周国富说，中国国际茶文化研究会目前也在推动茶进校园、进社区、进机关以及进企业等活动。"品茶不仅对身体有好处，更是一种文化。茶入口，先苦后甜再淡，所以品茶犹如品人生。推动茶进学校，给学生讲述喝茶的好处，讲述茶文化的内涵，也提供给他们喝茶的机会，既能丰富他们的生活，也能促进茶文化在中国的传播。在其他群体中推广也是一样的目标。"

当然，周国富也希望，能大力推动茶馆业的发展，将文化的功能和喝茶结合起来，形成特有的文化氛围，吸引更多的人爱茶，特别是吸引年轻人的关注。

2010 年里，中国国际茶文化研究会举办了五六十场大大小小的活动，如中国重庆永川国际茶文化旅游节、2010 中国·陕西首届茶业茶文化节等。今年，除了常规活动外，中国国际茶义化研究会依然力推"茶为国饮""杭为茶都"两项内容。周国富介绍，"杭为茶都"的提法已经是七年之久了，如今，在杭州，每个县都成立了茶文化研究会，甚至一些乡镇都有类似的机构，组织体系基本建立起来了。"希望'杭为茶都'不仅是杭州的一张名片，而且对浙江甚至中国茶产业、茶文化和茶经济的发展也起到促进作用。"他最后说。

（原载于《人民政协报》2011 年 5 月 6 日第 11 版）

茶界第一位院士
陈宗懋：科研事茶哪有尽头

文／徐金玉

"点赞陈宗懋，每天 10 票！"在茶友群，每天有"粉丝"义务提醒大家投票。

"请大家为院士点赞！"在茶界朋友圈，这样的状态几乎在活动当日刷屏。

近日，由中宣部等多家主办单位发起的 2021 年"最美科技工作者"学习宣传活动火热开展，中国工程院院士、中国农业科学院茶叶研究所研究员陈宗懋位列其中。

于消费者而言，他的名字可能是陌生的：当人们放心地品饮中国茶时，或许不曾知晓，正是这样一位耄耋老人，曾用科研数据说话，提出了 20 余种农药在茶树使用中的安全标准，其中 18 项成了国家标准，5 项作为农业农村部标准……

于茶界人士而言，他的名字则是家喻户晓：2003 年，他成为中国第一位茶院士，这"唯一"的记录一度保持 16 年；他在农残领域的建树首屈一指，

中国工程院院士、中国农业科学院茶叶研究所研究员陈宗懋

曾担任联合国粮农组织农药残留委员会主席；他不遗余力地推进全民饮茶，只要有精力，便会科普授课……

但于陈宗懋自己而言，鲜为人知的"幕后功臣"，抑或是德高望重的"茶界泰斗"，这些评价只是浮名。喝茶80多年，事茶60余载，他一辈子最重要的，是奉献茶产业的这片丹心。

引领国际标准的"茶博士"

当记者抛出这样一个问题："在当前国际茶领域的农残科研水平上，中国排在什么位置？"

陈宗懋毫不犹豫地回答："领先地位！"

而了解这段历史的人知道，为了这个掷地有声的答案，他努力了半个世纪。

在20世纪60年代，作为茶叶大国的中国，在农药残留的科研成绩上，只能算是个"落后生"。当时，一则来自国外的消息，曾给中国茶叶出口砸下一记重锤——"我国出口给英国的一批茶叶，由于农残不符合标准，被他们烧毁了！"

到底为什么烧，茶叶哪里出了问题，农残是什么，能不能降低，一系列谜题等待揭晓。于是，一项史无前例的任务交到了茶研所手中，陈宗懋的茶研究也从这里开始。

当时农药这个"舶来品"，在全世界的推广应用也才一二十年，陈宗懋和同事们先厘清概念，再学习检测方法，一步步攻坚克难。无数个田间地头的寒来暑往，与无数个在实验室苦坐"冷板凳"的日日夜夜，最终都化作一项项滚烫的科研成果出炉：我国一批高残留农药品种在他们的建议下被颁布禁用；我国老百姓可以放心、安心地喝上一杯健康茶……

但显然，这位"茶斗士"的目标远不止如此。2015年前后，当陈宗懋旗帜鲜明地亮出观点——过去的国际标准有错误，并开创性地提出实行茶汤检测农药残留的办法时，整个茶界为之震动。

"以干茶的农药残留量作为计算标准并不合理，实际上，茶以饮用为主，以茶汤检测农残才更为科学。与此同时，对于水溶性农药和脂溶性农药的不同特质，也要有针对性地加以区分。"在联合国粮农组织的政府间茶叶工作组会议期间，陈宗懋将根据农药不同溶解度所做的实验成果与各国专家代表分享，得到了与会人员的一致认同。

在他的实际推动下，一项"板上钉钉"、实行了数十年的规则被重新定义——联合国粮农组织对茶叶的农药残留标准进行了修订，欧盟亦同意将非水溶性农药在茶叶上的 MRL 标准由原来的 0.05mg/kg 放宽到 5mg/kg，放宽了 100 倍，这大大有利于我国茶叶的出口。

从被动地接受"烧毁"事实，摸着石头过河探索农残领域，到如今引领茶领域农残标准，这场"翻身仗"，陈宗懋打得相当漂亮！

当之无愧的"害虫天敌"

如果害虫有思想，听到陈宗懋的名字，恐怕会绕道茶园飞走。近些年来，当陈宗懋将科研目光放在茶园绿色精准防控的目标上后，虫子就被他牢牢盯上。

"过去，我们主要研究如何给农药定标准，但实际上，茶园不用农药岂不是更好？要实现这个目标，就要绿色防控，顾名思义，要无污染、无公害地治理茶园，向害虫'宣战'。"陈宗懋说。

他研究的第一件事就是给害虫"做体检"。

"我们要了解它们喜欢什么，不喜欢什么，把敌人摸透了，就方便给它们'下毒'了。"陈宗懋笑着说。这些年来，他们从嗅觉、视觉、听觉、味觉等，对害虫进行了全方位研究。

比如第一个着力点——性信息素，让害虫"节育"，危害自然减轻。

"我们研究发现，有些雌虫会在尾巴放出类似液体的物质，这种气味会吸引雄虫飞来交配产卵。像杭州最大的茶园杀手——茶尺蠖，其性吸引素是三种化合物，我们通过化学方法，成功进行还原。"陈宗懋说，每亩只需要 16 毫克，如同眼药水盖子那般大小，就能把害虫种群控制住。"最后，毫无悬念地，它们都被粘在了板子上。一个晚上，可以粘几十头甚至上百头。

按一头产卵 100 多个计算，这无形中消除了上万头的威胁。"

在海南岛，有一种名叫茶蚕的害虫最令当地茶农头疼。它们常常几百头聚众围啃一棵树，半小时树芯全部吃光，之后再"搬家"吃下一棵。"我们就利用性信息素方法，一晚上一亩地粘了 200 多头，效果非常好。"陈宗懋说。

威力这么大，价钱还格外实惠，每亩只需十几块钱。"目前，茶园共有十多种会飞的主要害虫，我们已有针对性地研制出了六七种性吸引素。"陈宗懋说。

研究光和颜色，是应对害虫的第二大利器。为此，陈宗懋的实验室为昆虫专门设置了"眼科"，通过视觉影响，打造杀虫灯和杀虫板，实现诱杀效果。

过去，茶园多采用和水稻田一样的杀虫灯，一晚上能吸引一大袋虫子，效果看似不错，陈宗懋却提出质疑。他让大家把虫子挑出来，一个一个数，分门别类。这一梳理才发现，这些尸体中，有 80% 是益虫，只有 20% 是害虫。

"换句话说，敌人杀死得少，朋友杀死得多，这种方法很不科学。所以，我们重新开始针对害虫研究光谱。规律越找越多，针对性越来越强。比如，有的虫子晚上也要睡觉，主要在夜间 9 点到凌晨 1 点活动。杀虫灯便也定时'上下班'，每晚只开 4 小时，准时准点准确杀虫。"

除了化学防治，物理应用也有新突破。"我们发现有些害虫交配时，是依靠'情歌对唱'相互吸引。我们就模仿出雌虫的叫声，对雄虫进行诱杀。目前，产品已进入实际落地阶段。据我了解，目前利用声波防控技术的，除了我国，只有意大利在做。这是创新型的实验，可以说，中国走在了前列。"陈宗懋说。现在浙江、湖南、湖北等地都在采用绿色防控方式，整体改变了茶园面貌，也从根本上提升了茶叶质量安全。

孜孜不倦的"解题人"

这些天来，陈宗懋常伏案写作。他笔下，一份草拟给农业农村部的报告，正在恳切地为一个话题谋求出路——茶叶出口。这也是困扰了中国茶产业数十年的一块顽疾。

"中国有六大茶类，茶园面积这么大，原料采得也很嫩，质量又这么好，为什么出口却不多？"调查研究后他发现，最主要的问题依然出在质量不过关上。

"欧盟在农药残留和污染物上设有严格标准。其中对一项成分——蒽醌要求极为严苛，只准许有 0.02ppm（意味着百万分之 0.02）。这个连名字我们都没听过的成分，一下子扼住了茶叶出口的要害，稍有不慎就会超标。"

蒽醌到底是什么，它到底来自哪儿？陈宗懋团队为此做了大量实验，最近成果终于出炉，他基于此形成了切实的建议："通过对茶叶产前、产中、产后农残和污染物的控制，将茶叶质量安全提升一个等级！"这句话，似乎点燃了茶叶出口未来的希望之火。

"产前落在茶园管理，一是建议禁止使用水溶性农药，二是建议实现茶园绿色精准防控，目前我们已制定具体推广的措施。"陈宗懋说，产中是在加工环节，问题逐渐浮出水面——燃料。

"我们常用煤、天然气、柴火等燃料，里面都有蒽醌，其燃烧后作为空气污染物落在茶叶上。解决办法就是改用电，但一个更为现实的问题摆在眼前。"陈宗懋说，"工业用电与农业用电价格不同，茶叶炒制虽属农业生产过程，但其属于工业用电，价格要高一些。普通茶农做小工厂，受利益权衡，肯定不愿用电。此时，国家要算一笔经济'大账'。"陈宗懋建议道，"国家可以将茶业用电列为农业用电。通过燃料改革，我国茶叶出口量增加，出口价格提高，其利润势必要比工业用电与农业用电的差额来得更为丰盈，应从顶层设计层面给予支持。"

流通领域是否也有蒽醌，严谨的科研者怎会错过这一点：他们发现，茶叶运输主要采用的纸板箱里就有蒽醌。"我们曾经做过一个试验，将没有蒽醌的茶叶放在纸板箱内 80 天进行测算，蒽醌的含量每天都在上涨。纸板箱通过蒽醌来提高出纸率，但茶叶的特殊性要求其运输工具必须禁止蒽醌。"

"要改变中国茶叶出口现状，改革的阵痛是必经阶段。但一旦进行了这一系列改革，我国茶叶质量安全将会提升一个等级，会比其他茶叶出口国更具竞争力，茶叶出口量的攀升指日可待。"陈宗懋说。

不破不立的"好学生"

如果你走进陈宗懋的办公室，除了扑鼻的茶香，察觉到的第二个关键词便是书了。以办公桌为中心，从柜子到墙角到窗下，满满当当都是书。

大量阅读、学习是陈宗懋雷打不动的习惯。而且不管当天多忙、开会多累，回到家中陈宗懋还要完成一个"作业"——看3篇文献，一年要看1000篇。这个"作业"，他已做了几十年，只不过布置者，就是他自己。

"我们如今能出这么多成果，一个很重要的元素就是学习。我常和团队的人讲，一个人的聪明才智很有限，我们需要博采众长，要随时了解各个国家先进的科研进展，这些养分会带来不少新启发。"陈宗懋说。

在他看来，科研没有止境，要有习惯"坐冷板凳"的耐心，更要有敢于创新的锐气，产业要发展，一定要创新。他甚至给团队的年轻人下了"硬指标"，一年到两年内，必须要有新成果。

"打破常规、从零起步，这样的创新实验很难做。所以，我们团队的年轻人都很辛苦，经常忙到晚上九十点钟才下班。可即便如此，一旦成果出炉，那种成功时的喜悦、突破关卡后的兴奋，会一瞬间将疲惫与失落一扫而空。"陈宗懋笑着说。

比如，他们曾研制出一款黄色粘虫板，在全国大面积推广。后来却发现有问题，一是粘的益虫比害虫多，二是塑料材质，造成了二次污染。这些难题要破解，很多实验就要重新回炉，但是，当他们采用黄红相间的粘虫板，把材质改为植物淀粉，将问题顺利解决时，一份难得的畅意便涌进心头。"我们为这样团结的、奋进的团队骄傲，这份成果属于每一个人。"陈宗懋说。

采访接近尾声，记者才恍然发现，原本仅计划半小时的采访，已不知不觉过去了80分钟。电话那头，88岁的陈宗懋嗓音已有些沙哑，可科研话题不止，他便依然劲头儿十足。

    "人生有多少个甲子，不知不觉，我也在茶科研上贡献了一辈子。"采访最后，陈宗懋这样概括自己："不忘初心、牢记使命，我有两个使命，一是科技创新，一是产业服务，我努力把科技成果落地、转化，努力把一生奉献给茶事业！"

（原载于《人民政协报》2021 年 8 月 13 日第 11 版）

程启坤：一盏清茶任平生

文／徐金玉

70余年，于历史，不过沧海一粟，于程启坤，却是与茶相伴最珍贵的芳华。

出生于茶乡，就读于茶校，就职于茶院所，深耕于茶文化，82岁的中国农科院茶叶研究所原所长、中国国际茶文化研究会原副会长程启坤，似乎在用一生为"茶人"注脚。

这不，退而未休的他，在撰写了几十部著作后，又新出了一本茶书——《陆羽〈茶经〉简明读本》，心血倾注，浇灌出读者青睐、出版社连番印刷的成果。

书如其人，让人不觉慨叹，程启坤的一生，也是一本茶书。

82岁老人的28万字

"陆羽身世，谜团丛生。他出生在哪家，生于何年何月，姓甚名谁？历来说法不一。古书云：陆羽，'不知所生'，指的就是这个意思……"浅绿色铺底封面，淡淡笔触勾勒陆羽行茶，翻开《陆羽〈茶经〉简明读本》时，

中国农科院茶叶研究所原所长、中国国际茶文化研究会原副会长程启坤

仿佛正促膝围绕在程启坤身边，听老人家轻啜一口茶汤，妙趣横生地讲起茶圣陆羽的传奇故事。

"《茶经》是世界上第一部茶叶专著，由陆羽用尽毕生精力，在对全国茶区广泛调查研究后写成，对世界茶业影响深远。国内外研究者众多，但对不少初学者而言，阅读它仍有一定难度，我希望帮助更多的初学者更好地理解《茶经》。"这一初衷，程启坤抱怀多年。

"真要动笔时，发现还是有很多需要进一步考证的内容。当时我想，一定要像陆羽那样认真仔细地调查、分析，力求真实、准确。"为此，不知多少个夜晚，灯光下，他字斟句酌地考虑、修改、论证。夜深人静处，只留一个银发苍苍的背影，伏案良久。直至一年后，他自己点头满意了，才向出版社交出书稿。

洋洋洒洒 28 万字，很难想象，竟出自一位耄耋老人之手。

与陆羽"对话千年"

饼茶怎么制作？煮茶法，是个什么煮法？"紫者上，绿者次"这种说法对不对？"简明读本"简字当头，可解答并不简单。

"要研究陆羽、研究《茶经》，不光是书本上的研究，还必须实验、实证。"一直致力于科研的程启坤，面对茶文化的"疑难点"，也丝毫不含糊，"必须拿出科研态度"。

《茶经》里提到了饼茶压制方法，过去很多学者认为，压饼是用如今做糕点的木模压制而成。程启坤经过研究实践却发现，这种办法行不通。

"我们反复研究、模拟，最后做出了一种无底的圈模，成功地压出了饼茶。"当圈模被轻轻提起，饼茶成功出炉的那一刻，程启坤眼中的笑意，藏都藏不住。

"这次出书，我们将拍成的照片印在书上，很直观，很容易理解。不少读者惊奇地说，原来圈模是这样的！后来不少地方仿制唐代饼茶也都获得成功。"程启坤笑着说。

而后，业界耳熟能详的陆羽煮茶法，同样成了程启坤实验的"座上宾"。

他买来了炉子、陶锅、茶碗、勺子等，像做物理、化学实验一样反复探索。最终他们把陆羽煮茶法归纳为"十六步法"，连煮水过程中的一沸、二沸、三沸，每一沸的水温都弄得一清二楚。读者不仅容易理解，还能看图操作，来一把穿越版的唐代煮茶。

"《茶经》中还有些内容，初看时很难理解，比如陆羽说茶鲜叶是'紫者上，绿者次'。很多读者认为陆羽认识错误，认为茶鲜叶肯定是绿的好，怎么可能是紫者上呢？"为了探明真相，尽管身体欠佳，程启坤仍亲自去了湖州长兴一趟，到当时陆羽亲自种过茶的唐代古茶山进行调查。

"到了那里才发现，紫笋茶的茶树发出的茶叶新梢幼嫩时真是微紫色，长大后才变成绿色。幼嫩的微紫色嫩芽叶当然品质好，长大后变成绿色时已稍有老化，当然品质要差些。类似这样的疑难点，有些是实地调查研究后得出结论，有些是应用过去几十年的科研成果或理论分析进行论证。花费了不少工夫，还是希望对读者能有帮助。"程启坤说。

那些青春燃烧的岁月

写书的日子，实践的日子，常让程启坤想起那些年的科研过往。

和写书一样，科研需要沉得下心、坐得住冷板凳。而这冷板凳，程启坤曾一坐就是40多年。从1960年开始从事茶叶生化研究开始，程启坤的青春岁月都燃烧在了科研世界里。

科研之路不好走，时常伴随着艰难、"牺牲"和遗憾。

记得有一次，在做儿茶素研究时，由于识别儿茶素斑点需要在紫外灯底下工作，程启坤的眼睛刺痛不已。医生诊断说，由于紫外线的伤害，程启坤的眼睛已经发炎，要戴着防护眼镜才能工作。可防护眼镜戴上了，斑点又看不清了。为此，程启坤忍着剧痛，摘掉眼镜完成了点描工作……为了工作，他和妻子长期异地分居，一年仅有一次探亲假；而儿子呱呱坠地时，他还深一脚浅一脚地走在云南的茶山里，直到半月后，才收到报喜的家书……

艰辛未让程启坤退缩，而茶科研也没有辜负他的付出。1983年，他曾将积累的有关文献资料和取得的科研成果，经过系统整理，编写成书——《茶化浅析》，受到了生产实践者、业务技术普及者的欢迎，直至 30 多年过去了，仍有读者将其当作工具书……科研成果更是不胜枚举，他提出了奠定业内研究基础的"儿茶素品质指数""红碎茶内质的化学鉴定法""提高红碎茶品质的工艺参数""绿茶滋味化学鉴定法"和"酚氨比"的概念，命名了红茶中的"茶褐素"……

茶科研的篇章里，留下了程启坤浓墨重彩的一笔。

热爱，不惧从头开始

从科研岗位退下来后，程启坤来到中国国际茶文化研究会从事茶文化的研究工作。

为了研究透、研究深，他常常夜以继日地学习。而越是深入研究，他越感到茶文化内涵的丰富深厚，这才有了今日《陆羽〈茶经〉简明读本》的硕果结成。

这些年，他始终在茶领域"发挥余热"：加入老茶缘老专家志愿者服务队，参加科技下乡科技扶贫活动；去参加茶业茶文化研讨会；去产茶区调查研究，指导茶农进行茶叶加工，做好红茶；去机关、学校、企业普及茶文化……

"作为一个茶人，我觉得身体好时，能为国家的茶叶事业多作点贡献是理所当然的事，而且是一种乐趣。"程启坤说。这两年，因身患脑膜瘤，眼睛耳朵不太好了，活动减少了，但他心里总惦记着天下茶事和国家的茶业发展。他心中有一个"茶叶强国"梦，他建议国家设立茶业管理局，从规划、种植、加工、质检、销售出口一体化管理茶业；建议国家加强投入，促进实现茶叶事业的现代化；建议设法增加茶叶出口……每一点思考背后，都离不开他对茶界的关注。

前些日子，程启坤搬到了杭州郊区的老年公寓，发现那里没有茶园，他忙前忙后，在自家阳台上栽种了几株茶树。一方天地，满堂茶香，绿影绰绰，仿佛置身茶园中。

"看看茶树、喝喝茶，心里才踏实、才舒服。"他说，一生事茶，真是一刻都少不了茶。

（原载于《人民政协报》2019 年 6 月 21 日第 11 版）

刘祖生：茶中品"认真"

文／徐金玉

参与组建了中国第一个茶学博士点，主持育成 5 个国家级茶树良种，培养了不计其数的茶叶人才，85 岁的浙江大学教授、茶学家刘祖生，回首韶华岁月中每一件茶事，认为无论做什么事，都少不了责任，数十载事茶生涯中，最应该对得起的就是"认真"二字。

教学时光染白了发

1953 年，在华中农学院的茶专业课堂上，一位青春飞扬的茶老师亮相。从此这三尺讲台便成了这位 22 岁年轻人坚守的阵地，从助教一直到教授，头发也从乌黑变成花白……

"从上课的第一天开始，我就告诉同学们，大家随时可以提问，打断讲课也没关系。我向往启发式的教育，而非填鸭式的。"刘祖生负责讲茶树育种学、茶树栽培学、茶作学、茶学概论、茶树遗传育种、茶用香花栽培学、茶树栽培育种专题和茶学专题等 8 门课程，而且这些课程往往需要理

浙江大学教授、
茶学家刘祖生

论实践相结合。但他并不担心自己被学生问倒。"我每次讲课前都要认真做备课笔记，把要点和相关的知识点都尽量准备好，即使被问倒了也不怕，最重要的是孜孜不倦的治学精神。"

每逢毕业前实习，带着学生们到乡下实践，也是刘祖生感觉辛苦而快乐的现场教学阶段。

"我们不是走马观花式的参观，而是带着任务去实习。记得有一年2月底3月初，我们要对幼年、青年、老年茶树做不同程度和不同形式的修剪实习。我就把学生们分成9组，分配到这个县的9个产茶区实习，每位同学手把手地教农民们怎么剪枝。"此时的刘祖生则更是不得闲，挨个去各个产茶区指导，一个地方接着一个地方跑，帮学生释疑解惑。他认为，只有真正到生产第一线参与生产实习，才能培养出以后茶界真正用得上的人才。

建我国首个茶学博士点

1984年，刘祖生担任浙江大学茶学系主任时，全国农科院校已有不少博士学位点，但茶学却迟迟没有动作。

"你们为什么没有申报博士点呢？"刘祖生曾经在华中农业大学的老师问他。

"条件还不够成熟吧。"刘祖生虽然内心仍有些忐忑，却也决心试一试。

在学校学术委员会的座谈会上，刘祖生一组"大球"与"小球"的发言，为博士点的申报铺了路。

"学科就跟开运动会一样。浙农大有很多资深的学科，比如农学、园艺等，就像是篮球、排球等大球。与本校的这些学科相比，茶学肯定是属于小球。但是小球不应和大球比，而是应该跟全国其他院校的小球比，我看咱们这小球还是有一定竞争优势的。"

校长一听，颇有几分道理。于是，茶学幸运地成了9个学科申报中的最后一个，搭上了申报博士点的列车。

来年传来好消息，浙江大学茶学博士点申报成功，它也成了我国首个茶学博士点，比第二个申报成功的湖南农业大学早了7年，比第三个申报成功的安徽农业大学早了 12 年。

茶农给予的最高奖赏

茶树育种栽培，是刘祖生倾注的另一份心血。

每每听到茶农的肯定，都是刘祖生最为开心的时候。用他的话说，"那是用钞票买不到的开心。"

几十年耕耘，刘祖生在选育茶树新品种时，一直秉承高产优质的原则。如今，通过国家级审定良种有 5 个，省级审定良种有 2 个，还有 3 个在待审过程中。

"每个良种审定下来，一般需要 10 年到 15 年时间。"浙农 113、117、139，岁月积淀下这些茶叶，不仅成了浙江茶农的宝贝，还被推广到国内多个茶产区进行种植。

20 世纪末 21 世纪初，浙江大学茶叶研究所同新昌镜岭镇镇政府合作，共建浙东茶树良种繁育基地，搞了七八年时间，繁育了浙农系列茶树良种苗木达数亿株。"基地最多时一年繁育 2 亿株茶苗，其中浙农 117 就有 9000 万株最受茶农欢迎，扎扎实实地成了茶农致富的资源。"

寺下坑村的茶农盛再根是当地最早种植浙农 117 的。一个选育一个种植，刘祖生和盛再根也因浙农 117 结缘了。

"盛再根看准了浙农 117 发芽早，产量高，且抗寒性强，种了一亩地 7000 余株茶苗。当时种水稻，一亩地能收入 700 元。但是繁育茶苗，一亩收入达万元，收益翻几番，盛再根致富了。"当时村里有 30 多户人家跟着盛再根也种上了浙农 117。

怀着感恩之心，素未谋面的盛再根非常想当面向刘祖生致谢，虽然儿子劝他，"大学教授那么忙，怎么会见您呢"，但盛再根还是一路打听一路走，终于到浙江大学找到了刘祖生。

"一来二往，我们成了好朋友。"令刘祖生最为难忘的是有一年春节前，盛再根挑着扁担，筐里装着一条猪腿、一只公鸡等土特产，特意送上门来。

"我措手不及，想留他吃饭。没想到他已经买了长途汽车票，连喝杯茶的时间都没有。"

浙农 117 的诞生

一棵茶树的育种成功，离不开夜以继日地选育、栽种和实验。

20 世纪 60 年代，刘祖生带领课题小组马不停蹄地调查、广泛征集国内不少茶区的茶树品种资源。广东、广西、福建、浙江、江西、山东、云南、贵州、四川，哪儿出好茶，就往哪儿跑。有时候条件艰苦，3 个人挤一床又旧又脏的棉被，也顾不得了。

浙农 117 就源自这样的挖掘。首先，他们通过福鼎大白茶和云南大叶种自然杂交，得到了福云杂交种。"我们培育了一批茶苗，并选出了 48 株单株，每株单株从繁育到开始采茶，至少就需要三四年的时间。"产茶后，他们要记录每一株单株的产量、做茶的质量，48 株中优中选优，第 17 株脱颖而出，它就是浙农 117 的母株。

样品的检测是复杂又长期的过程，既要求采摘方式相同，还要相同的手工加工方式，这样才能保证对比的相对公平。

选好后，育种过程还远远没有结束。他们要按照标准，从 1 株茶株繁育出一定数量，再进行品种比较试验，至少有 3 年的产量、质量，再参加全国的区域性比较试验，又要 3 年产量资料，再经过国家品种审定委员会评审，通过国家审定才成为国家级良种。

"整个育种过程经过这样严格的程序，再快没有 10 年到 15 年，是完成不了的。"刘祖生说。

时光荏苒，岁月已悄然染白了刘祖生的头发。现如今，他依然热心地参与和支持茶事活动。在他身边，还少不了一个头发同样斑白的长者身影，他的夫人，同样也是茶学专家的胡月龄。

"在浙江农学院（今浙江大学农学院），是因茶结缘的吗？"

"对喽！"刘祖生笑着说。一个主攻茶树栽培、育种，一个主攻茶叶加工、品质检验、质量把关，相伴他们的不仅有彼此，还有共同热爱的茶。

（原载于《人民政协报》2016 年 5 月 13 日第 11 版）

高麟溢：米寿茶人爱茶心

文/郝 雪 徐金玉

第一次听别人提到高麟溢，记者便对这位老人家肃然起敬。2005年，上海吴觉农纪念馆筹备在即，不少茶人主动捐资捐物，远在北京的高老为了汇款，更是以古稀之龄在银行排了近两个小时的队……

2016年，茶学家、农业部原农业局副局长、中国茶叶学会原副理事长高麟溢进入米寿之年，88岁的他，依然怀揣一颗拳拳爱茶心，只要茶行业需要，他就会不遗余力地贡献着自己的力量。

一句开题话 几番茶人情

"我这一生比较知足，国家对我的培养付出很多，但我对国家的贡献却很少。"采访伊始，高麟溢的一句话，瞬间打动了记者的心。

对于高老来说，对茶的感情仿佛是与生俱来。1928年，他出生在浙江省永嘉县罗东乡木桥村的茶叶世家。"我的爷爷、爸爸都是茶商，爷爷更是被送外号'十里香'。"高麟溢笑着说，"爷爷常到上海、天津、香港

高麟溢先生
到茶园调研

150

做生意，一次在轮船上泡茶，茶香四溢，引来船上诸多乘客围观、品茶。一款茶来自哪儿，是什么品种，他都能品出来。"耳濡目染地，高麟溢自小也爱喝茶，每次放假回家，常往茶山、茶厂里跑，边看边学，跟着采茶、加工茶，成了家里的小帮手。家乡出产的乌牛早茶的茶香，更是深深刻在他的生命中。

他清楚地记得，乌牛早茶特殊的采摘方式：这里没有"温柔"的采茶仙子，统统是"彪悍"的采茶汉子；这里没有化肥，都是用割掉的稻草做有机肥……

"按照当时传统的采摘方法，不是直接采摘叶子，而是将茶树枝干割断后带回去采，被称为'台刈'。我们俗称'三年两头刈'，隔一年割一次茶树，保证第二年茶树长得好。所以我们这里的女人们不用上山做农活，种茶、割茶树都是男人的事儿。"

高麟溢坦言，从大学开始，到走上工作岗位，乌牛早茶时刻牵绊着他的心，只要有研究方向或是发展心得，他都会倾囊相授。那一个偏远贫困的小山村，当年只走出两个大学生，其中一个就是高麟溢——家庭对教育的格外重视，促成他一举考上复旦大学茶叶专修科，也促成了他与茶一生的缘分。

"绿改红"浪潮的"实践课"

"绿改红"浪潮是新中国成立后茶产业发展史上重要的一笔，从大学到工作，一段时期内，高麟溢为此不断奔波。

"新中国成立后，为了抵消苏联的部分借款，按照对方的要求，我们须向对方出口茶叶，主要是红茶。由此，我国茶叶生产开始大规模'绿改红'。"1951年3月份，浙江绍兴成为第一批绿茶改红茶示范区，正在复旦大学就学的高麟溢，不仅被派到绍兴学习，还到乡村推广技术和方法。23岁的他从绍兴出发，坐车、步行，一路翻山越岭，最后抵达嵊县（今浙江嵊州）的北山区。在那里，他组织培训班，建立初制所，传递烘焙、发酵的知识，为茶农带去直接的帮助。

到了华东农林部工作后，他又到皖北金寨县参与红茶改制工作。彼时经验日益丰富的他干得更加顺手和出众，不仅为当地筹建了红茶初制所，还借此制定采制操作规程传授技术。这位远道而来的年轻小伙子，得到了当地茶农的热烈欢迎。

当时，在红茶的发展领域，苏联也派来专家多次来华指导、交流。高麟溢又赶上了两次难得的学习"机会"。一次是他参加中苏茶叶考察组，跟着考察了浙江、安徽、福建三省十多个县，参与收集、整理、编写考察资料和总结工作。还有一次，是陪同两位苏联专家在安徽祁门茶厂指导祁门红茶初制示范试验。

提起当时苏联专家掌握的先进技术，高麟溢依然记忆犹新，他们提出的"茶树条栽密植""定型修剪技术"等专业的茶叶术语，在60多年后的今天，还是可以毫不含糊地讲出来。后来，高麟溢参与编写了《苏联专家红茶试验示范小结》。正是这样的经历，加深了高麟溢对于茶叶机械化的关注，成了日后在地方推动机械制茶理念的实践来源。

一本手册，一段历史

在采访中，高麟溢搬出了一摞厚厚的工作笔记。由于年代久远，本子多数都已泛黄，有的纸张甚至散了架，翻开一看，里面密密麻麻地手写了大量的数字和文字：收了多少茶叶，价格多高多低，茶园的面积多少，产量多少……这哪里是工作册子啊，简直是珍贵的茶产业发展历史记录！

在老人家的心里，这些数字和文字也是历历在目，提到哪年茶业界发生了哪些大事，高麟溢如数家珍。

"我到农业部工作以后，一直就是和数字打交道。1957年，我国茶园面积达到494万亩，总产量是232.2万吨，这些都得益于1954年的一次重要会议。"高麟溢所指的那次会议，就是全国茶叶会议，那一次，恢复荒芜茶园被提上议程。

"这次会议是由农业部、商业部、外贸部三部委联合召开的。我当时刚被调到国家农业部工作，就参与筹备和总结这次会议。"高麟溢说，会议上通过了"大力发展茶叶生产""恢复荒芜茶园，有计划地在山区丘陵开辟新茶园"的茶叶生产方针，这对当时的茶叶发展仿佛打了一剂"强心剂"，整个国家的茶叶发展日益蒸蒸日上。

"还有个重要的口号是'5万担'。"高麟溢笑着说，那是1974年，我国确定了100个年产5万担茶叶基地县的规划工作。

在会上参与组织工作后，高麟溢马不停蹄地对浙江、安徽等产茶区进行考察和统计。在安徽休宁县，他有了惊喜的发现。

"我发现，休宁通过3年时间已经实现了5万担的目标，这在全国是多么成功的一个典型啊！我立刻汇报给部委，他们非常重视，没过多久，就把全国年产5万担县经验交流会开在了那里。"正是这样的典型树立，为全国产区的发展鼓了劲儿。到了1976年，全国年产万担县已有117个，其中年产5万担的县由6个增至18个。

重品种，抓质量

1981年，高麟溢担任国家农业部经济作物局副局长、农业部全国茶树良种审定委员会主任，3年后，他又担任农业部农业局副局长。所有的这些职务，不仅不离茶，更让他能施展拳脚，多干实事。

对茶树品种资源的普查与保护，就是他干的一件大实事儿。早在20世纪80年代前后，高麟溢就敏锐地发现了茶树品种资源的宝贵之处。他不仅主持拟定了《全国茶树良种审定暂行办法》，而且布置各地进行茶树品种的全面普查，为中国茶树资源绘出了一张珍贵的历史"地图"。截至1984年，仅云南省就征集400多份材料，4000多份标本，300多个品种，发现178处野生茶树。

茶叶质量更是高麟溢关心的重中之重。1985年和1989年，他分别主持两次大型的名优茶评比，第一次评出全国名茶11个，第二次评出26个。"发展名优特茶，不仅促进当地打造地方品牌，同时，也能整体提升茶叶的质量水平。"高麟溢语重心长地说。

甘做茶行业的"螺丝钉"

1988年离休后的高麟溢，依然忙碌。他不仅筹建和主持了"茶人之家"，又联合老茶人，组建了"当代茶圣——吴觉农茶学思想研究会"，并被推选为会长。

只要身子骨硬朗，有茶乡需要评审、考察，他更是会满怀热情地前往。他实际参与了全国20多个县的"中国特产之乡"的实地考察和评审活动。将毕生所学教给当地的茶农，为茶叶发展出谋划策，依然是他步入老年后的一件乐事。

在本周刚刚组织的丙申读书茶会上，众多新老茶人在会上畅所欲言，讲生产提出口，88岁的高麟溢侧耳听、认真讲，更是整整坐了3个小时没有离席。在场的参会人员都为这种精神感动。

他说，愿做茶行业的一颗"螺丝钉"，哪里需要他，他便全力以赴地进行实践和努力。

"我就是希望继续为普及茶叶知识，弘扬茶文化，推动茶叶经济和富裕茶农多作一点贡献。"高麟溢说。

（原载于《人民政协报》2016年2月26日第11版）

尹在继：茶叶检验茶情一生

文／徐金玉

尹在继，1920年8月生于浙江嵊州。茶叶科技专家、茶叶检验专家。参与建立了新的茶叶检验制度和实施办法，为新中国茶叶出口检验奠定了基础，培养了大批茶叶出口检验技术人员。

如今的尹老，头发、眉毛全白了，举手投足间却矫健轻盈。如果从老人家18岁入茶行开始算起，如今也是将近80载，而其中，从事茶叶出口检验工作更是逾半个世纪。那段具有开拓性意义的光辉岁月，成了老人生命中一抹浓重、明亮的色彩。

起草茶叶出口检验标准

我国是茶的故乡，从古代的丝绸之路开始，茶叶就是我国重要的出口商品，但真正形成有规模、有组织的茶叶出口检验，还是在尹老这一代人身上。

据尹老介绍，这项工作，首开先河的是上海商品检验局，但很快就因抗战爆发而中断，1946年又重新恢复。尹老也是在这时候进入该局，担起

尹在继先生在茶园

了"把关人"的角色。也是那个时代起，中国茶叶出口检验实现了一次次开拓之举。

首先挑战的是历史遗留的着色问题。说起当年的情况，近百岁的老人依然记忆犹新。"出口茶叶着色是出口检验的'疑难杂症'。"尹老说，为了让茶叶看上去更加鲜嫩，收益更高，个别茶商会涂上色料吸引消费者。个别无良商贩甚至用的是有毒色料，含有铅、铜等元素。尹老边回忆边摆手，"茶是日常生活的饮料，怎么能着色呢？！色料无论有毒无毒，都必须要禁止！"

这种检验显然断了一些不良茶商的财路，各方面的压力蜂拥而来。但是，尹在继坚持，作为出口饮料，涉及人体健康、茶农生计，甚至国家声誉，怎能轻易让步？必须严格治理。"我当时提出，要从源头禁止染色，产地茶厂生产茶叶，只要检出染色问题，产品一律禁止出厂！"终于在 1952 年，守得云开见月明，我国外销茶着色得到完全禁绝，此后步入良性循环之路。这一举措赢得了世界各国消费者的好评，也让尹在继心中的一块石头落地了。

1950 年，新中国第一部《茶叶出口检验 (暂行) 标准》和《茶叶产地检验实施办法》的执笔任务落在了刚过而立之年的尹在继身上。这是多么重要的一项任务啊！尹老清楚地记得，当时正值新中国召开第一届全国商品检政会议，尹在继作为茶叶专家前去参加，同时参会的还有他的恩师吴觉农先生，以及蔡无忌、黄国光、戴啸洲等四位茶检专家。

夜以继日翻阅大量的资料，和各位同行专家一起伏案斟酌字句的场景似乎还历历在目，尹在继笔下诞生的新中国第一个茶检标准已经悄然走过了 65 年历史。

茶叶分级探路先行

迄今为止，中国茶叶的品种、等级分类依然让消费者眼花缭乱，但关于茶叶的分级问题，早在半个多世纪前，已经提上日程、并取得历史性的进展。

1954 年，国家商检总局、中茶总公司联合发文，决定在上海成立"中国茶叶分级研究小组"，尹在继任组长。

回忆起当时的情景，尹老颇为激动，那时他整个身心都扑在评审、分级上面。茶叶评审需要对其色、香、味、形、叶底等进行评定，每个项目都不容忽视，奋战了一年多后，尹在继和同事们制订了一整套红绿茶各类各级标准样茶和实施办法，使我国外销茶叶走上了规格化、等级化和标准化道路，并创新性地更改了原来的交易方式。

"过去，我国对外洽谈业务或成交时，每笔交易前都先寄样、看样后再成交。我们在制定等级时，设立了'茶号'来进行统一编号定级，替代各类各级红绿茶规格、等级、标准代号，例如第一个数字代表茶叶，第二个数字代表等级，之后的数字再代表第几批、哪个茶厂，非常清晰地将茶叶属性表达出来。再交易时只需报个茶号就可以了。"尹老笑着说，当时的编号茶习称"号头茶"。

"有个号头茶是8147，代表雨茶，当时在西北非地区，特别是在塞内加尔，可以说上从国家元首，下至一般百姓，都对这个茶号非常熟悉，也把它视为我国优质绿茶的象征。"尹老高兴地说，编号的认可度高，让他们颇有成就感。

"茶叶等级和编号定了，通过扬长避短的拼配技术，保证产品的稳定供应，这就形成了品牌。"尹老说，茶叶出口逐年递增是一张令人欣喜的成绩单，中国茶叶出口向世界各地，成了摩洛哥、毛里塔尼亚等数十个国家和地区人们的杯中饮品。

半个世纪的时光，都奉献在了茶叶品质检验上，尹老说，这段日子也成了他生命中弥足珍贵的财富。

念念不忘红碎茶

红碎茶一直是尹在继挂心的事。20 世纪六七十年代，关注茶叶出口的他敏锐地发现，国外消费者对红碎茶青睐有加。在 20 多个产茶国中，除了我国以外，只要生产红茶，均以红碎茶为主。

"国外消费者饮用红茶，和中国人喝工夫红茶不同，他们像喝饮料一样，喜欢一次性冲泡，并在茶汤中加入糖、牛奶等辅助食料，这就要求茶汁浸出快，滋味浓强。红碎茶就是这种茶，因而才受到消费者的欢迎。"尹老笑着说。

那么，怎么做红碎茶呢，为此，尹老和同事们进行了冲泡试验。尹老说，他们把国外高档分级红茶、国内部分地区的红碎茶，以及工夫红茶初制中所产生的红碎茶，同时用5分钟冲泡法，冲泡两次，每次分析其主要成分，并进行感官审评，给予综合评比。

"从结果上看，揉捻工艺关系着红碎茶的品质。很多人理解红碎茶，认为把外形做碎了就可以，其实这种想法是错误的。红碎茶要求'碎'的不是叶子的外形，而是叶子的细胞组织。"尹老说，当时，很多人虽然想学习西方制造红碎茶，也引进了揉捻机、干燥剂，但是制茶人员思想依然受传统工夫茶的影响，把嫩叶揉碎了，不容易接受。且工夫红茶精制时要反复整形，精工细作，这对红碎茶的品质却有损无益。

尹在继当时就看出来这一点。他说："红碎茶不是由于它的外形存在什么匀净美观的特点，恰恰相反，它外形的匀净度比工夫红茶要差，它的兴起，是由于它具有浓强鲜爽的内质而受人欢迎。我们要根据红碎茶的品质要求，去熟悉它、实践它、研究它、发展它，不要被那些陈旧的经验或框框所限制。"

到了1963年，红碎茶试制小组成立，我国正式生产红碎茶，在云南、四川、湖北、广东、江苏分头进行试制。尹老作为相关负责人，到各地参与试制和研究，不断指导工作。经过三年试制研究，获得初步成功。但后来由于历史原因，后续工作被迫停顿。

对于尹老来说，这多少有些遗憾。现如今，他依然关注红碎茶的发展，在他看来，只要在制茶技术、产品质量、食品安全等方面赶上或超过先进国家，红碎茶的外销市场依然前景广阔。

八十年与茶相伴，一段段往事，尹老记忆犹新。"吃点苦都无所谓，为了茶，我无怨无悔。"尹老说。

（原载于《人民政协报》2015年8月14日第11版）

施云清：忆当年　为茶行天下

文／徐金玉

　　1932 年出生的施云清，20 多岁即为茶远赴埃及，从此踏上了 40 余载外贸路。他，曾打破多项茶叶进出口交易纪录、与茶界同人创办了中华茶人联谊会，是"觉农勋章"获得者。新中国成立后，其成为茶行业辉煌历史的见证人、参与者，他就是中国茶叶进出口公司原总经理、首届中华茶人联谊会副理事长兼秘书长施云清。

　　回想当年，考察、谈判、寻求机遇，他因茶开始用脚丈量世界，也因畅游世界而愈发读懂了中国茶。

　　施老的家简朴、淡雅。淡黄色的茶叶柜，是 20 世纪的欧式风格，有着拱形的橱窗设计。柜前的桌上，一壶大吉岭红茶正冒着热气，施老加入牛奶、白糖，为午后 3 点来拜访的我，贴心地备好了一杯浓郁、鲜香的下午茶。桌上更为抢眼的，还有泛黄的旧文献、几本相册集、打印好的材料与标注好内容的杂志……

　　于是，一张方桌，一席茶话。83 岁的施老，或笑容满面地回忆，或眉头紧锁地思考，如同一本徐徐翻开的历史书，带我走进了他的外贸茶世界。

施云清先生
在参加茶文化活动

"一带一路"里看中国茶门道

"2013 年，国家主席习近平提到了'万里茶道'，并提出'一带一路'战略构想。茶作为一种商品，愈发凸显了其在经济、文化、外交上的作用。为此，更要思考中国茶与世界的联系，做好茶行业的事儿。"施老几十年的外贸实践告诉他，茶行业在此可大有作为。

"沿着这两条线路的国家，与茶有缘，大多不是产茶国，就是茶叶消费国，包含中亚、西亚、北非和欧洲，市场非常广阔。"施老说。"这些国家多是伊斯兰教国家，非常喜欢喝茶，在一些国家，茶是必需品。"

施老的足迹当时遍布北非、欧洲、中亚，茶叶贸易工作不仅让他对不同地域的茶文化有了更深的了解，也对中国茶的定位有了新的认识。

施老至今记得踏上埃及那片土地时的使命感，那是他第一次出国身担重任。1955 年初，中国在埃及建立商务代表处，商务领先为外交服务。从复旦大学茶学专业毕业的施老，此时已在北京外贸学院学习，成了组织培养的茶叶外贸专业人才。于是，开拓中埃茶贸交流的使命，落在了风华正茂的他及同事身上。

1956 年，中埃正式建交，中国大使馆在埃及落成。看着非洲大地上第一面五星红旗冉冉升起，施老心里抑制不住地激动。

施老在埃及时，正值第二次中东战争期间，埃及当地人的生活必需品——茶叶、牛羊肉等严重不足。

"埃及人喜欢喝红茶，当时习惯从锡兰（现为斯里兰卡）、印度进口，中国的份额则非常少，只有几十吨。"

施老及同事迅速了解情况，向国内及时反馈，给予了埃及大量的茶叶及牛羊肉等物资支持。施老笑着回忆说："埃及朋友对我们非常感谢，当时他们库存已很紧张，看到中国船只到了，都会欢呼道'中国茶到了'。"这一举措，不仅加深了中埃间的友谊，同时，也为中国茶打开非洲市场奠定了基础。

通过施老等同事的努力，中国出口埃及茶叶量逐年增加，从几十吨到几百吨，一直到 1959 年，他们交上了 8000 多吨的漂亮答卷。

在海外经营茶叶贸易时，施老也发现了不少中国茶的"外国行家"。在茶叶消费大国阿富汗，店主们的火眼金睛让施老等大吃一惊。

经过考察、调研，施老了解到阿富汗 60% 的市场是绿茶，其余为红茶。而绿茶基本从中国进口。"阿富汗的店主评审中国绿茶，不需要冲泡，只要闻一下干香、看一下形色，再用手揉碎茶叶，放入口中，咂摸咂摸，即可定质论价。"施老一边比画动作，一边笑着说："我们试了几家，都基本正确，拿几个茶样请他们鉴别，他们也能毫不犹豫地说出这些茶样的相应茶号，可见其功夫之深。"

阿富汗主要销售编号为 9575、9675 两款绿茶。店铺里常可以看到小孩子来买茶。"'请给我半斤 9575'，连小孩子都知道编号，可见当时中国绿茶在市场的知名度。"

不仅如此，在 20 世纪 80 年代，法国销售的绿茶中，中国绿茶占据了近 90% 的市场。"他们主要进口的是小包装的 3505 一级珠茶、9271 一级珍眉。天坛、万年青是当时畅销的中国绿茶品牌，影响力很大，基本上占领了当地市场，受到了当地消费者特别是阿拉伯移民的欢迎。当时这些小包装绿茶主要从上海口岸出口，曾占据上海出口绿茶总量的 20%。后来由于种种原因，数十年经过努力打造的市场受到了冲击，非常可惜。"

在茶叶的进出口市场中，施老也敏锐地发现了问题。尤其是在向埃及输送茶叶时，"当时也是我第一次感觉到，中国的工夫红茶已经基本不适合外国人的消费口味。"施老说，当时发现，埃及多喝小包装的红碎茶，与国内的红茶相比，无论口感、工艺都差别很大，为了支援埃及，国内将工夫茶轧碎，以适应埃及市场的需要，当时还为此新兴了一个词语——"轧碎茶"。

"但味道毕竟不同。就好像广东菜比较清淡、四川菜比较麻辣，换了口味会很不适应。"施老说，"正是由于发现埃及市场不适应工夫茶，我国从此开启了红碎茶的试制。现如今，基本西方国家都喝红茶，红茶约占整个市场的百分之七八十，他们的进口国多是肯尼亚、印度、斯里兰卡等。

有企业家说，中国不缺茶产品，我恰恰觉得中国缺少适合国外市场口味的茶产品。我们要弄懂茶叶为谁喝以及如何让人家喝上的问题，如果能进一步考察国外红碎茶与国内茶叶的不同，挖掘品种、工艺的区别，打造适合国外消费市场的产品，将会给中国红茶开拓一片新领域。我们做强中国茶叶，应该在红茶上有所作为和突破。"

茶人大聚会为文化鼓与呼

谈起首届"茶与中国文化"展示周的盛况，施老笑逐颜开，这是新中国成立后，大陆茶文化第一次大规模的展览，"仿佛茶人的一场大聚会一般"。1989 年 9 月 10 日，展示周隆重举办，参观人数达数万之众，达成了大量交易，其中签订茶叶出口合同数千万美元。

在一张旧照片上，一副"振兴中华茶业　弘扬祖国文化"的对联位于会场正中，似乎点出了展示周的主题。"展示周的内容非常丰富，既有茶文化展示、茶品展销，还有外贸小交会。当时，国内所有产茶区的外贸公司都参加了，还有科研、教学、商检、博物馆等部门。日本、美国、英国、摩洛哥、突尼斯、巴基斯坦等几十个国家都有茶界代表前来，港澳台等地区也有代表团参观交流。"施老说，"这次展览很大的一个成果就是吸引了港澳台的茶叶界人士以及一部分华侨前来，共同探讨如何为振兴中国茶叶生产、文化而努力实践。"

而后在 2014 年，施老收到一封来自台湾的信件，正是当年带领台湾代表团前来参会的黄正敏先生所写，他还饶有兴味地回忆当时的过程，深感这份因茶结缘的情谊珍贵，愈发觉得应以茶文化来团结中华民族。

文化周活动也得到了政府及文化名家的支持。开幕式上，时任全国人大常委会副委员长习仲勋亲临现场，为大会剪彩。赵朴初、艾青、爱新觉罗·溥杰、陈叔亮、董寿平等名家，也专为那届展示周创作书画作品，使观者感受到了茶世界的温馨。

"赵朴初老先生也是一位茶人，还特意去过云南等茶产地采风。他挥毫泼墨，赠予我们其书法作品给予支持，'七碗受至味，一壶得真趣，空持百千偈，不如吃茶去'，至今仍非常感谢他们的支持。"

《普通高等教育"十一五"国家级规划教材：中华茶文化》一书中，如此评价本届文化周：1989 年"首届茶与中国文化展示周"的成功举办，使茶艺活动得到很好的交流，使参加活动的 33 个国家和地区的人士"乐不思蜀"。中华茶艺从此一发不可收拾。此后，各地的茶艺活动如雨后春笋，并以形象化的茶文化言行，向各位爱茶人和广大群众宣传茶文化。

在变与不变中创新

施老研究认为乌龙茶在日本的兴起，是茶行业的奇迹之一，其成果的原因，值得现今的茶行业借鉴、继承。

乌龙茶在日本兴起的主要原因之一，即将乌龙茶变成罐装饮料。

"他们将天然的乌龙茶水灌装、出售。"施老说，"我到日本去，看到在公园、游乐场等地设有饮料自动售卖机，乌龙茶饮料往往由于热销而断货，它成了家喻户晓的饮品，受到了社会各界人士的欢迎。"

在 20 世纪 70 年代，中国乌龙茶在日销量为几十吨，经过这种方式销售，到 80 年代末、90 年代初，销量已一跃至万吨。

"当时日本的十大商社，都积极和我们洽谈，争当代理商。他们感觉不经营乌龙茶会掉面子。"施老笑着说，通过中日的配合，创新成果的出炉，不仅增加了茶叶的出口份额，同时也开拓了茶叶市场的销路，延长了产业链，为现代茶行业提供启发。

施老在外贸经济中也会发现商机。例如，他发现孟加拉会向巴基斯坦销售一种由大叶种制作的绿茶。

"按理来说，由大叶种制作的绿茶不好喝，由于茶多酚特别多，常会苦、涩，不像红茶，经过发酵，能够将内含物质进行分解。我特意为此前去观察，如果在孟加拉的大叶种可以做，我们应该也可以做。后来发现，原来他们是将茶青揉捻后，在开水里泡，将单宁煮走后，再继续做茶。我把这种茶叶带回了中国，给海南、广东进行尝试，也算是开发一种新品种。"施老说。

"人类饮茶的历史，实际上也是与时俱进、逐步变化的。比如说，20 世纪，红茶从散装茶逐步变成小包装、袋泡茶、速溶茶，外形上也从条形茶、整形茶变成了红碎茶。伴随着生活水平的不同，人们的口味也在变，茶也要在变与不变中创新。我们应当体察市场的变化，逐步改变生产和经营方式，赶上时代的变化。我们要不断改变观念、解放思想，在代代茶人的精神中承前启后，大胆创新，中国茶产业才会继续做大做强。"

（原载于《人民政协报》2015 年 10 月 23 日第 11 版）

俞永明：扎根乡野　初心不改

文／徐金玉

　　花白的头发，笔挺的身板，他伏在书桌前，一边翻看着农业部发布的茶产业最新资料，一边将新数据一字一字认真敲打进 PPT 里。

　　你不会想到，眼前的这位老人，是进老年大学新学的电脑，只为了将60多年事茶的经验做成课件，讲给年轻的学生听；更不会想到，明天就是老人83岁的生日，而在几个月前，他还爬上了海拔600多米的茶山，深入产区为农民解答生产问题……

　　他就是我国著名的茶学家、茶树栽培育种专家、中国农业科学院茶叶研究所原副所长、中国茶叶学会原秘书长俞永明，躬耕于茶一辈子，他说自己要对得起"茶人"二字。

　　出生在浙江萧山一户农家的俞永明，自小就在农活儿的"千锤百炼"中，感受着种田的不易。那时候，若能在采茶季喝上一杯母亲亲手炒制的茶，绝对是他童年记忆中难以忘怀的享受。

　　从种到饮，一颗茶种也种到了他的心里。后来有机会读书时，他毫不

俞永明先生在茶园

犹豫地报考了浙江农学院，选择了茶专业。

"我是在国家助学金的帮扶下一点点成长起来的，更是随着中国茶产业的发展一步步走到今天的。"俞永明打开话匣子，诉说着自己的茶故事，似乎也在诉说着近几十年来那一代人的茶事。

开启西藏种茶历史

"宁可三日无食，不可一日无茶。"藏胞生活少不了茶，似乎无人不晓。可估计很少有人知道，在高寒、高海拔的西藏，真有一片茶园！在那里，两三万亩的茶树迎风而立，一年近 150 万公斤的茶叶产量，按一位藏胞每年消费四公斤算，可以解决近 37 万人喝茶的问题。

现在交通便利，边销茶进藏不再犯难。但时光倒回到近 50 年前，这些自给自足生产的茶叶，不知令多少藏胞，因能及时享受到甜茶、酥油茶的芳香，而满怀欣喜。

创造西藏种茶历史的幕后功臣之中，就有俞永明。

在 20 世纪 60 年代初，为了解决西藏茶叶供应问题，时任国家主席的刘少奇决定从中国农业科学院等部门派专家进藏调研。主要解答两个疑问：西藏能否种茶？西藏一年消费多少茶？

为此，组织部选派精干人员组成 4 人专家组：中国农业科学院茶叶研究所的李联标和俞永明负责种茶可能性调研；当时的对外贸易部和雅安茶厂的两位同志负责茶叶消费量调研。

"茶是亚热带植物，都种在我国南方，从来没有跨越二郎山（以陡峭险峻、气候恶劣著称，被人们称为'天堑'）的记录。"俞永明知道，能不能打破这个历史，与这次考察息息相关。

那时，很少有人进藏，现有的资料也显得十分单薄。实际上，俞永明手中仅有一份中国科学院关于西藏综合考察的报告能做参考，当时甚至连茶叶种植必需的水文资料都没有。

几乎是赤手空拳般，他们出发了。没有火车、长途汽车，他们就搭乘进货的大卡车进藏。从四川雅安启程，花了十来天，才走完了 2000 多公里的进藏路。进入西藏南部考察时，又是一路风尘。甚至在经过一处山口时，差点出现生命危险。原来前不久这里刚刚因为滚石砸落，牺牲了一位当地干部。他们吸取教训，缓慢步行，才由此躲过一劫。

万般艰辛，终是值得的。当俞永明走完了西藏南部的林芝、八宿、错那、然乌等十多个地区，终于在东久、通麦附近看到希望时，心中是抑制不住的激动。

"在那里，雅鲁藏布江在大峡谷处转弯汇入印度洋，印度洋的暖湿空气乘东南风倒灌在此集中，一直向南到察隅，降雨量常在1000毫米以上。我们还发现了大片的野生芭蕉和柑橘等酸性指示植物。经过仔细勘察，我们判断这里是整个西藏南部最适合种茶的地方。"俞永明说。

西藏能种茶吗？俞永明等人用长途跋涉的考察，给出了肯定的答案。在这号称"第三极"的世界屋脊上，终于有机会摇曳起茶叶的身影。

但俞永明谦虚地说："西藏种茶，我只做了考察工作，最终能种上，成绩还要属当地努力的后人。"由这一代人的付出，当时建造的易贡茶场，现在仍是西藏唯一的茶场，也是世界上海拔最高的茶叶生产基地。那里郁郁葱葱的茶树，仍在续写着西藏的茶香传奇。

用脚跑出数据库

数据库、大数据时代，这些热词在当下司空见惯，在20世纪七八十年代，却显得凤毛麟角。

那时的俞永明，就在茶行业干起了一件时髦的事儿——建立茶树资源的数据库。不同的是，当下数据库经由网络传播获取和整理，那时的数据，更多的是俞永明和同事用脚跑出来的。在云南、福建、四川、广西，时常能看到他们为此奔忙的身影。

起初，俞永明一直从事的是茶树栽培研究工作，直到20世纪80年代初，他才被调任到茶树种质资源的研究岗位上。可刚上任不久，这位心思细腻的茶人便敏锐地发现了国内种茶存在的困境。

"那时国内茶叶产量只有几十万吨，产量低的部分原因就出在茶树种质资源上：有的产区不知道种什么茶好，有的产区好的茶树资源又没有渠道得到推广，即使有的地方茶树种得好，也不知道这种资源推广开来是否可行。"

面对这种现状，俞永明迅速成立课题组，提出了全新的研究思路。他们"跑腿儿"到各个产区，成了茶树资源的联络员，和各地茶叶研究所的资源科技人员合作，用多学科交叉重复鉴定的方法，分别从农艺、化学、细胞学、酶学等角度对每份被鉴定的茶树资源进行综合考察评价。

十多年的光阴，弹指一挥间。他们终于从几十万个测定数据中，筛选和发掘出 60 余个优质的茶树资源。这些树种有的成了省级推广良种，有的成了国家级推广良种，对全国茶产量的提升起到了积极的推动作用。

这份沉甸甸的茶资源系统研究和综合评价成果，不仅赢得了来自国家的肯定，荣获 1993 年的农业部科技进步二等奖和 1996 年的国家科技进步二等奖，更换来了茶农创收增收的笑脸。

扎根乡野，回报乡野

做茶树栽培、育种研究，就要扎根乡野。田间地头，与虫蚊作战，春夏秋冬，与寒暑抗衡，这些早已成了为获取第一手研究资料的家常便饭。

"科研工作，就要到实践中去。"俞永明始终认为，实践出真知，吃苦是必须的。"虽然身体受点累，但精神上很愉悦。尤其是能为茶农服务，更是打心眼儿里高兴和满足。"

当年在浙江乐清，俞永明将实践换来的真知，应用于当地的茶产业发展进程中。那时帮扶出现了一批种茶大户和特色茶企，至今仍在茶行业占有一席之地。

俞永明更将几十年的实践经验编撰成《茶树高产优质栽培新技术》《种茶》等五六本茶书，并参与编写《中国茶叶大辞典》等。这些书籍一经出版，来自茶产区的读者书信如雪花般纷至沓来。至今俞永明手上还留存着其中的五六十封。

他是每封必回，有问必答，哪怕是一个小问题，也从不拖延。"茶农信任我，这是多大的荣耀，解答这些问题，也是一个茶人的责任。"

时至今日，退休近 20 年，俞永明也并不像其他老人一样赋闲畅游，而是选择依然坚守在中国茶叶学会和浙江老茶缘茶叶研究中心的岗位上。他说这是自己的使命。

"小时候，如果不是受国家资助，我根本没机会重返校园。现在自己积累了几十年的茶叶经验，理应更好地将它回报社会，贡献给需要的人。"俞永明说，"我出身乡野，回报乡野。一生事茶，于我是一种享受，我无怨无悔。"

（原载于《人民政协报》2018 年 1 月 19 日第 11 版）

刘启贵：老茶人的"少儿情"

文 / 徐金玉

第一次见刘老，是在上海，一个活动现场，很多茶界老人热情地向这位身高近一米八、笑容满面的八旬老爷爷打招呼："姥姥好！"

第二次见刘老，也是在上海，他背着一个装着厚厚茶书和雨伞的斜挎包，一路陪我乘坐地铁、公交在街道中穿梭。

孩子们眼中的"茶爷爷"

1936 年出生的刘老是茶界晚辈的"刘姥姥"，却是少儿茶艺队孩子们的刘爷爷。

提到少儿茶艺，刘老掩不住眉眼的笑意。从 1992 年上海开始力推这件事以来，已有五六十万的中小学生走近茶，通过上海茶叶学会的指引，在校园成长为一株株深受茶文化熏染的茶"苗苗"。

由于经常到学校组织开办活动，刘老对上海诸多中小学校校长、茶艺

刘启贵先生在茶园

老师的名字、工作如数家珍，一讲起哪所学校茶文化推广得好、好在哪儿，刘老都是张口就来。更因如此，对于他的身影，孩子们也再熟悉不过，在他们眼中，这个爱茶的爷爷只要一到，丰富有趣的茶文化活动也就跟着来了。

"孩子们一见到我，会扑过来抱着我喊'刘爷爷'。"刘老想着膝下一群娃娃围着的场景，笑逐颜开，"现在最早培养的那拨孩子差不多快30岁了，打下了很好的爱茶的底子，弹指一挥间，我们这项工作也做了23年了。"

20世纪90年代，为了弘扬茶文化，以刘老为代表的上海老茶人在国内较早地提出了"少儿茶艺"这个概念。1992年，当上海市闸北区沪北新村小学学生在活动中表演茶艺时，时任全国政协副主席、已故著名科学家苏步青教授也曾欣然提出"弘扬茶文化也得从娃娃抓起"。

同年，上海市茶叶学会和上海市黄浦区少年宫筹建了当地第一支少儿茶艺队，在全国也属最早尝试，并多次在国际茶文化节有关会议上进行汇报表演，到杭州等地交流等。

"从此开始，少儿茶艺活动在上海开花结果。上海洛川东路小学成立了第一支以少儿茶艺为主题的社团——苗苗茶艺队后，上海各所学校的茶艺队，也如雨后春笋般络绎不绝地开办起来：上海市古田中学明珠茶艺队、上海市师范专科学校附属小学小黄山少儿茶艺队、闸北区永和小学丫丫茶艺队等，孩子们多是二年级到五年级的学生。"更多孩子以茶为乐，因茶结缘，让刘老颇感欣慰。

万事开头难。创立之初，他们也曾遇到过学校没有教材指导、老师缺乏茶艺知识等问题，刘老在任上海茶叶学会副理事长兼秘书长期间号召同事以及茶企老板，担任起了茶知识宣传者和引导者，所有工作算是从零起步。

"工作开展离不开老师的支持。当时沪北新村小学茶艺老师汪老师是活动主要支持者，条件刚开始非常艰苦，单就学生练习泡茶的'茶'，好多都是收集教职员工的茶渣重新处理来的。该校的校长从不喝茶到迷上茶，1995年应上海中小学教材改革委员会之约，利用暑期编写了《茶文化·九年制义务教育选修读本》，成为教育部门组织的第一本茶文化教材。"刘老欣慰地说。

"在推广少儿茶艺时，我们还提出了三句口号——学知识、学茶艺、学做人。"刘老说，"少儿茶艺就是通过学习茶艺活动，培养学生养成良好的生活习惯，树立正确的人生观，尊师敬老、团结友爱、互敬互助、乐观向上，追求传统道德的真善美。"

二十余年风雨无阻

目前，少儿茶艺推广已覆盖上海近 200 所学校，这让刘老颇为自豪。

20 多年来，这位老人从花甲走到古稀，又走入耄耋之年。由他号召组织了多场大型活动，从校园进社区、进公园、进广场，在社会上掀起了少儿茶艺的一阵阵浪潮。

"1995 年，我们在上海外滩广场上举办的广场茶会，主打 5 个 100。100 个学生担任小记者，100 位专家进行免费茶叶咨询，100 种茶样，茶艺书籍 100 问，100 个小朋友泡茶。"现场活动参与的每一位学生、专家，都是由刘老他们挨个去谈、去找。"越大的活动，细节越要照顾到，这需要极大的热情和耐心。"到了 2000 年，上海少儿茶艺已初成规模，在上海国际茶文化节期间举办的"上海少儿茶艺邀请赛"，当地 16 个区县有 107 所中小学 112 支茶艺表演队参赛。

在刘老看来，现今上海少儿茶艺推广学校共分为几类。一类是以茶艺为特色的学校，有一整套的茶艺推广教程和规划，一类是一些没有条件组织多种活动，但学校老师都爱茶、支持茶的学校。"就算这两种达不到，有的学校也会组建兴趣小组，有的学校能够临时组建茶艺队等。"

"我们之前做的活动都是少儿茶艺推广'初级版'，现在都是'升级版'的力度和推广。"最让刘老感动的是，有的学校每周都会上一节茶艺课，每天早上还会做茶操。"这为以后泡茶打下了很好的基本功。每天上学第一件事是做茶操，这件事非常了不起。"

"推广少儿茶艺，是茶界与教育界结合做的一件有意义的事。有人说刘启贵了不起，我有什么了不起？是学校了不起。品茶品味品人生，学校看到了茶艺对青少年培养的益处。"刘老笑着说。

一辈子只做茶

刘老对少儿茶艺的关注，也源于一颗从小在他心中播下的种子。

"我出生在茶叶世家，爷爷做茶、叔叔做茶，哥哥也做茶。"刘老的爷爷曾在温州茶人中小有名气，一举将乌牛早茶从家乡做到了天津等北方市场。其叔叔将茶行开在上海，刘老随后跟着哥哥抵沪，从14岁开始学茶。

"在茶行当学徒时，每次老板泡茶前，我都要将水烧好，茶具摆好，茶样放好，一来二去，多看多学，自己也学会泡茶、品茶了。有时自己喝一款茶，会问为什么外形很好看，茶叶却一点也不香，慢慢了解了工艺的不同。"从此对茶的喜欢之情便一发不可收拾。而后刘老走上的工作岗位也与茶相关，他在上海茶叶公司工作，有机会到各茶产区奔走学习，对茶愈发爱得深切。

退休后，刘老担任起上海吴觉农纪念馆馆长，从筹备建馆、收集资料、联系茶人参观，兢兢业业、埋头苦干，但馆长的工资始终是零，刘老并不求回报。

"纪念馆也成了孩子们了解茶文化知识的课堂。看着一批又一批学生走进这里，我特别高兴。他们能够知晓当代茶圣吴觉农的事迹，我想这不仅对他们学习茶有好处，对茶之精神的理解，对整个人生也会很有帮助。"

无论在哪，刘老的生活都离不开茶，只要到外地交流，有他发言的机会，他依然借此讲茶。

"这一晃，在茶行业已有66年了，我一辈子学茶、为茶、事茶，深受茶叶的恩泽。"刘老说，正因如此，他从内心深处希望更多的孩子能如他一般，结识茶这个朋友，并因此"幸运地"相伴一生。

（原载于《人民政协报》2015年8月28日第11版）

杨孙西：一盏清茶　几多故事

文／纪娟丽

　　"在茶人中，杨孙西算一号人物。爱茶，他是出了名的。"采访之前，就多次听人提及。于是，便有了与杨先生的三次期遇。2010年全国两会，带着"与委员一起品品六大茶类"的选题计划，初次见到杨先生，得知是谈茶，他微笑应允，介绍了家乡的青茶。2011年全国两会期间，中国茶文化国际交流协会与云南省普洱茶协会共同发起成立了中国普洱茶国际评鉴委员会。那天，众多普洱茶爱好者欢聚一堂，"主人"杨孙西特别高兴，他认真地告诉记者，评鉴委员会将力争让普洱市场更加规范。

　　2012年全国两会，如同见到一位老朋友，在英国红茶的袅袅茶香中，记者走进杨孙西为茶搭台，与茶为伴的生活。

为茶建言　争取国茶地位

　　今年两会，杨孙西准备了一份题为《利用优势，在香港成立国际茶业联盟》的提案。

杨孙西先生在茶园

"目前中国茶的种植面积占世界的50％，产量是世界的30％，但中国茶的出口却不尽理想：2011年中国茶叶产量162万吨，排名世界第一，出口32.3万吨，排名第二，但平均每公斤仅为3美元，出口总价值低于肯尼亚、斯里兰卡和印度，甚至不到英国一个品牌的1/3。"杨孙西忧虑地表示。

分析制约中国茶出口的因素，杨孙西总结为三个方面，一是中国茶缺乏品牌。二是中国茶在国际上未有大规模的宣传推广。比如，斯里兰卡政府高度重视俄罗斯市场，2012年就计划投入320万美元，拓展和推广锡兰茶。三是我国在国际茶叶行业缺乏话语权。由于历史原因，国际上各种茶行业组织被红茶主要产销国影响，被英联邦国家掌控。他们在制定贸易规则、检测标准上维护自己的垄断，为中国茶设置绿色壁垒。

"比如我国茶专家陈宗懋院士多次提出茶叶是泡茶汤喝的，并不是吃下肚里的，一些重金属含量标准不应等同食物，但不被接受。"杨孙西说，"如何让世界茶叶主销国，特别是欧美高端市场听到中国的声音，已成为我国从世界茶叶大国迈向世界茶叶强国的关键课题。"

杨孙西建议，在国家有关部门的指导配合下，争取国际茶行业主要国家组织的支持，在最具营商自由度的香港，策划成立国际茶业联盟，在贸易、检测规则制定等方面，增加公平性，加大中国的话语权。

以茶会友　传播饮茶文化

提案的背后，是杨孙西对茶的爱与执着。

2008年11月，中国茶文化国际交流协会成立，会长是香港香江国际集团董事局主席杨孙西。很多人不解，这位商界巨子怎么搞起茶了？人们的迷惑慢慢被解开。2009年8月，中国茶文化国际交流协会和香港贸发局联合举办了首届"香港国际茶展"。这次茶展，汇聚了内地福建、浙江、云南、安徽、贵州、湖南等多个产茶大省的参展团，吸引了日本、韩国、印度、俄罗斯等多国买家及茶艺表演团队，成为一次世界茶艺的大会演，一次国际茶文化的大交流。此时，人们才明白了杨孙西搞茶的个中要义。

"港人一直有喝茶、爱茶的传统，香港背靠内地、面向世界的独特优势，也有利于我们以香港为平台，将中国茶文化推向世界。"杨孙西说，中国茶文化，形象具体地承载和传递中国传统文化的精华，弘扬中国茶文化对中华民族的发展有深远的意义。

中国茶文化国际交流协会副秘书长吴军捷一直负责杨孙西除生意之外的事务，他解释说，主要是茶事。据他透露，举办"香港国际茶展"，协会没有从中取利，反而垫费不菲，为的是帮热衷茶业的人提供一个会聚交流的平台。

以茶会友，促进茶文化的国际交流，成为杨孙西乐此不疲的新事业。一次与协会荣誉会长、全国人大常委会原副委员长许嘉璐的交流，使杨孙西意识到，遍布世界各国的孔子学院，是推广茶文化的一个窗口。于是，协会与国家汉语教育办公室合作，在孔子学院开设茶文化课程，并向各地孔子学院赠送茶具，还编辑了一套简易的茶文化教材，让外国学生可以一边饮茶一边体会中国茶文化。

评茶拍卖　探索茶业思路

缘分就这样一次次被安排。

在一次香港国际茶展上，香港与云南结了缘，杨孙西与普洱结了缘。香港饮普洱有百年历史，经过普洱茶的繁华岁月之后，来到香港的云南省领导与杨孙西一拍即合，达成利用香港优势，为普洱茶的规范发展做点事的共识。

于是，有了中国普洱茶国际评鉴委员会的成立。正如委员会成立之初所计划的，2011年4—8月，首届"云香杯"名优普洱茶国际评比活动举办。云南省茶叶企业积极响应，共有41家企业的79个茶样报名参加评选，参评产品涵盖普洱茶五大产茶区以及云南的品牌企业。

做就力求做出标准，公正权威是杨孙西最看重的。他介绍说，组委会特意邀请来自中国大陆、香港、台湾和日本、韩国、马来西亚及新加坡近50位国内外具有代表性的普洱茶评审知名专家学者，组成"中国普洱茶国际评鉴委员会专家库"，评选时，从专家库中随机抽取了11位组成评审专家组，其中，境外专家占了一半。

"整个评比过程中，评委完全看不到茶品的厂家和标识，只能对茶样的外形和内质进行感观评审，从取样到评审的全过程都有公证处全程监督和公证。"杨孙西说，在 2011 年香港国际茶展上，获奖产品进行了拍卖，取得了不错的成果。

业界评价说，这是一次具有里程碑意义的普洱茶评审活动。对此，杨孙西表示，活动旨在促进普洱茶企业提高质量，向消费者推荐名优普洱茶产品，推动普洱茶产业健康发展。"我们就是做一种模式，为其他茶类的发展提供一个借鉴。"

与茶为伴　享受生活境界

为茶搭台，杨孙西不遗余力；品茶访茶，杨孙西自得其乐。近些年，生意逐渐交给年轻人打理，杨孙西处于半退休状态，有了更多的属于自己的时间，作为一个爱茶之人，杨孙西每到一处产茶的地方，都会搜寻名茶好茶。

饮茶，杨孙西是自小就开始的。他的曾祖父在家乡福建就是做茶叶生意的，祖父母也都是好茶之人，从小耳濡目染。在杨孙西的记忆中，茶叶全身上下都是宝，"茶水可以漱口，茶渣可以用来做肥料、洗碗……"

少年时移居香港后，身边的叔伯前辈也大都爱喝茶，而且十分讲究。杨孙西备受熏陶，不仅爱喝茶，也讲究，有自己的一套饮茶"哲学"：每天清晨喝上一泡武夷岩茶，中午冲上一杯轻发酵的铁观音，或者龙井之类的绿茶，午后一杯港式奶茶，晚上则喝后发酵茶，如湖南黑茶、普洱等。

港式奶茶是杨孙西的挚爱，每天一杯，从不间断。"最好的港式奶茶在香港的茶餐厅。"杨孙西说，"港式奶茶以红茶为原料，是由多种红茶拼配的，每个茶餐厅都有自己的配方，茶要先炒，水要滚，茶与奶用力对冲，口味才好。"

喝茶最重要的是适合自己。杨孙西说，不同的茶有不同的特点，不同时段、不同季节喝不同的茶是一种享受，因此，按照个人的习惯、口味、体质选择适合自己的茶才是最重要的。杨孙西喝茶还有不少自己的小创新，比如他常用新的生茶与老的生茶拼配着喝，既可以喝到新茶的鲜爽，又可以喝到老茶的醇厚。

茶添良伴，茶养身心，茶慰心灵，茶促思考，回顾这些年的茶缘，杨孙西如是总结。或许正是这些人类心灵共同的本质，才让茶人如此满足而幸福。

（原载于《人民政协报》2012 年 4 月 6 日第 11 版）

骆少君：茶是慈母　茶如恩师

文／徐金玉

学茶，正中下怀

"现在越来越觉得，选择学茶是正确的。"一谈起学茶，骆少君的回忆便如泉水一般汩汩涌出。当年学茶，是听从了父亲的建议。

学生时代的骆少君天性爱玩，活泼好动，"学习"这个词对于她很遥远。"父亲对我要求也不严格，只要我不留级就可以。"听了父亲的"指示"，本来就不爱上课的骆少君笑着形容自己如脱缰的野马。"上课听懂了，我就不听了。"于是，高中就这样随意又轻松地过去了。

这样的滋润日子带来的是录取通知书的"噩梦"。高考过后，同学都陆续拿到了通知书，骆少君的手里却空空如也。"直到录取通知书发放的最后一天，我才拿到浙江农业大学茶叶系的通知书。"

当时农业方面的专业尚属冷门，是很多成绩不理想的考生才会去的。当时骆少君的同学都纷纷劝她再复读一年。但父亲却当机立断，让她学习这个专业。

骆少君先生在品茶

骆少君笑着回忆道："当时我父亲说，'这个专业很好。你看你身体又不好，脑子不活络，人又懒惰，这个专业吃吃喝喝就能拿工资，去哪儿找这样的好专业啊！'"父亲玩笑似的开导解开了骆少君的心结，也让她从此与茶得以一生结缘。

幸好我平时喝茶

"茶有排毒、解毒的功效，幸好我平时喝茶。"一提到经历的食物中毒事件，骆少君不禁发出这样的感慨。

前不久，由于不慎吃了坏东西造成食物中毒，骆少君连续拉肚子十几天。古稀之年的她说，是茶帮她恢复了体力，也让她有信心在这次"斗争"中胜利。

这一次生病，骆少君得到了来自各地因茶结缘的朋友的问候。远一些的就打来电话询问，近一点的就登门探视，还有一些福建、广东等地的朋友专程到杭州探望她。"他们来看我，我什么也没有，就沏杯茶吧，这永远是最好的方式。"

茶友们让骆少君感觉到了温暖，这温暖的源头就是茶。"我平常出差，别的都不带，只带茶。"为了茶，骆少君走遍了中国和世界的很多地方。"你看我搞茶叶这么多年，全国各地都去了，也是茶，让我与各地人们的交流非常便捷。比如我们很多少数民族聚居的地方，如西藏、新疆，当地的群众也喜欢茶，各类宗教多数都不排斥茶，从茶开始的交流总是亲切而畅通。"

在骆少君看来，现代社会有些人过于追求物质，缺乏宁静的心态，心境浮躁。面对这些，骆少君的建议就是三个字——"喝茶吧"。"喝茶能让人的心安静下来，心灵安定了，精神就健康了。我每天泡一壶茶，全家老小都来喝，也更加深了彼此之间的感情。"

喝茶，从娃娃抓起

"奶奶，人家都在喝好东西，我们却在喝茶。"

"你们错了，这个才是好东西，喝了之后，你才会又健康又聪明。你看奶奶就因为喝茶，去了全国很多地方，这就叫茶行天下啊！"

这是骆少君和两个孙辈在生活中的对话。

骆少君的孙辈，一个出生在法国，一个出生在日本，现在都回到国内，在杭州上学。从他们上幼儿园开始，骆少君就把他们可乐瓶里的可乐倒掉，每天带茶水去。孩子们从幼儿园开始喝茶，一直喝到小学。骆少君并不"满足"，进一步督促他们说，"你们不但要自己喝，还要和小朋友们一起喝。看看你们一个人能带动多少人喝茶，谁做得好，我就给谁奖金。"

两个小朋友的答卷并没有让骆少君失望。"奶奶，现在同学们都排队让我倒点茶给他们喝。"

骆少君笑了，这些还微不足道，让中国的所有小孩子都能够喝茶，才是她最大的愿望和希望，而她也在近几年全国两会的提案中多次提到这一点。

"喝茶能使孩子们从小身心健康，热爱祖国深厚的传统文化。希望国家能够鼓励所有的小孩子喝茶，把饮茶的传统传递到下一代。这对孩子的成长有好处。"骆少君身体力行，经常带着孙辈们参加炒茶的活动，让孩子们了解茶农种茶和做茶的辛苦，让他们知道什么是大地母亲。"茶的故事都在山上田里，亲近茶，就是亲近大地，亲近农民，所以茶是搞好传统教育的一个通道。"她很欣赏汕头家家都饮茶的环境，建议那里的人们将斗茶、评茶的比赛活动放到孩子们中间去做。如此一来，茶不仅有利于孩子的身心健康，也让他们了解了丰富多彩的传统文化。

在骆少君看来，中国是无茶不贵、无茶不祥、无茶不华的国家。历代帝王将相、文人墨客喝茶体现了"贵"，这"贵"即"静"，是一种社会责任感，是个人灵感与传统文化相结合的最佳表达。饮茶延续至今，中国茶馆、茶店的兴旺成了很多城市的标签，茶文化活动更是成为表达中国传统文化最亮丽的风景线。

"越喝茶，越和茶在一起，我就越能够发现研究茶真的是太幸福了！"骆少君说。

（原载于《人民政协报》2012 年 6 月 1 日第 11 版）

夏涛：以茶为圆心　幸福在蔓延

文／徐金玉

　　午后阳光暖暖地倾泻下来，小桌上的一壶茶飘着淡淡的香气。他埋头在一本书里，偶尔端起茶杯小酌几口，整个空气充满了幸福的味道。这就是全国政协常委、安徽省政协副主席、安徽农业大学副校长夏涛，对于他来说，一杯香茗、一卷书稿，是他闲暇时间快乐的来源。

茶非所愿

　　从1979年开始就读于安徽农学院茶叶系以来，茶已经陪伴了夏涛30多年，如此孜孜不倦爱茶的他，常人眼里应该就是为茶而生的人。听到这一说法，夏涛笑了，茶，当初是他被动的选择，茶非所愿。

　　"我就读茶叶系，其实是受父辈影响。"夏涛介绍说，他父亲当时任家乡小镇的邮电局局长，因为与安徽农学院的很多老师有业务上的联系，因而对茶叶系这个专业了解颇深。"父亲眼里，茶叶系是一个品牌专业，很有发展前途。爱茶的他决定让我报考这个专业。"

　　虽然选择了遵从父命，但学理工科的理想在夏涛心中一直难以泯灭，

夏涛先生
与学生一起做研究

于是，在大学毕业前夕考研的时候，他报考了理工科方面的专业，但阴差阳错，他还是留在茶叶系。"现在想想，也许就是和茶有一种机缘。"

如今，30多年过去了，被动学茶的往事已成云烟，留下来的是夏涛逐日增加的对茶文化的尊崇、研究茶学的使命感。在浙江农业大学获得茶学专业制茶工程博士学位的夏涛，回到安徽农业大学任教，如今早已是博士生导师。教学的过程中，他还撰写了《中国绿茶》《中华茶史》两本专著，书写了《新世纪中国茶叶发展之路》《品牌战略——振兴中国茶叶的必由之路》等多篇论文，成为中国当代著名的茶学专家。"其实，无论做什么，只要你喜爱上它，就会深深地感受到其中的乐趣，我的经历就是最好的证明。"夏涛笑着说。

与茶相伴

"现在茶已经是我生活中不可缺失的因素，没有茶，我的生活就是残缺的。"与茶相伴的生活中，夏涛每天固定早中晚四包茶，"茶对于我来说，已经不仅仅停留在品饮这个阶段，它已经成了一种生活方式，从物质方面进入了精神层面。每天无论在哪里，也无论忙闲，都是跟茶紧密相关的。"

如果说在单位喝茶是习惯，那么回到家里品茶更是一种享受。

夏涛家里有专门的茶柜，日本、阿根廷、朝鲜、韩国、越南等来自世界各地的茶具琳琅满目。夏涛说："收藏茶具算是我的个人爱好，我看到喜欢的，会买回来欣赏。虽然它们未必名贵，但是你能从茶具里看到这个国家的人民是如何泡茶喝茶的，体现了他们生活的艺术和记忆，也具有当地深厚的文化内涵。"

"一人、一书、一桌、一壶茶"的画面，在夏涛的家里最常见。他就这样品茗读书，自斟自饮，乐哉悠哉。对他来说，这不失为他忙中休闲、闹中取静的好方法。

"心情浮躁的时候，打开茶柜，看看小茶具，拿出来泡壶茶，这对我来说，是比做什么都更能让我释放精神上的疲乏。"夏涛说。

"不自谦地说，我做茶也是一把好手。"20多年的实践，带给夏涛深厚的做茶功底，如今虽然身居官位，他依然向往茶园中、天地间做茶的乐趣。这份手艺，也让他在与基层茶农的交流中畅通无阻，于是，他常常挂在嘴边的话就是，鼓励学生去茶园实践。

茶牵亲朋

夏涛不仅自己爱茶品茶，身边的人也被他感化了不少。"以前坚决不喝茶的，现在都变成了老茶客。"

夏涛身边有很多同事是从外地调过来、并不是专门研究茶叶的，有一些更是滴茶不沾，于是，能够使得他们"白开水进来，老茶客出去"让夏涛很有成就感。

"我的方法其实很简单，就是通过不同品种的茶叶来提起他们对茶叶的兴趣，让他们认识到中国茶叶的丰富性。通过文化宣传，健康理念的引导，让他们从不懂到懂一点，到爱上茶叶，到现在的爱不释手。很多人现在到了外面也会主动做茶文化的宣传，宣传饮茶的好处，成了我的好帮手。再者，还要对他们进行消费引导。如果把茶当作普通饮品的时候，它就是解渴的，和碳酸饮料、果汁没什么区别，但是当他克服了苦涩这种初级感受之后，就会发现喝茶的不同，那种满口生津、口齿留香的感受让精神非常愉悦。"

在家里，夏涛还在试图做女儿饮茶的思想工作。"她现在还是偏爱咖啡比较多，但是已经可以偶尔喝杯茶了。其实饮茶就是一种情趣，是精神层面的生活，给人不一样的心境。"

为茶指路

夏涛眼里，现今社会倡导和推动茶文化的人越来越多，茶文化的发展遇到了好的机遇。"能够把茶叶这种物产注入思想和艺术内涵，这种文化氛围可能更有利于我们把茶推荐给国人，推荐到世界。"

但与机遇并存的，永远会是挑战。有些茶商为了增加宣传效果，夸张地将产品神化，例如说，某皇上曾喝过这种茶，产生过一些神奇的保健功效，进而把茶的价格炒到几十倍甚至几百倍。夏涛并不赞成这种做法，他说，传统意义上，百姓生活中不能离开柴米油盐酱醋茶，茶只是必需品，而不是奢侈品，茶产业关注的功利元素太多，反而不利于将茶文化的精髓融入进去。

在他看来，茶文化的宣传要潜移默化，不能急功近利，要把精气神和物质结合起来。宣传茶文化，让人们更多地了解人文历史和地域风情，有利于丰富人们的精神生活，提高人们的心境，增加内在的涵养，是无形中的精神层面的提升。"品茶，不仅是饮的享受，还有品的幸福。"

夏涛的生活是以茶为圆心的，他现阶段也制定了两方面的研究计划。"我一方面是对茶叶的品牌建设、环境方面的问题以及国家政策引导方面做出呼吁，另一方面也将对茶叶的生产方面做更多研究，以使得茶叶生产更加安全、高效。"

（原载于《人民政协报》2012 年 4 月 20 日第 11 版）

白水清的普洱经

文／纪娟丽

从经营家乡的铁观音起家，因收藏普洱茶而闻名。全国政协委员、世界茶文化交流协会会长、香港著名普洱茶收藏家白水清觉得，每一种茶都有自己的特性，这种特性，来自先辈对生长在这块土地上的植物的了解，用不同的工艺充分展示不同茶的风格韵味。对所有茶类的尊重，是白水清博爱的一面。他说，如果从经营以及理性的角度讲，他热爱所有的茶。但从感性及个人喜好上说，他仍最钟情普洱。

位于香港柴湾的一栋工业大楼里，静静地躺着来自云南的不同年份的普洱茶。远远闻到茶香，便知道到了白水清的地盘无疑了。

每天晚上，当所有的事情忙完，静静地泡一壶普洱，是白水清最惬意的时光。"这段时间一直在出差，都没有时间好好喝杯茶，昨天很晚回到家，静静坐在这里喝杯茶，才感觉是真正的放松。"白水清一边烧水备茶，一边拉开了茶话。

两泡茶，一世界

先请喝茶，有了感官体会，再辅以讲解提示，是白水清讲普洱的通常

白水清先生
在茶园做调研

手段。

第一道茶是新中国成立后，第一批用于出口的普洱茶。只见白水清取出一泡茶，装进紫砂壶，又把紫砂壶放到正煮沸的水壶口上接受蒸汽的加热，静候一会儿。"这是为了叫醒老茶。"白水清解释说，普洱老茶单单闻，其香气是不明显的，只有在受热的时候香气才会出来。"这块老茶存了60多年，到底有没有吸收什么异味，醒完之后闻一闻就能见分晓。"

葡萄红般的茶汤中，是一个有关普洱茶的曼妙世界。好茶讲究色、香、味、韵，在白水清的概念里，色和香是一款茶的初步印象，只是容易让人一下产生好感，而滋味和回味是一款茶的灵魂，才会让人真正爱上它。"普洱茶老树生长在云南的山林里，阳光和土壤经年提供养分，其内涵物质十分丰富，这是其滋味厚重的基础，再加上多年存放转化，才慢慢有了底蕴和厚度。"白水清边说边提壶冲茶，"这水也有讲究，普洱老茶偏碱性，因此要用偏碱性的水冲泡，这样泡出来的茶汤才不浊。"

其后，品尝的是一款古董级普洱茶，产于1890年。一杯入口，片刻，舌底生津，随之充满了整个口腔。二水，白水清故意冲泡得浓酽了些。"这是品茶与试茶的区别。品茶是要品茶的优点，因此要用泡茶的技巧规避其缺点，让其优点充分体现。但试茶就要保证浸泡时间，让内含物质充分析出，这才能全面地看到一款茶的优缺点。"白水清边喝下一口茶，边说，这次生津的速度更快，很快就有了陆羽说的"舌底鸣泉"的感觉。的确，带着时间气息的药香，顺滑厚重的滋味，仿佛喝出了这款存了五代人的老茶的历史况味。

功夫在茶外

从30多年前离开家乡福建安溪的那天起，白水清就怀揣着年轻的梦想，而帮他实现梦想的，正是普洱茶。

认真喝一款普洱茶，白水清甚至能喝出原料的组成，茶山到制茶厂之间的距离。这在外界看来，是一件神乎其神的事。"但是从来没有人说我忽悠，说我炒作普洱茶，因为我凭的是实力。"白水清说，普洱鲜叶本身没有什么香气和滋味，只有在水分消失，炒完，通过手工或机器让其表面的角质破损，鲜叶中的单宁、儿茶素、咖啡碱等融合在一起，才会产生味道。"如果滋味有苦涩，肯定是制作不当留下的毛病。"然而，很多问题却是包括制茶人本身也无法控制的，比如茶山的距离过远，鲜叶水分流失过快，没有及时下锅炒制等。

识茶能力的练就非一朝一夕之功。早在 30 年前，白水清就回到安溪茶厂习茶，"师傅常常让我们找出价格相差两毛钱的茶叶之间的分别，喝茶喝到吐是常有的。"对茶的执着让白水清干了很多不可思议的事。他曾多次到武夷山，搬着梯子，十次爬上那五棵大红袍古树，采下鲜叶尝味道的变化。云南很多人迹罕至的古茶园，也留下了他的足迹。今年全国两会一结束，他就匆匆赶到云南，走了 1800 公里，只是为了了解当年各地古茶园茶树的生长情况。

功夫在茶外，这也是白水清的茶不可复制的原因。现在，市场上不乏模仿他的人，但他说，要模仿到家，恐怕很难。因为每年的鲜叶，都是他亲自到茶山采购，指导茶农采摘的。"采摘有技巧，比如今年阳光很好，鲜叶要采八成熟，一棵茶树，阳面采一芽三叶，阴面则要采一芽四叶。"白水清说，"拼配也有学问，每年，我都要根据各个茶区鲜叶的整体情况适时调整配方。"曾有人拿着白水清的配方仿茶，结果做出来品质相差很远。

老茶是白水清的王牌。那么，对于老茶及其重要的储存又有何讲究？白水清微微一笑说，如果量大，储存是相对容易的。只要保证一定的温度，定时察看即可。比如闻不到茶叶的香气，则说明空气中的水分超标了，那么开窗通一下风，异味和水分就跑掉了。

做茶文化的传播者

虽然老茶价格不菲，但碰到真正的爱茶人，白水清从不吝啬，不仅与之分享好茶，更分享自己 30 年来积累的知识和经验。

每个月，用在茶上的开销，远远超出了白水清的生活费。但他乐此不疲，得知记者爱茶，他热情邀约："下次去北京，我再带上几泡好茶，你约上你们爱茶的朋友一起品赏。"与分享茶的慷慨一样，无论何时何地，只要喜欢茶的人有疑问，他都会毫不犹豫地一一解答。

人们对于茶认知的不足，是白水清最忧心的事。有一次，白水清到北京马连道考察茶叶市场，他问店主几款不同价格茶之间的差别，对方只是简单地告诉他，贵的茶好喝。"连经营茶的人都不知道从色香味韵上讲茶的差别，市场只能靠讲故事、忽悠，显然是不成熟的。"去年，一直只做高端普洱茶的白水清开始做一些大众茶。他说，高端茶都被一些固定群体拥有了，很难进入市场流通，他希望有更多的人喝到他做的茶。

"普通的消费者，只需要具备分辨茶的好坏的能力就够了。但中国几千年的茶文化，却不能没落了。"更好地传播茶文化，是成为全国政协委员后，白水清一直在思考的事。参观白水清的收藏，一层层走进之后，他指着一间小屋说，"这间屋子的茶都是古董级的，是我打算将来做普洱茶博物馆的。"在屋子的一角，一堆普洱茶的上面，堆放着一些书画作品，是白水清从拍卖会上拍回来的。此时，在这些普洱茶面前，显得有些落寞。

中国是茶的故乡，我们的祖先最早发现和利用了茶。白水清希望，有一天茶能成为国饮，有越来越多的人能认识茶，走近茶，真正促进整个市场的完善，产业的发展。为此，他也正在琢磨着写份提案，为之鼓呼。

（原载于《人民政协报》2013年9月6日第11版）

纪晓明：生而为茶　无怨无悔

文 / 李寅峰

　　我是为茶而生的人，或许也将为茶而死。无论事茶之路多么艰辛，我终将无怨无悔。

　　本报创办茶经版十余年以来，采访过的茶人不计其数。但将茶上升至生死境界的，除了纪晓明，恐怕再无他人。纪晓明，泾渭茯茶有限公司掌门人、陕西省政协委员、中国茶叶流通协会副会长、中国茶叶标准化技术委员会委员、国家一级评茶师、陕西省茶叶协会会长……看到这一串头衔，读者或许会说，哦，果真是个茶人。但纪晓明的茶缘，却不止于此——他的祖辈就是茶商，他生来与茶相伴，他是 20 世纪 80 年代茶叶加工专业毕业的科班大学生，他工作后始终以茶为业……

　　就在这次采访结束时，离开茶桌前，看到面前的茶杯里还有半杯已经凉了的茶，纪晓明带着"吝啬"之态，端起来一饮而尽。"不能浪费。"他自嘲地笑着说，"我就是那种嗜茶如命的人。"

纪晓明先生
在茶园做研究

从祖辈开始的事茶路

纪晓明出生在陕西,祖籍湖北大冶,祖上是湘鄂赣交界地的茶叶生意人。
"我爷爷做生意的小镇清朝时就很繁华,三省的商人在这里云集。我们家
是当地茶生意做得最好的人家。"纪晓明说,大概也是家族血脉相传下来
的原因,自己从小骨子里就喜欢茶。"我小的时候,经济条件不好,大家
日子都过得困难。但是我就是喜欢茶,没茶不行,喝不下白开水。记得父
亲起床后的第一件事儿,也是泡上一壶茶喝。"

"喝不下白开水"、坚持非茶莫饮的执拗童年,纪晓明如今说来,仿佛
只是一段平常日子里的平常往事,拉开的,却是他一生事茶的序幕。特别是,
在他考上安徽农业大学茶学专业后。

纪晓明读大学的时代,正值国家刚刚恢复高考不久。"国家重点工作
转向经济建设,很多行业急需专业人才,一些高校相继开设了新的专业。
我就是安徽农大最早的茶叶加工专业的毕业生之一。"让纪晓明自豪的是,
他的大学老师很多都是中国茶学界的泰斗级前辈,也是中国茶学的奠基人。
"那时候为了推动这批学生尽快成长,学校和老师都倾力培养。常常一个
学生会有三四位老师对口教学。可见,他们多希望我们学有所成,为推动
中国茶学的复兴贡献力量。因为深知肩负重任,同学们都很努力。我记得
我当时非常用功,大学期间,除了正常的课本,其他与茶相关的书籍,我
都找来学习。"说到这里,纪晓明稍有低落地自责一句,"毕业 30 年了,
我们这代人没有实现老师的心愿,我们做得不够好。"

不能忘却的茯茶之约

"……故都咸阳,龙脉之地,依九骏嵯峨之皇天后土,偎泾涧渭泉之福
地宽泽,仗秦人文治武功,凭关中天府富奥,归天下茶茗于秦川……"位
于咸阳泾渭茯茶有限公司展厅的墙壁上,纪晓明撰写的《泾渭茯茶赋》,
他常常给来往的客人朗诵;而这堵墙壁的另一侧,是《茯茶之歌》,纪晓
明也常常现场为前来了解茯茶的各路客人倾情清唱,"神农茶,祭苍天,

秦关汉水香茗园，泾水悠悠孕茯砖，六百春秋红颜展……"那声音非常高亢，也略有些苍凉。

可以感受到，茯茶，融入了纪晓明的骨血。他也庆幸，泾渭茯茶，他没有辜负这个生命之约。

真正与茯茶正式"绑"在一起，是1984年他大学毕业分配到陕西茶叶公司工作。30年来，几经变革，几经改制，有过对其他茶类的痴迷，有过自己创业的摸索，最终，纪晓明还是回到咸阳，以混合所有制形式，担任了泾渭茯茶有限公司的当家人。如今，数十载一晃而过，他带着这家茶企，走在国家数以万计茶企的前列，是八部委共同认定的"国家农业产业化重点龙头企业"、国家星火计划实施单位，拥有17项专利和一项省级科技成果，获得中国最具发展潜力企业、中国茶业百强企业等称号。

"其实我之前做过普洱茶的销售工作，也曾获'全球普洱茶十大杰出人物'称号，还做过花茶。"之所以放下一切专攻茯茶，除了自己和陕茶的各种渊源外，还和2002年一次获奖后闲聊时受到的刺痛有关。"开完会后，我和一个朋友提到茶，他的意见很偏颇，他说：中国的茶叶行业是个耻辱的行业，少见有素质的人。听到此，作为茶人，我很气愤，但细想，也该反思。中国是茶的故乡，但确实，茶作为伟大而辉煌的产业存在，不是现在，而是我们茶人的祖先创造的过去。至少从目前来看，中国茶在国际上地位还有待提高。所以，一段时间内，我苦思冥想，希望寻找一个产业途径，改变这种现状。"最后，考虑到茯茶历史悠久、口味稳定、可以大规模生产、价格相对低廉等因素，特别是现代生活中，茯茶的增强代谢、降"三高"等功能，纪晓明更加坚定地选择了茯茶。"我认为茯茶能够担此重任。"

自信源于机遇

与茯茶"生命之约"的背后，是纪晓明强大的自信。这自信，首先来源于他对立顿的分析。他认为，这是一个"机遇"。"英国立顿茶很厉害，他们借助工业化的手段生产了红碎茶，独占全球茶叶市场鳌头多年。但是过去100年以来，他们少有改变，在茶的品质和口味上，中国茶还是让他们望其项背的。这给我们一个机会，如果我们把现代的消费思维和技术手段用好，中国茶可以重新夺回世界领先的地位，而这个'先锋'，非茯茶莫属。"

而眼下，更大的机遇摆在眼前——"一带一路"，大有东风可借。陕西作为丝绸之路的起点，历史上便是茶的集散地。纪晓明说，因为丝绸之路，陕商历史上曾创下过辉煌的成就，而茶就是陕商在古丝绸之路上的核心经销产品。"茶很长时间多产在长江流域，产区小，受众却广。丝绸之路沿线诸多的消费国，只能凭借遥远的贩运距离满足需求。"

纪晓明说，茶在当前社会经济中占比虽然比较小，不可能恢复古丝绸之路时的辉煌，但应该借此机会，弘扬中华茶文化，对茶产业的复兴也起到应有的促进作用。"各级政府一直致力于帮助茶企沿'一带一路'重新走出去，我们也定当全力以赴，实现更大的发展。"

今非昔比，各种机遇，各种努力下，泾渭茯茶已经在纪晓明带领下走向了世界。就在接受本报记者采访前，他刚刚送走一位远道而来的美国客商。采访结束后，他又在准备一位日本茶人的来访事宜。而这样的交流和商谈，几乎是常态。

"为了能实现泾渭茯茶代表中国茶扬威世界的梦想，这些年，我所有做茶的收益都投入茶叶的再运营中。我的生活简单得你不敢相信。"纪晓明笑着说，他的身边，是一群和他一样的人，大家不求回报，心中所怀的，都是一样的信念和梦想。

"下一步，我们会引入资本，加快国际化进程。我希望在我有生之年，能看到中国有世界级茶企出现，当然，最希望是我们。希望中国茶能占据更重要的国际地位。"

纪晓明坦言，初入茶行时，并不敢想能做成什么，"大学毕业刚工作时，我部门的科长 50 多岁，我就想了，要好好干，争取干到科长，我就满足。"说到这里，他笑了，"还是我们遇到好的时代，好的机遇。"

"所以，虽然为茶付出很多，我无怨无悔。"纪晓明说。

（原载于《人民政协报》2019 年 5 月 17 日第 11 版）

陈文吨：做好中国普洱茶

文 / 李寅峰

茶，很小，就是每天面前那杯解渴的饮品；茶，又很大，大到足以让人因此思考历史传承、家国深情。

做好中国普洱茶，对中华海外联谊会理事、陕西省政协委员、仙仙普洱茶大观园董事长陈文吨来说，仿佛是与生俱来的使命。

为使命潜心事茶

仙仙普洱茶的诞生，有些传奇。闽南出生的陈文吨，20 世纪 90 年代，就随父亲在台湾经营茶。勤奋而又谦和的父子俩，遇到普洱茶在台湾以及东南亚地区蓬勃发展的年代。凭借敏锐的判断力，以及如普洱茶一样深厚而又稳健的精气神儿，陈家的茶事业一路向好。以"仙仙"命名的普洱茶公司在宝岛落地生根，在发展壮大之际，仙仙普洱茶的发展重心，也从宝岛移回大陆，并很快以珠三角为中心，向全国各地铺展开来。

做着茶，想着茶的背后更深层的内涵。30 年来，从台湾到澳门、内地，陈文吨的内心深处，越来越执着于一个思想：做茶，是事业，更是使命。

陈文吨先生在品茶

每次说起这个话题，陈文吨都深深感慨。他说，自己首先就是普洱茶的受益者，在做茶的过程中，更熟知茶在漫长的历史中，为中华民族的繁衍生息，为中华文化的传播发展，甚至为人类的健康都作出了巨大的贡献。这么好的大自然馈赠，又凝聚了老祖宗的智慧，作为经营茶叶的商人，没有理由不投入最大的力量和感情去做好这件事儿。这既承载了父辈的基业，更是事茶应该肩负的使命。

正是这样的初心，让陈文吨在经营事业的同时，不遗余力地为普洱茶发展做着大手笔的公益活动，不遗余力地向更多人传播着普洱茶悠久的历史。

2017 年 1 月，他便编著了《普洱春秋》一书，将个人多年从事普洱茶的经验，以及累积的普洱老茶以图文的形式，结合普洱茶的历史与文化汇集出版，以飨读者。2019 年 11 月，他更是联合中国国际茶文化研究会、陕西省政协港澳台侨和外事委员会、澳门基金会等，在中国政协文史馆推出"普洱春秋——普洱老茶系列暨茶诗书法展"，展出他多年收藏的普洱老茶系列的茶品，以及由第十一、十二届全国政协常务委员、中国书法家协会主席苏士澍和第十至十二届全国政协委员、中国书法家协会理事卢中南书写的 40 首茶诗词书法作品。其中 16 首是《人民日报》（海外版）原主任编辑、中华诗词学会教培中心导师潘衍习特意编撰的普洱茶诗。那次展览，引起业界和社会的高度关注。

从一本书，到一场展览，两论《普洱春秋》，一脉相承的，除了悠悠普洱茶香，更是陈文吨心系家国的使命感。

"如果说《普洱春秋》一书以理论为主，展览则是通过诸多普洱老茶的实物，以及茶诗、书法、茶器的结合，向观众传播关于普洱茶的健康理念。"这些事情都是公益的，耗资耗力，但陈文吨在所不惜。"因为做茶不能以赚钱为主要目的，我们时刻要记着事茶应负的使命。"他说。

为健康谋求发展

或公开场合，或私下讨论，陈文吨总喜欢强调关于普洱茶的健康理念。他说，无论是品饮，还是市场经营，普洱茶传播的应该都是健康。

就品饮来说，早在 2005 年，他便提出"喝老茶，藏新茶"的观点。因为普洱茶属于后发酵茶，需要经过一定的时间，色、香、味发生根本变化才适宜品饮，以达养生健体的功效。既然茶是用来喝的，藏茶的目的，最终也落脚到实用上。陈文吨说，科学证明，喝茶对身体是有好处的。今年新冠肺炎疫情期间，也多有专家表示，喝茶有助于防疫、保健。而他自己更有深刻的实践体会，长期品饮一定年份的普洱茶有利于身体健康。喝老茶，更是上好的选择。因此，他抓住普洱茶的核心，以时间为沉淀，以储藏为重心，实现普洱茶品饮价值的有效性。

就产业来说，更需要健康的理念。多年经营与潜心研究普洱茶，陈文吨发现，近年来，普洱茶的生产过于宽泛和过度，宣传也过于激进与浮夸。资源的循环利用理念和做法都有所欠缺，这直接导致市场宣传与销售的不健康，消费者观念和消费的不理性。"普洱茶不是金融产品，更不应该用来炒作，这样的观点会扭曲普洱茶的生产和消费轨迹，并导致整个产业扭曲发展。"他认为，坚持"做好普洱茶"，把产品质量提升到最关键的位置，同时注意源头的保护，才是可持续发展观，对自然爱护，对产业爱护，保证茶品质及价值的合理性等尤其重要。

"本来茶产业就是农业的一部分，根植于土地，出自茶农之手。可惜的是，并非每一位事茶者都能够从根本出发，理解农业所应该需要的可持续、可循环理念，脚踏实地去做茶、卖茶。"陈文吨说，除了踏踏实实地做好自己，必须尽其所能普及和宣传普洱茶的健康发展理念和健康品饮观念。"不以赚钱为主要目的，就是希望产业健康发展，越来越多的人受益于普洱茶。"

为传承创新理念

从父亲手中接过来的茶杯，如何传承下去，陈文吨开始并没有很刻意地去规划。唯一的女儿陈嘉宜，读大学时根据自己喜好远赴英伦留学，选择了营养学作为研究方向。毕业回到澳门后，也一心希望在普洱茶营养的研究上有所作为。虽然从小在家族普洱茶的香气中浸染，但她坦言，"普洱茶于我而言，和绿茶、红茶并无不同。"

"新一代青年对普洱茶的认知是缺乏的。受外来文化和新生活理念的影响,更多的人追求快捷、简约的节奏。这让普洱茶这样好的饮品、传统的文化远离我们。"陈嘉宜说,从父亲经营的传统普洱茶交易中也能够看到,普洱茶吸引的常常是懂茶的熟客,业余茶客会因价格认知、专业认知的欠缺而望而却步。这是健康生活的"一种可惜"。"要想年轻人来接受并自觉地喜欢、传承它,需要改变营销理念和产品模式。"

结合营养师的专业、年轻人的视角,以及长辈的指点、父辈的资源,陈嘉宜大胆尝试设计推出新的产品"茶朝"。她希望普洱茶也从年轻人的认知出发,简单明了地与世界接轨。"这就是一款袋泡茶,既采纳了酒店中常见的袋泡红茶、绿茶的便捷模式,又保留了普洱茶的深厚内涵——生的、熟的,抑或是什么年代的,都在包装袋上写得一目了然。好喝、健康就好,营养、方便就棒,不必突出其复杂的过程。这应该就是传承中的创新吧。"陈嘉宜说,澳门是休闲之都,未来,当"茶朝"走进澳门的酒店、超市后,一个全新的普洱茶概念会在澳门青年中得以推广和普及,并逐渐走向国际化。"传承普洱茶文化和产业,首先应该推动饮茶群体的年轻化。当普洱茶和咖啡、可乐一样被他们接受,何谈传承的困难?另外,快节奏工作生活的年轻人,有很多处于亚健康状态,普洱茶对于他们的身心健康来说,是大有好处的。我们可以推动喝茶就是为了健康的理念,然后,在这个基础上再说品茶论道的境界。"

因为新冠肺炎疫情的影响,"茶朝"的开发有所延后,但是,一个"朝"字,彰显了青春的待发之势,陈嘉宜说,盼着疫情尽快结束,"茶朝"必将带着长辈的希冀横空出世。

陈文吨介绍,下一场"普洱春秋——普洱老茶系列暨茶诗书法展"将移师澳门,"仙仙"也在澳门设立分公司,并推动成立中国(澳门)普洱茶健康协会。再加上"茶朝"产品的开发,这一切预示着,普洱茶的传统和创新,将要在澳门拉开新的序幕。

(原载于《人民政协报》2020 年 5 月 22 日第 4 版)

梅峰：我和茶的这辈子

文 / 纪娟丽

他说，他这一辈子，庆幸是与茶结缘了。

他说，茶最重要的是一种精神，这种精神叫奉献。你看，一棵茶树，要求不高，只要有一定的阳光、雨露、土壤、气候，它就源源不断地供人采摘、饮用。

从事茶业工作 40 余年，长期处于茶叶流通领域的管理与领导岗位，20 世纪 80 年代就在全国倡导和推广茶文化，并一手创办中国茶叶流通协会的梅峰，说起茶，总是先说这两句话。在外人看来，他与茶的时光是一段光辉岁月，因为他为中国茶行业持续、健康、快速发展做出了重要贡献。而在他自己眼里，茶则代表着奉献，并始终怀揣感恩之心。

都说人生若茶，在梅峰端起茶杯的刹那，仿佛正是他为茶钟情，为茶奉献的一生。

梅峰先生
在茶园做调研

与茶结缘

缘分仿佛是默默种下的。如今再去回顾自己的茶缘，梅峰轻易就找到了痕迹。

出生在浙江金华的梅峰，村里并不种茶，但乡民们也有原始的制茶方法。采回山野路边的野茶树的嫩叶，放到陶罐里，再将陶罐放置在干燥通风的烟囱上，客来，便取来冲泡，茶就这样为乡民所用了。对茶最深刻的记忆，还来自每次干完农活回家，在凉亭里歇脚时，那碗免费提供的茶水。"现在想起来，那碗茶水里，仍有着浓厚的感情。"

不过要说起真正与茶结缘，还得追溯到梅峰的志学之年。

得益于国家政策，决心通过知识改变命运而重返课堂的梅峰，作为贫下中农子女被推荐到浙江农业大学。"当时也不知道学什么好，就'听从组织安排'进了茶学系。"梅峰笑着说。可就是这样的"误打误撞"，让他与"茶"这个朋友一交就是一辈子。1964年毕业后，梅峰被分配到北京，先后在中茶总公司和商业部、全国供销合作总社从事茶业工作。

紧扣茶业脉搏

时间是一种见证。梅峰从事茶业工作的这40余年，既是中国茶产业发展的参与者，也是见证者。

"20世纪60年代，茶业发展主要解决生产问题。"梅峰回忆说，那时，茶叶不愁销路，但产量低，主要是作为农副产品用于出口。而且茶叶多产于山区，当地农民年收入的百分之七八十依靠茶叶。茶叶的产量和出口量直接关系到国家和农民的收入。"搞好茶业，利国利民"，梅峰当时这么想，也更加坚定了他投身茶业的决心。

时移世易。20世纪80年代，全国茶叶出现积压。而此前，我国茶叶产销一直处在供不应求的状况，每年增产的茶叶优先供应出口，对国内市场采取限量供应。从20世纪六七十年代，国家采取了一系列措施发展茶叶生产，号召大力开辟茶园，到改革开放时，全国茶园面积已达 100 多万公顷，为我国茶叶产量的快速增长奠定了基础。1981 至 1982 年，茶叶生产的增长已远超过出口的需求，因此全国茶叶出现大量积压。

此时，在国家商业部茶叶畜产局主管茶叶的梅峰感觉到，茶产业要进一步发展，光靠出口是不能解决问题的，必须开拓国内市场。为了开拓国内市场，引导消费，茶叶畜产局开始组织各地大力开展茶知识宣传，扩大茶叶销售。

与茶业共命运

在梅峰一生的茶事时光里，他认为最重要的两件事，一是主持在全国范围内开展茶文化宣传，二是筹建了中国茶叶流通协会。

"在我国计划经济时期，茶文化虽然没有得到大力弘扬，但是茶文化是传统文化，又与人们生活息息相关，因此茶文化在人们心目中仍然是存在的。改革开放后，思想的解放为茶文化的弘扬提供了环境和机遇，它像不可压抑的泉水一样喷涌而出。"梅峰这样解释当年茶文化宣传在全国引起轰动的社会背景。

1989 年，"首届茶与中国文化展示周"在北京民族文化宫举行，全国有 120 余家茶叶主管企业参加展出，有 8 支茶艺表演队参加了演示。日本、美国、英国、摩洛哥、突尼斯、巴基斯坦、毛里塔尼亚等国家和中国香港、台湾地区的多家企业应邀参加贸易洽谈。"这次展示活动，集全国茶界之力，文化内容突出，反应强烈，震动很大，为中华茶文化的复苏吹响了号角，茶文化的复苏则进一步拉动了茶叶经济的发展。"梅峰这样总结。

对茶的热情，促使着梅峰不断寻求创新。1985 年，他发起组建了全国茶叶经济信息网，通过举办各种类型的信息会、交易会、展览会、经验交流会、论坛等活动为茶企牵线搭桥，传递信息，提供咨询，使分散的经营者有了一个交流平台。这，正是中国茶叶流通协会（以下简称"协会"）的雏形。终于，1992 年，协会正式成立，为全行业服务的理念，引领和维护了茶产业健康、快速发展。梅峰亲任首届会长。"协会起到一个中介组织作用，是政府与茶企之间的纽带，"梅峰说，"这样既维护了茶企的利益，又促进了行业的规范化。"

一杯茶，一世情

"茶，关系着几千万茶农的利益，关系着少数民族同胞的生活，有益于广大人民的身心健康。"山间一片叶，手中一杯茶，看似简单，却倾注着梅峰浓厚的感情。

在多年的全行业管理工作中，梅峰积极建议国家调整茶叶价格、减免税收、出口管理、边销茶以及茶叶扶植政策，创造良好的市场环境，促进行业的持续稳定发展。特别是争取了边销茶的优惠政策，稳定了边销茶市场。

梅峰还记得，1977 年冬，内蒙古许多地方遭遇百年不遇的大雪灾，为了解决牧民的饮茶问题，他紧急调茶，及时为牧区空投了茶叶。"在我国不能一日无茶的少数民族地区，边销茶的供应与品质至关重要。"就是那一次紧急救援的经历，梅峰倡导并组织了边销茶储备工作，并果断地将储备库建在销售区，而不是产区，保证了特殊情况下边销茶供应的及时性。

一杯茶，一世情。多年来，梅峰养成了每天起床泡一杯茶的习惯，茶，成了他一生最亲密的伙伴。"从事茶业工作是幸运的，为其服务终生更是值得自豪。"梅峰说，因为茶，他拥有了健康的精神和健康的体魄，一生受益。说着，梅老又斟了一杯茶，在袅袅香气中，继续着他与茶的这一生。

在梅峰一生的茶事时光里，他认为最重要的两件事，一是主持在全国范围内开展茶文化宣传，二是筹建了中国茶叶流通协会。

（原载于《人民政协报》2014 年 1 月 17 日第 11 版）

茶王李瑞河：最看重茶的人情味

文／纪娟丽

因茶，他创办的天仁集团成为海峡两岸唯一一家上市的茶业公司；因茶，他回到内地，创办了天福茗茶，一度让茶产业"夕阳变朝阳"；因茶，他荣获了"和平使者""世界茶王"等称号……

"得之于茶，因之于茶"，世界茶王李瑞河最看重的是茶的人情味，因着这浓浓的人情味，他在内地建了天福茶博物馆，兴办了第一所茶业高校——天福茶学院……

"草根性，乡土情"，出生在台湾南投县的李瑞河祖辈七代种茶，生长在茶香中的他自小与茶结下缘分。从一个小小的街头卖茶郎到世界茶王，李瑞河坦言：这很大一部分得益于中国茶文化中浓厚的人情味。

从小，李瑞河与祖母一起，劳作于茶地间，学会了如何种茶、养茶，更从世代相传的技艺中学得制茶的功夫。

与这些技艺相比，李瑞河记忆最为深刻的是祖母施茶的画面：在南投老家屋后的一条小路上，无论寒暑，李瑞河的祖母都会烧一大壶茶水，带

笔者（左）
与李瑞河先生

着他奉给路人饮用。那时候，李瑞河并不明白祖母这么做的原因。"后来，我了解到，祖母这么做是为了还愿，为自己积德，祈求李家能'代代出好子孙'。"李瑞河说，"这也让我体会到了茶文化的本质，给人递一杯茶水，就是先表达了一个善意。因为茶文化讲究的就是一个和字，人与人之间和和睦睦。"

自小在家中耳濡目染茶的人情味，早期在街头贩茶时，李瑞河与顾客的生意往来也充满了人情味：客人如果暂时无力付茶钱，李瑞河总会笑着说没关系，无条件地任其赊欠；每次新茶上市时，他总是先送予顾客品尝，并不执着于是否能做成生意。

有情自有眷顾。李瑞河在台湾开创的"天仁铭茶"成为海峡两岸唯一一家上市的"茶业"公司。然而，没有永远的一帆风顺，20世纪90年代，因遭台湾股市重创，李瑞河毅然变卖手中的股票、房产来偿清债务。"成功荣耀全体共享，失败责任我肩独扛"，当时，李瑞河心里想的依然是他的员工和股东。

是英雄者，就不轻言放弃。1993年，58岁的李瑞河前往内地福建漳浦创业，建立了天福茶庄，从那时开始，他也仿效祖母施茶的善举，盖了一座良心亭，终日施茶，15年来从未间断。

这种以人情为本的经营态度一直延续到如今，李瑞河不仅把人情味融入事业经营中，也把它作为一种为人处世的准则。为进一步做强做大天福茶业，同时传承中国茶文化，李瑞河开始了茶文化的传播规划。

2002年初，李瑞河出资在福建漳浦建设了天福茶博物院。2002年底，地处漳浦旧镇的漳诏高速公路天福服务区开业，分为服务区、石雕园、观光茶园三大部分。

弘扬国饮，让中国茶香飘扬四海，关键在人才。办一所茶业大学，是李瑞河多年来的心愿。2007年秋，全球第一所茶业高校——天福茶学院开学了。为使中国茶业走向世界，天福茶学院开设7门外语，要求每位学生必须掌握两门以上的语言。学生毕业后，担任"茶叶大使""和平使者"，在海外倡导茗风，让中国茶文化走向世界。

直到现在，李瑞河还在为茶产业和茶文化的发展忙碌着。

采访的最后，李瑞河拿出了一幅雕像，他告诉记者，雕像是自己亲自设计的，名为"薪火相传，继往开来"。雕像上一匹老马正领着一匹小马拉着马车，而执鞭的老人正在把手中的马鞭交给旁边的儿子，马车上装载的则是满满一车的茶叶。"我小时候，父亲就是这样带着我出去送茶。"李瑞河说，这也正是他期待茶产业薪火相传的美好展望。

让李瑞河高兴的是，他的三个孩子都对茶事业感兴趣，其中一个正经营着天福在厦门的业务。除此之外，天福茶学院也将培养出成千上万个爱茶人。李瑞河相信，有了这些后来人，21 世纪将是中国茶的世纪。

（原载于《人民政协报》2008 年 10 月 28 日第 11 版）

大红袍制作技艺传承人
游玉琼：幸福的"茶痴"

文／徐金玉

武夷岩茶，三种香六个字，她的一辈子。

饭被热了一遍又一遍，早饭成午饭，午饭成晚饭，这在福建省武夷山市永生茶业工作的餐厅阿姨眼中早已是司空见惯。多年来，她们已然形成一种默契——等。因为每到大红袍采制的四五月，都是她最忙碌的时节，一天至少要忙上十五六个小时。可她似乎总有使不完的劲儿，忘了周边、忘了吃饭是常有的事。她就是国家级非遗大红袍制作技艺传承人、武夷山市永生茶业有限公司掌门人游玉琼。

大红袍制作技艺传承人游玉琼

说到传承，游玉琼身上还有一个标签备受关注——首批国家级非遗大红袍制作技艺传承人中唯一的女性，实际上，在第二批公布的名单里，她仍是一枝独秀。在以男性工作者居多的茶行业，一路披荆斩棘，成为业界佼佼者，游玉琼可能攻克了比其他从业者更多的艰难困苦。

"女性若要在制作技艺上掌握精湛，需要做出很多努力，比如要熬夜，要有独特的理解和智慧，还要有一定的体力支撑。制茶是很艰辛的工作，有些人很难坚持下去。"不过，这些困难在爱茶的她眼中，都是幸福的源泉。

"很多女性朋友喜欢逛街购物，我就喜欢待在厂里，365 天，除了必要的外出外，我就想在工厂研究茶。"游玉琼笑着说，"我常和他们讲，我要一直做茶到 80 岁，做到自己干不动为止。"

游玉琼 17 岁入行，她的爷爷和外公在当地都是远近闻名的制茶手艺人，父亲游永生是武夷山著名茶叶村——星村村的老支书。当年，父亲带头复兴当地岩茶产业，办起民营茶叶厂，游玉琼的事业也由此打上了茶的烙印。

"但最开始学茶打基础时，更多的是'硬学习'，老师传授完技法，我们就机械式地重复，对于茶是不理解的，因而发挥总是时好时坏。"直到坚持了 10 多年，量变换来质变，游玉琼才终于找到了感觉，开了窍。

那时候的她，做茶的品质越来越稳定，甚至做出的茶开始有了自己的风格。"当你顿悟的那一刻，你再看茶时，就像在看自己的孩子一样。你熟悉它的个性，熟悉它的原理，熟知它的优缺点，有信心有底气把控和规划好它的走向。"游玉琼说，制作、钻研给她带来了无穷的乐趣，尽管与茶结缘已近 40 年，可它总能给她带来新鲜感。

"每年气候不同，都会给茶带来细微的生长变化。如何察觉这种变化，在它最佳采摘期时，以最快的速度、最适当的工艺，呈现出最完美的滋味，这就需要摸索、尝试、应对。"这种挑战的幸福，让她如痴如醉。

"武夷岩茶的制作工艺十分繁复，要呈现出它的特征，既要在初加工时注意摇青的力度，也要在精加工时文火慢炖，掌握焙火程度的高低。"游玉琼说，这样做出的岩茶才能具有三种香气：地域香、品种香、工艺香。武夷山核心产区的风土，孕育了武夷岩茶独特的地域香；当地的茶树品种，又滋养着最原汁原味的品种香；最后，手艺人通过半发酵制作工艺，在茶叶香气达到最高点时，用高温固定下来，形成工艺香。

"三种香结合起来，正好是天时地利人和，六个字达到完美状态，武夷岩茶独特的岩骨花香才能诞生，茶友品饮时，才能感知到它的不同层次。"游玉琼说。正因为对茶的这份懂得与了解，才使得她在传承传统工艺的同时，不断谋求创新，通过延展先进的科技手段，来辅助茶叶达到最优品质。

1999 年，游玉琼推出茶叶采摘机，成为国内最早运用采茶机的茶人之一。2001 年，她又在武夷山率先启用全自动茶叶精加工生产线等。

技术的补充、品质的追寻，让游玉琼创造出了两个新的品种——"金佛""玉琼"。其中，历时 25 年打造的"金佛"，被编入 12 位国家首批非物质文化遗产传承人作品集《大红袍（005/006）》中，被国家博物馆正式收藏。这也是中国国家博物馆自 2007 年收藏母本大红袍后，收藏的第二款大红袍作品。

几十年的制茶积淀，让游玉琼将传承人的分量放得更重。早在 20 多年前，她便开始手把手地教徒弟制茶、做茶。

她选徒弟的标准，占首位的，一定要喜欢茶。"不管这个人是不是茶叶本科出身，如果他不喜欢，就干不长久。"游玉琼说。

喜欢做茶，真正的考验才刚刚开始，她将自己学茶的心路历程总结为三个阶段，向学生们倾囊相授。"第一个阶段——学徒，主要任务是模仿，每天通过重复做茶，熟能生巧、累积经验、沉下心来，这个阶段大概历时 3—6 年；第二个阶段——技师，当一款茶交到自己手上，能把它的品种香发挥出来；第三个阶段——大师，不仅能够稳定地做出茶的品质，还能融入自身个性，且做出来的有自身风格的茶叶，还必须得到消费者的认可。这三个阶段加起来，或许就需要穷尽一生。"游玉琼说。

现如今，一些跟了她 20 多年的学生，有的当上了厂长，有的已成为当地的技术精英，数量已不下几十位。"我想，怀揣着这份热爱，保持激情和热忱，传承的血脉会一直在，这份幸福也会充盈在人生的每一天。"游玉琼说。

（原载于《人民政协报》2020 年 6 月 19 日第 11 版）

戎加升：勐库大叶种茶复兴者

文／纪娟丽

北回归线是一个神奇的纬度，因日照充足，滋养着一片片植物生长的乐土，勐库大叶种茶的发源地云南省临沧市双江县勐库镇就是其中之一。

初冬的双江依然热情如夏。日前，在当地举行的"茶是心故乡——世界茶源地茶旅融合发展探秘行暨勐库戎氏创牌 20 年时光盛典"上，云南双江勐库茶叶有限责任公司（以下简称"勐库戎氏"）董事长戎加升被双江县人民政府授予"勐库大叶种茶复兴者"称号。

对于爱茶人来说，勐库大叶种茶只是普洱茶、滇红茶的原料。而对于双江人来说，勐库大叶种茶是他们沟通世界、创造美好生活的载体。但无论爱茶人，还是双江人，提到勐库大叶种茶，戎加升这个名字都不会陌生。因为这个名字，与勐库大叶种茶密不可分。

带着父辈对茶的爱

20 世纪 80 年代，当戎加升开始做茶时，他并不知道勐库大叶种茶的辉煌历史。

出生在茶叶世家的戎加升，少时即跟随父亲戎正聪制茶。从小，他便

勐库戎氏董事长
戎加升先生

体会到茶叶的神奇，不仅有美妙的味道，还带来美好的生活。

有一件事情让他印象深刻。20世纪40年代的一天，父亲带着一驮茶出去卖，几个买家打开一看，个个惊叹不已，还没等其他人反应过来，一个操广东话的商人就递给父亲100块大洋，说："这驮茶我买了！"

用心做好茶，就能创造高价值。带着这种朴素的想法，戎加升开始了制茶之路，先后承包数家茶叶初制所。

千百年来，勐库大叶种茶曾创造的辉煌历史，随着认识的深入，戎加升了解得更多了。原来，1793年，勐库大叶茶就曾作为礼品赠送给英国国王。1972年，中英恢复外交，在一次谈判中，伊丽莎白女王更钦点了5吨纯正的勐库工夫红茶。

计划经济时期，勐库大叶种茶创造的辉煌，是戎加升亲眼见证的。那时，由勐库大叶种茶加工成的勐库红茶成为云南茶的核心，曾经的双江县国营茶厂也成为临沧市8个县级茶厂中的佼佼者。

善制红茶而荒废普洱茶制作，一段时间在临沧地区普遍存在。随着市场化的竞争，从20世纪90年代开始，勐库红茶销量急速下滑，很多初制所相继倒闭。1999年，双江县国营茶厂濒临倒闭，勐库红茶滞销，已鲜有人提及曾扬名海外的勐库大叶种茶。

而此时，戎加升承包或自建的茶叶初制所已达12家，带着父辈对茶的爱，带着对勐库大叶种茶的极大信心，当年7月，他收购了双江县茶厂，勐库戎氏应运而生。

坚持用自己的标准

勐库大叶种茶的复兴之路，正是从勐库戎氏的创立开始。

也就是从1999年开始，中国农业科学院茶叶研究所每年都会收到一些从云南双江地区寄过来的神秘茶样。

专家们对茶样化验检测后诧异地发现：这些茶样化验结果农药残留很低，安全标准很高且逐年提升。原来，从1999年开始，戎加升开始计划做有机茶，并不间断地把土壤、茶叶送到中茶所化验检测。

在当时，民营茶企主动送检是绝无仅有的，能达到如此标准更是出乎专家们的意料。于是专家们主动来到云南，向云南农业厅打听，最终找到了戎加升。

对于茶叶清洁安全的印象，起源于戎加升幼时的记忆。小时候，茶农在做茶时还需要用脚踩，而每到做茶的季节，父亲都要准备一双新鞋。"衣服不合身可以换，茶是喝进肚子里的，是拿不出来的，我们做茶人要有良心。"正是脑海中挥之不去的新鞋，让戎加升有了生产有机茶的制茶理念。

如何做到茶叶的有机生产？原来，戎加升把茶园称为"第一生产车间"，认为只有回归茶叶的最初源头，才能确保做出最好的普洱茶。于是，他走遍了勐库茶山，自掏腰包，在每个村子杀猪宴请茶农，给茶农讲有机茶园管理，提升勐库大叶种茶的品质，并高出市场价格一倍的价格收购符合严格要求的鲜叶，与茶农签订定向收购合同。

"如果我在市场上随意收购一些干毛茶，不能把控茶叶的质量，即使再好的工艺也没有用。如果我从源头抓起，茶叶的质量心里有谱，后边的工作做起来就更有底气。"戎加升是这样想的，也是这样做的。为了质量，凡是可疑施过化肥的鲜叶，他坚决不收；为了质量，他出狠招推行"连坐"，让村委会干部监管茶农和鲜叶质量，并以村为单位进行检测，凡有一例出现农残和其他禁用物质的，全村人都得不到 20% 的余款；为了质量，避免茶叶在初制过程中受污染，他撤销所有茶叶初制所，集中收购鲜叶到厂区统一加工制作……

正是对茶叶有机种植的重视和严苛要求，2007 年，勐库戎氏亥公有机茶园在行业内率先被认证为"联合国粮农组织有机茶示范基地"，成为云南省唯一一家获此殊荣的企业。不久之后，勐库戎氏的产品又获得了欧盟有机认证。面对同行的称赞，戎加升却说："我很少出国，也搞不清楚什么是欧盟标准，我一直用的都是我自己的标准。"

创新普洱茶制作技艺

从粗制到精制，从弱小到规模化品牌化的发展历程，在复兴勐库大叶种茶的道路上，除了狠抓勐库大叶种茶源头，20 年来，戎加升还持续改良普洱茶制作工艺。

走进勐库戎氏，茶厂里的设备都是戎加升结合普洱茶传统生产工艺，不断研发和专属定制而来。

石磨压制，是制作普洱茶的关键步骤，是影响普洱茶后期陈化的核心工艺环节。

通过不断实践，戎加升发现，传统石磨压制存在不足，比如：由于原来的石磨重量轻，需要人搬动和加重，加重时每个人的体重不一，导致压制时松紧不一，对食品卫生安全控制难度也相对加大。为解决这一问题，他创造了戎氏高台石磨压制设备，既保留了普洱茶在紧压中的蒸、揉、压的核心价值，同时又使饼形周正漂亮，茶饼松而不散、松紧均匀适度，最大限度地保证了茶条的完整性。此外，松紧均匀的茶饼，在后期陈化中能均匀地和空气中养分、水分充分接触，保证了每一饼茶所有位置的茶汤口感一致，同时还解决了传统石磨压制工艺效率低、食品卫生控制难等问题。

在普洱熟茶发酵方面，为了改善传统发酵工艺存在的"食品卫生、发酵不稳定性"等缺陷，戎加升独创"熟茶箱式发酵技艺"，提高了普洱茶熟茶发酵的稳定性和标准化程度，同时解决了普洱茶熟茶发酵的食品卫生控制难点，很大程度上改观了消费者对普洱茶熟茶发酵的传统认识……这些引领行业的制茶工艺，如今被普洱茶行业广泛运用。

20 年来，戎加升不断传承创新制茶技艺，不辜负大自然赋予勐库大叶种茶独特的品质。2002 至 2003 年间，勐库戎氏生产的勐库牌"宫廷普洱"和"特级普洱茶"连续两年双双荣膺金奖，在业内引起轰动，引发业界对临沧茶的关注。2005 年，戎加升以冰岛茶区的勐库大叶种茶鲜叶为原料制作出普洱茶"母树茶"，再一次引起业内关注，让海内外爱茶者万里寻根，找寻茶源，助推了临沧茶进一步发展。

引领茶饮消费理念

有了好茶，还需要消费者正确认识茶。

2007 年，由于普洱茶市场一度出现危机，部分消费者对普洱茶避而远之。为了让更多消费者正确认识普洱茶，在戎加升的带领下，勐库戎氏探索、创新推广和营销方式，2008 年，组织百名茶农"走出去"，奔赴各销区让消费者近距离感受和了解普洱茶。

"走出去"还得"请进来"，2009 年开始，勐库戎氏举办"全国茶友茶乡行"活动，把消费者"请进来"，完成茶园到茶杯零距离的真实体验，乡行活动持续开展至今，已成为普洱茶界体验营销的流行模式。

2012 年开始，勐库戎氏还与中石化易捷系统全面展开战略合作，业绩快速增长，成为茶行业跨界合作的典范。

健康的茶，还要有健康的消费理念。2014 年，勐库戎氏倡导"健康好喝就是硬道理"的消费主张，让茶回归饮品，引发了消费者和同行业的共鸣。

用一辈子，做一件事，带着对勐库大叶种茶的爱与责任，戎加升获得了中国茶叶行业终身成就奖、普洱茶传承工艺大师、云南省劳动模范、勐库大叶种茶复兴者等荣誉称号。

"茶产业是一项慢产业，也是未来的一项大健康产业。"戎加升说，勐库大叶种茶是云南茶叶的基因库，包含了未来优良茶叶的无限可能。他相信，只有深耕区域经济，让勐库大叶种茶重回昔日荣耀，才不辜负老天爷的馈赠，才能更好地服务地方发展。

（原载于《人民政协报》2019 年 11 月 22 日第 11 版）

茶兴篇

回眸我国茶产业 70 年发展历程

文／徐金玉

10月1日，是新中国成立70周年的日子，作为新中国成立以来发展建设的见证者和参与者，茶行业也用70载的岁月，汇入新中国的伟大历程。

首先将目光聚焦到湖南安化这座小城。9月21日，欢乐的歌舞、起劲的锣鼓肆意地传递着喜悦。70年前的这一天，白沙溪茶厂刚刚度过10岁生日。此后70年间，沐浴着共和国的阳光，这个茶业幼童如火如荼地生长、发展，成为新中国茶行业的骄子。1939年，白沙溪茶厂第一任厂长彭先泽临危受命，在一穷二白的时代，创办了"湖南省砖茶厂"。新中国成立后，历经磨难、挑战的茶厂如获新生，迅速生产出了我国第一片黑砖茶、第一片湖南茯砖茶、第一片花砖茶。如今，这家茶厂年产值达33.6亿元，跻身中国茶叶行业综合实力百强企业15强。

安化县委常委、宣传部部长黄瑛动情地说："白沙溪的历史是安化黑茶的历史，也是共和国经济发展的历史。"诚如她所言，一盏黑茶穿过时间隧道，带着岁月陈香扑鼻而来。

与白沙溪茶厂同样命运的，是祖国西南边陲云南的凤庆滇红茶——这款红茶，同样诞生于1939年，在新中国成立后得以蓬勃发展。它是新中国成立后换取外汇的重要物资。

"冯绍裘、吴国英、南权锁……"在9月23日滇红集团建厂80周年庆祝大会上，滇红集团董事长王天权念出了一个又一个名字，他们都是记入史册的滇红人。"从建厂到现在，茶厂的生产从未间断过。正是一代代滇红人的努力，我们才能一路走到今天。"王天权说，"不忘初心，牢记使命，凤凰涅槃，砥砺前行。"

这两家老茶厂似乎都在用行动诠释一个词——坚持。

翻开茶叶这篇史书，岁月因茶香愈显隽永，而同它一同浮现的，还有老茶人的回忆。

70 年前，安徽农业大学教授段建真才 13 岁，彼时的他还不知晓，自己这一生不仅与茶相伴，而且是与最前沿的科研领域终日厮守。

"那时候茶叶机械采摘还是新鲜事儿，连机采的设备都靠进口，机采的标准都没有定论。"年轻的段建真为了读书钻研，常常用功到凌晨 2 点都不舍得入睡，做梦都想生产出国产的生产设备来。后来，他和一线的同事一起，扎根茶田，尝试、探索，历时 4 年终于摸索出一套机采标准。

现如今再到茶园去，看茶农们把单采、双采机械用得得心应手，段建真都会油然而生一种无法比拟的自豪感。"中国茶叶经过 70 年的奋进，如今产销两旺，茶区农村欣欣向荣，茶园集中连片，制茶全程机械化、自动化，已经成了山区农民脱贫致富的好渠道。"段建真眼中曾经看到的片片破烂瓦房，如今都已经重打地基，成了崭新的三层小楼房。

中国农业科学院茶叶研究所副所长江用文更是结结实实地选择用数字"说话"："新中国成立 70 年来，我国茶业取得了巨大的发展成就：2018 年茶园面积为 4348 万亩，茶叶产量 261 万吨，分别比 1950 年增长 16.1 倍、41.0 倍。茶产业已发展成为农业增效的支柱产业、农民增收的民生产业、农村增绿的生态产业、居民养生的健康产业。"江用文说。

在这些科研人看来，中国茶叶的兴旺发达，离不开党和政府对茶叶生产的关怀与扶持，同样离不开茶叶科技水平发展的成果。他们用 70 年冷板凳上的坚守，诠释了另一个词——创新。

把目光投向海外，比利时中华茶文化协会会长萧美兰在授课时，举手投足间都是自信的神采。20 多年来，她在外国人面前，支起一个茶课堂，更在他们的眼中，读到了中国茶产业的发展变化。

"茶叶安全影响着国内外市场对茶本身的信任感。"萧美兰说，这些年来，她越来越欣喜地看到外国人对中国茶品质认可的提升。

"茶产区对于生态平衡的关注，对于有机茶、生态茶的重视，让外国人看到了中国茶叶生产的安全性、品质性、持续性、稳定性。茶叶是需要品饮的，一入口，那些质疑便会自动消解。"萧美兰说，从 1995 年时，她开始在国外推广茶文化。那时，她接触的外国人几乎对茶一无所知，现在，有很多人对中国茶抱有兴趣，她的课堂上，不仅有比利时人、德国人，还有瑞士人远道而来学习中国茶文化。2020年，她打算带领她的学生踏进茶产区的土地，真正感受中华茶文化的光芒和魅力。

"几十年前，我孤身来到国外，是茶叶让我知道自己的根在哪里。我也努力地在欧洲学生的心中，播下一颗又一颗茶种子，让我心中的热爱在他们的身上传递。"萧美兰说。

（原载于《人民政协报》2019年9月27日第11版）

从茶博会回望改革开放 40 年

文／徐金玉

近些日子,茶界盛会不断: 第 10 届香港国际茶展、2018 上海国际茶业展、2018 中国国际茶产业投资展览会……遍地开花的茶博会,愈发成了国内外关注茶行业发展的窗口。最令世人瞩目的,莫过于去年举办的首届中国国际茶叶博览会,国家主席习近平发来贺信表示祝贺。

"茶行业深受改革开放的影响,茶博会就是市场经济下的产物。"中国茶叶流通协会会长王庆说。茶博会,如同一扇扇窗户,每一次推开看到的,都是改革开放进程中不同的风景。

春风拂面摸索过河

当改革开放的春风吹拂到茶行业时,新兴的变化也在悄然发生。

"在 1984 年茶行业不再实行统购统销后,其于第二年正式与市场接轨。它参与市场的方式多种多样,有企业自销、有批发市场,还有一个最典型的,就是茶博会的组织和申办。"王庆说,从白手起家到蓬勃发展,它的每一步,都有着改革开放深深的烙印。

"起初,茶博会还不这么称呼,更多地被冠以'文化'的名头,例如茶与中华文化展示周等,内容也自然而然地、更多地倾向于与茶有关的书法、绘画交流。"王庆说。但随着改革开放的深化,国外市场的一些做法渐渐地传入中国,尤其是他们的食品展、饮料展等,新颖的搭建模式和交流平台,令茶界人士颇受启发。"旧貌换新颜"的茶博会,才为今天的辉煌打下了基础。

"也是从那时起,茶博会不再以文化为主导,而是产品唱了主角,成了真正为生产单位和消费者、合作伙伴搭建起的桥梁和平台。"王庆说。

改革开放前沿的广州,亦是茶叶市场消费的风向标,广州茶博会成了最早一批的先行者。

"我第一次参加的茶博会就是广州茶博会。"王庆还记得那时的茶博会和现在的茶城很相似。"哪有现在的精修展位啊，都是小商小贩，一家一户小门脸儿，特别简陋。当时参展的企业也非常小，有夫妻档的，有个体茶农的，全是自产自销。"

"当时从布展装修到观众组织，从餐饮交通到产品摆放，真是一点经验都没有，完全是一步步摸索过来的。那时候，中国的茶博会还处于起步阶段，组织水平、服务水平、装修水平都有待提升。"王庆回忆说。

海外取经全面超越

为了吸取更多的国外经验，王庆带队踏上了交流的旅程。

美国世界茶博会，首先为业界人士上了很重要的一课——精准定向。

2007 年，刚走进亚特兰大美国世界茶博会展厅时，王庆就明显感觉到了与国内展会不同的氛围。"和国内人声鼎沸的现场相比，展会非常安静，来往的人并不多，甚至显得有些冷清。"

然而，和参展人数形成鲜明对比的是，展会的成交额却非常高，最后的贸易成绩单完成得格外漂亮。"我们仔细思量后才知道，原来，现场的参展商和参展观众都是主办单位定向邀请的，这些人不贵多但贵于精，这些定向的选择要求精准、务实，可见他们当时的组织水平要高上很多。"

在国外的茶展中，偶尔也能看到国内茶企的身影。"记得 2006 年，我去参加莫斯科食品展时，特意去看了一个茶咖小展厅。在那里，竟然发现了我们中国的茶企，但规模都很小，产品都很简陋。尤其与当时斯里兰卡、印度、肯尼亚等国家的展位比，我们的展位实在显得有些寒酸。"

"但我始终对我们茶博会的发展充满了信心，我相信我们一定会超越他们。"回国后，王庆和同事认真总结和学习海外成功经验，再融入中国特色，打造起中国茶博会的新蓝图。

"现在国内的茶博会越来越热闹，各种层次各个区域的都有，对行业发展有着很大的帮助。对企业来说，这是宣传品牌的好机会，可以寻找合作商、加盟商拓宽平台；对于消费者来说，茶是体验式产品，不仅可以购买到更加物美价廉的产品，更通过了解、熟悉品牌的同时，学习茶文化的知识，寻找新的健康的饮茶方式；对于涉茶行业而言，茶器具、茶水、茶服、茶食品、茶深加工品等涉茶领域，也得到了全方位的带动和发展；对于国际交往而言，国外好的茶产品可以在此推荐给国内消费者，来自各国的外宾也可以来欣赏了解中国茶叶特点，促进茶叶的多边国际贸易交流。"

在王庆看来，现在中国茶展既有定向的、精准的茶产品服务，也有辐射普通大众的、爱好者的群众性的娱乐活动。"国外将茶定位为饮料，我国则将茶视为相关国计民生的产业、与传统文化接轨的文化产业。从底蕴到市场，无一不展现出了作为茶叶发源地的大国风范。"

几十年过去了，一个蹒跚学步的婴儿，现如今已成长为引领行业先锋的弄潮儿。"我可以很骄傲也很自信地说，我们的茶博会水平已在世界处于领先地位。"王庆说。

雨后春笋遍地开花

据不完全统计，现在国内每年举办的茶博会有上百场，其中由中茶协支持举办的茶博会就有七八场。

"每年 6 月份的'两展一节'，我们已连续举办了 6 届，属于政府主导型、组织协会主导型的茶博会；广州茶博会则属于市场主导型……"王庆说。在他看来，茶博会的形式和内容多种多样，有不同组织、类型、层级，多如牛毛。还有一些茶展融进了地方组织的农产品、有机产品博览会里，这样的也不在少数。

如何能在众多茶博会的举办中，挖掘地方特色，避免同质化倾向，仍需要下一番功夫。

王庆介绍，2018 上海国际茶业展就是紧随时代特色，以助力乡村振兴、精准扶贫为主题。"我们从全国各地邀请了贫困茶区的参展商，很多都没有收展位费，希望能够在上海这样一个庞大的消费市场，为他们提供一个展示、交流的平台。"

"但怎么和消费者对接上来，不仅仅是扶贫主题的选定，产品质量要好、价格要适中等一系列问题都要考虑。茶产业扶贫，不是一锤子买卖，而是一个长期的举动，将来能发生长久的、持续的作用。"王庆说。

　　近些年来，中茶协也在与各地合作，帮助地方设计内容，邀请参展商、经销商、消费者群体代表等，加强经验交流、提升企业加工水平、稳固标准质量。"如何举办既有规模、又上档次，还要接地气、受老百姓的喜爱的茶博会，一直是我们研究的课题，也是我们努力的方向。未来，我们会不断努力，让这样的茶博会越办越多、越办越好。"王庆说。

　　　　　　　　（原载于《人民政协报》2018 年 9 月 14 日第 11 版）

马连道：一条茶叶街的"时代印记"

文／徐金玉

马连道，北京茶叶一条街。30年前，它的出现源于改革开放，30年后，它的繁荣见证着改革开放的成功……

一条街的故事，一段茶行业在时代进程中的缩影。

没有改革开放，就没有马连道

讲述者：北京市西城区马连道建设指挥部常务副总指挥张东

"改革开放40年，马连道30年，可以说，没有改革开放，就没有马连道。"北京市西城区马连道建设指挥部常务副总指挥张东说，茶行业是改革开放最直接的参与者和见证者，而马连道这条街是其中最具代表性的成果。

"改革开放对于茶叶供销体制的影响，并不是从1978年开始的，它的真正变化发生在1984年。那一年，《国务院批转商业部关于调整茶叶购销政策和改革流通体制意见的报告的通知》对外发布，茶叶这类产品正式由国家统购统销专营变为市场化运营。"张东说，该文件的下发，对于茶行业的影响极其深远。

在这之前，北方销区买茶，都只能通过北京茶叶总公司。由它负责到南方产区统一收购茶叶后，回京进行拼配加工，再销往北京和周边地区。

而它的存储、拼配、加工和运输的中心，就设立在马连道。

当年的马连道，虽地处北京二三环之间，却在区位职能上，属于仓储中心。一个个方块状的大小仓库星罗棋布，如同它们外在的灰白色调一样，凸显着马连道起初的落寞和偏远：一条小马路，两条明沟渠。日间光景尚好，来往的大货车稍显热闹，可一到下午3点，想看到人和车，就很困难了。

沉寂已久的音符，终于在20世纪80年代末，因一批卖茶进京的茶商的到来，而活跃、跳动起来。

"文件下发后，茶农可以自己出省去卖茶了，他们朝着首都北京蜂拥而来。"张东说，当年，很多茶商只是肩挑两担茶叶，靠着一股子拼劲儿，闯进北京城。

到北京了，去哪儿卖？北京茶叶总公司附近，成了大家自发选择的落脚点。渐渐地，一个有趣的现象出现了：在总公司附近，不时冒出了新搭起来的小茶铺，新摆出来的茶叶摊儿，大家操着各地的方言，彼此热情地打着招呼。他们在这儿落稳脚跟后，既可以批发茶叶给总公司，也可以零售。马连道，从人烟稀少的仓储区，成了人来人往、茶香飘散的街市。

"恰恰是由于改革开放，由于农业生产和交换方式的改变，才诞生了马连道。马连道，真正是改革开放的产物，是一个由茶商自发形成的市场。"张东说，"正因如此，北京茶叶总公司也被誉为马连道的肇始之地。1988年，据可查证的史料记载，马连道的第一家门店开张，马连道的历史也从这一页起有了新的色彩。"

到了2000年，马连道茶城正式开业，成为第一个茶叶市场，它也被誉为了马连道的立市之源。

"马连道真的很神奇，它不产一片茶叶，却是整个销区的风向标，是茶行业的重要集散地，是北方市场的中心。"张东说。历史上它最辉煌的时候，差不多能够完成中国茶叶销量的1/4。后来，随着茶叶市场的兴盛，马连道的不少茶商也在北方各地相继开设了市场。马连道交易量的比例虽在下降，但影响力却在增强。

2005年、2007年，云南省普洱市政府在马连道举办了"马帮进京·瑞贡京城""百年贡茶归故里"等活动，作为组织者和参与者的张东，见证了普洱茶进入全面品牌营销的时代，也助力了马连道茶叶一条街打响了品牌营销的第一枪。

"现如今，我们在积极打造以茶为特色的文化中心、国际交往中心、科技创新中心。"张东说，"马连道已经在建设北京茶叶交易中心，该中心具有金融牌照，将通过产销联合，助推整个行业的发展；我们同样计划将马连道三个字印发在有资质的茶企产品上，为企业背书；我们还在举办茶业百家讲坛等活动，进一步向民众传播茶文化和茶的魅力。"

在张东看来，历时 30 年风云变幻，马连道见证了改革开放的进程，它与茶农、茶商共同成长的这段记忆，也写进了整个茶行业发展的光辉历史中。

那段"有困难一起扛"的岁月

讲述者： 马连道茶城原董事长张喜

来到马连道一条街，你会看到京闽茶城、格调茶城、茶缘茶城，众多茶城鳞次栉比。不过这些茶城在见到它之后，都要尊称其一句"前辈"。它就是马连道的立市之源——马连道茶城。

1999—2000 年时，这片待开发的土地，在北京一商集团的规划书上，本被设计为一个批发、配送、运输中心。但随着马连道街区聚集的茶商越来越多，建成一个真正的茶叶市场，最终成了这幢建筑的使命。

与这幢四层大楼一同拔地而起的，还有驻扎在马连道的茶商们的信心。他们即将可以从原本沿街售卖的小门脸儿搬出，有一个能够安心打拼的安定之所。

茶城甫一开放，一层便入驻了 60% 的茶商。但一个个问题也接踵而至：房租未缴、合同未签，二层到四层亟须规划……

2000 年 11 月来到马连道茶城时，张喜属于临危受命。

"我在那之前，在文化用品公司工作了 19 年，又在房地产公司工作了 4 年，一直管理、熟悉市场，所以被推举为了茶城的一把手。"至此，张喜和这幢屹立至今的大楼一样，一直工作到了退休，贡献了自己 13 年的光阴。

一上任，张喜便组织工作人员和茶商展开座谈，听取大家的心声后，达成了先签 5 年合同、前半年免租的协议。

"没几个月，一楼便入驻满了。"张喜说，现在的茶城，还是延续当年的布局。一层是一个个独立的经营空间，私密性较强；二三层的打造，则是完全敞开式的，是更加时尚大气的商场式格局。四层主要为摄影器材城。

张喜也给茶城定下来了规矩：以人为本、诚信相待、平等互利……

"以前个体小户的经营理念也在一点点发生变化，原来他们只是赚取产区和销区之间的差价，后来越来越有企业思维了。"张喜说，茶城的开业，引领了行业内新的风潮：原来质次价高的现象少了，商品质量，产品销量、茶商品牌意识、服务意识都有所提升，市场变得日益规范和成熟。

现在再看行业内引领风骚的一些茶企，不少都是从马连道茶城走出去的。

采访中，张喜的电话一直在响。听闻他回到马连道，很多老朋友都想见见他。

张喜笑着说："现在茶城有 300 多家茶企，其中大多数人，还是当年的那批茶商。"

在执掌茶城期间，张喜不只是管理者，还倾注了更多的情感。

"我是看着大家一步步走过来的。"张喜说，"那时候，不少来京打拼的都是外地的年轻人，他们有人结婚，我们不仅会到场，还会送洗衣机、送微波炉等；有的人家里孩子要上学，我们就帮忙联系幼儿园；'非典'时期，马连道生意惨淡，茶城还主动为茶商们减租……"日子久了，他们之间更像是朋友，正像张喜所说的，"只要有困难，我们一起扛！"

"随着茶城影响力的扩大，京城百姓对茶叶的选择空间也越来越大，这些天南海北的人，让国人对茶的认识发生了翻天覆地的变化。"张喜说。

不妨说，是马连道茶城给了茶商创业的一片天，而他们又用自己的双手打造了一片属于海内外茶人的天下。

马连道，助梦起航的地方

讲述者：御茶园董事长陈昌道

纵观当下茶界风云人物，不少是从马连道走出去的。这条街，不仅融进了创业者打拼的岁月，也容纳了他们海阔天空、势将茶产业发扬光大的执着梦想。马连道，是他们筑梦、逐梦的起点。

御茶园董事长陈昌道，从离开福建宁德老家独闯天下，到现在，不仅在马连道耳熟能详，更在全国开设了近 500 家连锁店。他的奋斗史，也见证了马连道繁荣发展的历史。

"从 20 世纪 80 年代末、90 年代初，马连道开始陆续出现了茶商的身影，到现在，已经有三四千家茶商在这里开店。其中，大概有 7 成茶商是福建籍的，7 成中有 5 成是宁德籍的。"身为北京宁德茶业商会会长、北京福建茶业商会名誉会长的陈昌道说。

从小就长在茶山的陈昌道，大学毕业后曾在校内任教。当改革开放的春风吹进宁德这座小县城后，不安于现状的他，决定到外面的世界去看看。

"那时候，深圳最火，我就先到那里就职于一家外企，后来又辗转厦门，来到了北京。"陈昌道说。

1998 年到北京那会儿，主要是帮朋友做茶叶业务，2000 年马连道茶城建立，他才真正开始了自己的创业之路。

一个 20 多平方米的茶店，是他创业的起点。没想到，扩张的步伐在第二年就迅速扩大：同年，他盘下了一间七八十平方米的店；第三年，他逐步做起了三层几百平方米的御茶园。

"当时，茶城初期多是个体户，像我们从一开始就做品牌、企业化运营的还比较少。"在外企工作时吸收的品牌理念，此时被派上了用场，陈昌道很自然地将其应用于茶企运营的实践中。

"要做品牌就要保证质量，就要做好产品供应链的建设和管理。"于是，陈昌道回老家建茶叶生产基地，到景德镇建瓷器工厂，又做起了全国连锁，一步步脚踏实地，将茶企做大做强。

现在到御茶园的店内，你会发现茶的品类各式各样，各种材质的茶器也是一应俱全。

"我要做全产业链式的茶叶店，做博物馆式的茶叶店。"在陈昌道看来，这也是国外茶企无法企及的独特优势。

对于"7 万家中国茶企不如一个立顿"的传言，陈昌道不以为然。

"茶叶，既有农副产品的一面，也有文化产品、艺术产品，甚至古董产品的一面。在国外，更多的还是大宗产品市场，属于农副产品范畴，而我们国内的名优茶、老茶等，都有着独一无二的文化价值、艺术价值和收藏价值。"

正是因为深知茶身上独特的内涵和魅力，对于陈昌道而言，现在最开心的事，仍是找到一泡好茶、做出一泡好茶、做出一件绝美的茶器。坐在马连道一商大厦办公室的陈昌道笑着说，他的初心未改，茶，依然是他热爱的那片神秘的东方树叶。

这片叶子，助他拥抱追求、实现梦想，也助力更多的茶商走出了马连道，走向了世界。

（原载于《人民政协报》2018 年 7 月 13 日第 11 版）

陈勋儒：云茶产业剑指"三极"

文／徐金玉

"主体极好，特色极致，产业才能实现极强。"近日，云南省政协原副主席、云南省茶叶流通协会创会会长陈勋儒在下关沱茶创制 120 周年庆祝大会上的讲话一语中的，受到茶业界的广泛传播、热议。他对社会普遍关注的云茶热点话题一一回应，并指出，云茶产业要稳固达成千亿产值的目标，要做到"三极"——"极致、极好与极强"。

只有古树、名山茶才是好茶？

云南是茶叶大省，打通产业发展"脉搏"，激活乡村振兴"密码"，一直以来是云南茶界热心关注的要点。

陈勋儒介绍，云茶产业经过多年发展已具有坚实基础，这个产业基础由几百万亩现代茶园及几十万亩古树名山茶园所构成。2021 年，云南全省茶叶种植面积已达 740 万亩，干毛茶产量已达 49 万吨。

"古树、名山、小产区是云茶独具的特色，是历史遗存的宝贵资源，应该将其做到极致；现代茶园则是新中国成立之后、几十年全省人民共同奋斗的成果，是云南茶产业的主体，应该将其做到极好。"陈勋儒说。

但过去很长一段时间里，由于部分云茶爱好者对古树、名山、小产区茶产品一路追捧，导致外界形成这样一个认知：云南茶只有古树、名山茶才是好茶，而现代茶园产品少有好茶。甚至出现有的企业产品只推古树、名山产品的乱局，导致现代茶园、生态茶园、绿色茶园、有机茶园夏季放弃采摘、产品滞销。

"有些茶农在现代茶园中挖除部分茶树，将留下的茶树放养，让现代茶园成为不管理、少管理的放荒茶园。长此以往，全省茶园面积和产量将受影响，这与农业现代化方向相悖，必然会造成茶产业主体难以做大做强。"

陈勋儒说，为此，要明确古树名山茶是云南特有，应该将其做到极致，让高端消费群体买到真正的古树名山茶。但更要把生态茶园、绿色茶园、有机茶园做好，让喜欢云茶的人都能喝到好茶，喝到生态茶、绿色茶、有机茶和放心茶。

达标优质茶如何优价？

"生态、绿色、有机茶园建设是基于云南优良的自然生态。"陈勋儒说。到 2021 年，全省认证的有机茶园面积已达 105 万余亩，认证的有机产品 1000 多个，认证的有机茶产量 8 万余吨；绿色茶园认证面积 54.7 万亩，认证绿色食品 500 多个，产量近 8 万吨。

但与之相应的，达标优质茶未能优价。陈勋儒列举了一组数据：全省毛茶平均价每公斤仅 39.8 元，普洱茶平均价每公斤仅 139 元，滇红仅 61.5 元，绿茶仅 36 元，这与生态、绿色、有机茶产品价值相去甚远。

"当前的现状与营销推广缺位有密切关系。尤其是传统拼配技术与有机、生态结合，会使产品品质更佳，但这些高品质产品市场仍然冷清，值得引起高度重视。古树名山茶物以稀为贵，但因其数量少、价位高，不可能满足全部饮茶人的需求。就世界各产茶国包括中国的实际而言，都是以现代茶园为主，茶产品都是以现代茶园鲜叶加工而成，共同注重的是食品安全指标的要求，同时大力提高宣传营销力度。"陈勋儒说。

在他看来，云茶产业在国内市场还有广阔的空间，就消费区域而言，东北、华北、华中潜力很大；就消费群体而言，增加人均消费量也有余地。

"促进消费要更多依托国内市场，同时要处理好国内市场与国际市场的关系，要下大力气恢复、巩固、扩大国际市场。要特别注重绿色、有机茶产品出口，品种上要突出红茶的出口优势，稳步推动普洱茶出口。促进云茶产业形成以内为主、内外互促的新发展格局。"陈勋儒说。

云茶产业如何健康发展？

收藏还是品饮，这不仅是面向消费者的一道选择题，亦是普洱茶产业导向的热门议题。

　　陈勋儒认为，关键在于处理好品饮与收藏的关系。他言辞恳切地说道："普洱茶不仅仅是一种健康饮品，其陈化生香的特性也是极好的收藏品。在茶产业产能呈现过剩走势的今天，品饮得到健康应是人们的首选，专业的收藏得岁月的洗礼，再投放市场应是少数专业人士的责任。"

　　如今，云南 700 多万亩茶园生长在生物多样性的环境里，加之其大叶种的特性，既可以满足人们的品饮，也可以满足人们的收藏。"喝了终究是现实的、自己的，收藏的也会获得意外的惊喜和收获，生产、收藏和品饮联动起来，整个茶产业才能健康发展。"陈勋儒说。

　　当前，云茶产业发展已从一产迈向三产联动，茶文化与茶产业融合发展的实践也日渐深入。

　　"云南茶区汇聚了灿烂的古滇文化、丰富多样的民族风情、绚丽迷人的高原风光以及极富哲理的民族文化。同时，生活在这里的各民族在利用茶上也有悠久漫长的历史和各具特色的传统工艺，并且生产了云南特有的普洱茶、滇红、滇绿等优质茶产品。"陈勋儒说，因此，云南茶产业具有做好"茶＋文化＋旅游＋茶游学＋康养"大文章的潜力，要发掘民族、民俗、民风，借助茶山的多元文化体系，将茶区建设成集观光、休闲、体验、养生为一体的融合发展园地，具有广阔的前景。

　　陈勋儒最后强调，云茶要让消费者买得放心、品饮舒心，还需要强化评价检测溯源，确保茶产品的质量安全。

　　"经过相关单位的努力，目前，《茶叶质量安全追溯平台建设标准》《普洱茶质量安全追溯实施标准》《晒青毛茶标准样》等相关标准陆续出台，取得了不错的效果，要继续强化质量保荐溯源服务，提高云茶质量安全'公信力'，真正做到'擦亮普洱茶金字招牌'！"陈勋儒说。

（原载于《人民政协报》2022 年 7 月 22 日第 11 版）

何关新：让"径山茶宴"
焕发新生

文／刘圆圆

茶为国饮，杭为茶都。杭州之所以成为中国茶都，有多重因素，但径山寺的加持是不可或缺的筹码。

日前，国家级非遗"径山茶宴"文化保护与传承暨陆羽说论坛在杭州举办。此间，杭州市政协原副主席、杭州市茶文化研究会会长何关新表示，在博大精深的中华饮食文化中，"径山茶宴"作为一脉独特的存在，将充满佛意禅韵的茶食饮升华为一种庄重优雅的文化仪式。当前杭州正致力打造宋韵文化传承之城，研究发掘和完善传播"径山茶宴"，让千年宋韵在新时代流动起来，传承下去，是他们这代茶人肩负的使命和荣光。

径山位于杭州城西北 50 公里处，系天目山脉东北峰，因径通天目而得名。"径山茶宴"顾名思义是源自径山寺的茶礼、茶会等独特饮茶仪式，它的流行与径山寺的名门声望休戚相关。

何关新介绍说，"径山茶宴"最初源自径山万寿禅寺，是寺院以茶代酒宴请客人的一种独特仪式，从张茶榜、击茶鼓、恭请入堂、上香礼佛，到煎汤点茶、行盏分茶、说偈吃茶等 10 多道工序，彰显的是待客之道、文化寓意。因为径山寺地位显赫，茶宴形式隆重，逐渐也被朝廷认可，及南宋时朝廷往往特命径山寺举办茶宴以招待贵宾贤达，径山茶宴由此从寺庙进入宫廷。后随历史跌宕日渐衰微，但作为一种图腾仪式却一直被民间所记挂。

进入 20 世纪 80 年代，浙江茶界的有识之士着手恢复这一传统仪式，余杭径山村更是从 2012 年开始筹办民间版茶宴以弘扬悠久博大的中国茶文化，迄今每年都要举办一两场庄严的"径山茶宴"活动。同时对"径山茶宴"的研究也风生水起，其中尤以杭州市陆羽与径山茶文化研究会和杭州老茶缘茶叶研究中心承担的《径山茶宴原型研究》成果最丰，被中国国际茶文化研究会原会长刘枫肯定为"是中国茶文化研究的一项重大成果"。

"正是这种民间化的推广，使得'径山茶宴'凤凰涅槃，春风复生。它的流变昭示我们一个深刻启迪：茶产业发展和茶文化推广要面向百姓、面向社会，普及全民饮茶特别是培养鼓励青少年喝茶、爱茶、懂茶实属当务之急。"何关新说。

如今，"径山茶宴"正成为余杭茶文化的一块金字招牌。2005年，"径山茶宴"被列入余杭区非物质文化遗产代表作名录，2009年被评为省级非物质文化遗产，2011年又被国务院批准列入第三批国家级非物质文化遗产名录，当下作为中国传统制茶技艺及其相关习俗的内容之一正在申报联合国世界文化遗产。

"不久前中国国际茶文化研究会同时授予余杭径山'中日韩禅茶文化中心''中国径山禅茶文化园''中华抹茶之源'三块金字招牌，这在全国茶界也是孤例，可见径山之于茶地位之重要。"何关新说。

2018年杭州市茶文化研究会在深入调研的基础上向余杭区委、区政府提出了"丰富大径山文化内涵，建设径山禅茶文化大观园等项目"的建议，2019年又继续提出"关于进一步推进大径山禅茶文化园建设的若干建议"，均得到区委、区政府的肯定并采纳。

"可以预见，'径山茶宴'必将随着中华民族伟大复兴的进程焕发新生。"对此，何关新也提出了自己的思考。他认为，当务之急是要系统规划，加快三茶统筹，不断丰富大径山内涵。努力将径山建成茶区是景区、茶园是公园、茶企是庄园、茶家是茶馆，好茶好水好器汇的精品样板，使径山成为拿得出手、晒得出样、经得起时间考验的历史文化名镇、乡村振兴样板、三茶统筹窗口、共同富裕示范。

此外，还要激活"径山茶宴"的内涵要素，将"径山茶宴"研究成果转化为优质生产力。"例如，径山寺要立足'茶禅一味'的本源，提升'径山茶宴'的原创性，提供'径山茶宴'的精品体验；径山村要抓住茶宴的核心本质，深化丰富茶宴的民俗化元素，通过喝茶、饮茶、吃茶、用茶、玩茶、事茶'六茶共舞'，结合现代科技和数智运用，多场景多手段演绎展示'径山茶宴'的无穷魅力，使径山村成为名副其实、美誉远扬的有吃有住有玩有看的中国禅茶第一村和径山茶宴体验地。"何关新表示，还要鼓励引导径山村村民主打"茶宴"这一特色资源，做大做强"茶宴"经济，并以此为招牌创新发展饮食文化，使"茶宴"成为村民的富裕之源、幸福之饮。

（原载于《人民政协报》2022 年 4 月 15 日第 11 版）

葛联敏谈茶叶联盟实践：
"十口小锅，不如一口大锅"

文／徐金玉

一直以来，小作坊式的生产经营常被看作茶产业做大做强的"紧箍咒"，规模小、设备简易、品质更是良莠不齐。如何破局，成了各地茶人都在努力探索的命题。

幸运的是，江苏省溧阳市政协委员、溧阳市茶业行业副会长、天目云露茶业有限公司董事长葛联敏已用26年的事茶经历，找出了命题的答案。创建茶叶联盟16载，他和当地茶农一起，共同书写着携手并进的致富故事。

白茶"名片"

溧阳，是天目湖白茶之乡。从20世纪90年代，自浙江安吉引种的第一株"白叶1号"在这里生根发芽后，云雾茶园美如画、茶农"画中"采茶忙的场面，早已成了溧阳一景。

"若是游人在采茶季来参观，会看到和其他茶区迥然不同的景致：远远望去，茶园泛着一层薄薄的白光，就像雪花轻轻洒落一样。"葛联敏介绍，

葛联敏委员在茶园

从 3 月底到清明节前，茶树冒出的芽头都是白色的，要趁着这十来天的光景尽快采摘，等到清明以后，气温渐渐升高，茶芽便会失去白化特征，变成绿色。

"我们以一芽一叶为采摘标准，生产出的天目湖白茶氨基酸要比普通绿茶高一倍左右，而茶多酚又会减少一半。氨基酸越高，茶越显鲜爽，茶多酚越低，苦涩味越轻。正因如此，连我十几岁的儿子也爱喝绿茶，没有苦涩味。"葛联敏笑着说。

经过 20 多年的发展，天目湖白茶已逐步发展为溧阳农业的主导产业，目前全市茶叶种植面积 7.2 万亩，其中天目湖白茶面积超过 4 万亩。

但问题也接踵而至。随着种植规模的不断扩大，小规模种植户占 70% 左右，且地产地销的竞争日趋激烈。一些种植面积只有几十亩、百余亩的小茶农，由于竞争压力大、打不开销路，经营陷入盈亏不定的困境。

联盟"解题"

葛联敏曾做过多次市场调研，他发现，天目湖白茶销售的"旺季"特征日渐明显。

"4 月 5 日之前的销售额能达到全年的 60%、70%，甚至 70% 以上，清明节过后销售的数量急剧下降。按照这种趋势，售茶的时间越来越集中，1 年的事情放在 10 天里做，肯定是忙得晕头转向。于那些又要采摘制作，又要销售的茶农来讲，更是吃不消。"葛联敏说，何况绿茶强调鲜爽，都是卖新茶。"茶农辛辛苦苦盼了一年，终于将茶叶做好了却卖不出去，这于他们来讲是最大的事情。"

于是，他想到了一个关键词——板块细分：让种的种、制的制、销售的销售，可以通过组建联盟，给茶农"减负"，在采摘和制作后，将销售统一到公司来运作。这样既能结束茶农"孤军奋战"的状态，又能节省加工设备的重复投资及营销成本，抱团实现高质量跨越式发展。

"换句话说，这是一件互利共赢的好事，茶农的产品销路不愁了，公司也有了产业规模，对于一个品牌的做大做强也有助益。"葛联敏说，但要"入盟"不仅有门槛,还有考核期。

茶农樊球生就历经了近 3 年的考核。"老樊的茶园面积有 200 亩,所在地理区位优越,茶叶的内质不错,但管理和加工基础都很薄弱。"葛联敏说。

"加入联盟以后,我改变了茶园的管理方式,不用化肥,只施有机肥,不用除草剂,100% 采用人工除草。茶园的生态环境更好了,茶叶品质也得到了提升,我们还被农业农村部评为'生态农场'之一。"樊球生笑着说,"茶叶加工也在手把手地教学下补足了短板,品质达标。现在一年收益能达到 30 万元以上。"

葛联敏补充道:"自 2006 年组建茶叶联盟以来,我们统一管理加工标准,实行合作化生产、品牌化经营,目前已经带动了苏皖 30 多户分散经营的茶农,茶园面积超过 5000 亩。"

品牌"发力"

有了优质茶基地的底气,葛联敏更多地将目光聚焦于品牌建设上。

"疫情以前,一到采茶季,客户都会上山看茶,看你如何制茶后再下订单。现如今,受疫情防控等因素影响,客户在三四月份时来不了了,看不到你采茶、做茶,若是要下单,就会相信品牌的力量。正因如此,品牌建设至关重要。"葛联敏说。

那么,什么是品牌?若朋友这么问,葛联敏常有一句大白话式的解释:"走出溧阳,还认识你不?走出溧阳,人家不知道你,那就是地方小品牌。"

在葛联敏看来,客户在哪儿,茶企就要把宣传聚焦到哪儿。"茶叶销售具有区域性,对于我们而言,只要把江苏的市场做深、做细、做透了,全国的市场也就做好了。现在,我们的市场在南京占据 70%,在省外主要销售到北京等地。"葛联敏说,要做响品牌,包装设计、茶叶优选、快递运输等都有要求。

"比如,我们的包装袋就是医药级的,而且使用了脱氧剂,可以更长时间进行保鲜。放在冰箱里冷冻 1—2 年,它的味道误差都不会太大。"葛联敏介绍,这种操作方式由他们和脱氧剂企业联合开发。"有的茶类保鲜采用的是抽真空，但对于我们并不适用。天目云露的外形是茶芽，抽真空会把茶芽抽断。而脱氧剂的采用，既不影响茶叶外形，还可以避免茶叶氧化，延长保鲜时效。与此同时，我们也在积极做好各个环节，比如，我们的茶叶包装外观时尚新潮，充满设计感，并且还是目前国内唯一一家在包装上使用盲文识别的品牌。"

要做大做强品牌，葛联敏还有一个更加长远的设想。前不久，他刚提交了一份关于集约高效利用天目湖白茶行业资源的提案。

"溧阳茶叶制作加工季节性明显，尤其是天目湖白茶的加工，时间紧、任务重、周期短，一年只做十几天的时间，造成设施设备常年性的闲置。且全市300余家茶叶生产经营主体中，有生产许可证的占比不到25%。"葛联敏说。

"集约高效利用天目湖白茶的行业性资源，已经成为业内人士的普遍共识。为此，我建议可以建设'超级工厂'，建设茶叶集聚加工区。十口小锅，不如一口大锅，这样既可以保证智能化、标准化、清洁化的生产，为那些不具备生产条件的种植户提供服务，也可以进一步提升茶叶品质，更有效地联结茶企、茶农和市场。"葛联敏说，"天目湖白茶是溧阳一张响亮的金名片，我们要努力提升技术，带动溧阳白茶向高质量发展，在乡村振兴的道路上，谱写好共同富裕的新篇章。"

（原载于《人民政协报》2022年8月19日第11版）

竖起祁门茶业的一面"红旗"

文 / 李冰洁

说起安徽省祁门县，对茶有一定了解的人都会立刻想到"祁门红茶"。是的，祁门县是安徽省重要茶产区，也被誉为"中国红茶之乡"。对于祁门的茶农而言，这里有一面带领着他们完成脱贫攻坚、实现增收致富的"红旗"——无性系早生茶树新品种"红旗1号"。

用安徽省农村专业技术协会理事、祁门县箬坑乡红旗村党支部书记吴华清的话说，祁门县100多个村庄中，不知道"红旗村"的大有人在，但提到用红旗村命名的茶树新品种"红旗1号"，基本是妇孺皆知。

由于早生茶树品种在量上的丰富性、个体的差异性、存在的广泛性，决定了早生茶树品种家族必是良莠不齐、千差万别的。祁门县早生茶树良种选育在政府、科研机构、茶农的共同努力下，实现了"唯早是选"到"早中选优"的科学转型。"红旗1号"就是从祁门本土褚叶种群中选育出的无性系早生茶树新品种。

作为"早中选优，优中选早"的代表性茶树新品种，"红旗1号"自商业化育苗以来，经栽培实践、生产实验、市场检验，已被证明是早生茶树品种家族中的佼佼者，成为各地高效茶园建设的首选用苗。2016年12月3日，"红旗1号"通过安徽省非主要农作物品种鉴定，成为省级茶树良种（学名：安徽4号）。

吴华清还从参与"红旗1号"品种研究选育实验的安徽省农科院茶科所研究员王文杰处了解到，该茶树品种具有萌芽早、产量高、芽头壮、颜色鲜、持嫩性强等特点，市场美誉度较高。

"如果说改革开放以来，尤其是近几年红旗村为社会发展作出了什么贡献，我想，一定是'红旗1号'种植在产业扶贫中，作为一种路径和杠杆，发挥了难得的酵母作用。"吴华清自豪地说。

经过多年发展，祁门县已建成"红旗1号"茶园面积3万余亩，成年茶园亩效益达5000元以上，祁门全县早茶一产产值近2个亿，快速鼓起了茶农的钱袋子。

"我们家主要供应红旗1号、红旗2号、平地早系列的早生茶苗，去年大概销售出去了100万株。"作为红旗村的茶苗培育大户之一，吴永德从2008年起，就和父亲租种了隔壁箬坑村的约1公顷流转土地，经营家庭农场，专门从事优质茶苗栽培。这不仅让吴永德有了稳定收入，还使他颇有成就感："茶苗除了销往周边村落，还销往石台、东至等地，甚至还有江西省的客商联系我订购呢。"

在吴永德等一批致富"领头雁"的带领下，一批有劳动力且对茶苗种植有兴趣的贫困户纷纷选择流转土地进行茶苗种植。

茶苗种植面积扩大了，村民们收入增加了，大伙生产茶叶积极性空前高涨。据统计，红旗村年种植茶苗面积400余亩，出圃"红旗1号"系列优质茶苗近5000万株，满足了省内各茶区无性系高效茶园建设刚需用苗，加速了茶树品种结构调整步伐，推动了茶园的转型升级，为茶产业高质量发展奠定了基础，促进了茶叶生产力的发展。

吴华清介绍说，2019年，红旗村茶叶一产产值超过1300万元，人均茶叶纯收入过万元，率先实现祁门县委县政府"祁红产业振兴2111计划"中提出的"人均茶叶收入1万元"的目标。

"你可能想不到红旗村以前的日子有多贫苦，它曾是祁门县最贫困的村之一。"吴华清告诉记者，红旗村地处牯牛降与仙寓山群山怀抱之中，曾由于区位偏僻、交通不便、信息闭塞，发展受到严重阻碍，2014年全村建档立卡贫困人口68户149人，贫困发生率12.1%。

而如今，红旗村成为"安徽省早茶之乡"，立足祁门红茶传统优势核心区的资源优势，围绕主导产业茶业，谱写了深山区贫困村高质量脱贫的新篇章。

（原载于《人民政协报》2022年9月16日第11版）

陈小春：白琳工夫的守望者

文／徐金玉

晨起的阳光，轻轻唤醒福建省福鼎市白琳镇的生态茶园。福鼎市广泰茶业有限公司的老板娘陈小春的一天，也在茶香中开始了。

注水、出汤，橘红色的茶汤，令人眼前一亮。毫香显露、口感甜润，让味蕾回味无穷。这不禁让陈小春感慨，不愧是号称"闽红三大工夫红茶"之一、已有近250多年历史的白琳工夫红茶。

但她的眼神中更多的却是惋惜和落寞。"现如今，白琳工夫红茶的产量越来越低，了解这款茶的人已越来越少了。"

曾经沧海难为水

白琳工夫，诞生在产茶历史悠久的白琳镇。

"据清版《福宁府志》记载：'茶，郡、治俱有，佳者福鼎白琳。'可见，清乾隆时期，白琳的茶已是有口皆碑。"陈小春说，也是从清代开始，白琳以福鼎大白茶、福鼎大毫茶等为原料产制红茶，白琳工夫由此得名。

"它与其他红茶相比，条形紧结纤秀，含有大量的橙黄白毫，汤色橘红、毫香馥郁、滋味醇和，深受市场的青睐。"陈小春说，正因如此，白琳工夫与福安的坦洋工夫、政和县的政和工夫并列称为"闽红三大工夫"，驰名中外。

想知道白琳工夫曾经在国内外到底有多火？

有资料显示，光绪年间，福鼎出境工夫红茶两万箱，每箱50斤，销往上海等地。

它还远销东南亚与西欧各国。时人称，英国女王尤喜"白琳工夫"，以致其知道世界有白琳，喝茶时，还曾问起白琳是个怎样的地方。

一连串的外汇数字更是格外显眼。1934年输出6840担，产值48万元（法币），到 1940 年，输出 14392 担，产值 183.46 万元（法币）。

"那时候，茶业兴旺促进了港口、码头的兴盛，茶行商号众多、茶栈茶馆林立。双春隆、合茂、恒丰泰、蔡瑞兴，响当当的商号可以叫出好几家来。"陈小春说。

新中国成立后，白琳工夫经水运到营口，转运满洲里销往苏联，更是成了我国出口换外汇的重要商品。

从辉煌到没落

但白琳工夫的百年历史，并没能支撑它的辉煌一直延续下去。在国际贸易环境的影响下，白琳工夫红茶的出口日渐堪忧。

"欧美国家主要从印度、斯里兰卡、肯尼亚等国进口红茶，这些红茶具备浓强鲜的口感，适合国外调饮的习惯，且价格低廉。与之相较，我们虽然能继续生产符合国际市场的产品，但由于人工成本高等原因，白琳工夫在国际竞争中缺乏优势。"福鼎市广泰茶业有限公司总经理、陈小春的爱人张纯伟说。

不仅如此，有业界人士透露，目前白琳工夫的生产企业也是屈指可数，

陈小春在品鉴茶

白琳工夫的产量已很有限。

"白琳工夫市场份额的缩水，同样是受到了国内市场供求关系的影响。现如今，白茶市场火热，多数企业选择生产白茶获取更高效益。与之相较，白琳工夫不仅名气不复当年，在制作工艺上相对白茶也更为复杂，更加需要天时地利人和，一旦制作不当，红茶就可能出现酸馊等问题，风险更高。"

再加上近几年茶青价格上涨，生产白琳工夫的成本也在攀升。"我

国红茶品种繁多，白琳工夫的竞争环境更为严峻。"

前不久刚刚闭幕的首届中国非物质文化遗产茶王赛评选活动上，陈小春带着三款白琳工夫前去参赛。产品不仅斩获一金一银，还得到了评委的高度肯定和赞许，但这件颇令人感到高兴的事，在陈小春心里，却变得有些沉重。原来在白琳工夫项目的赛事中，仅有她一家报名参赛。"我很担心白琳工夫渐渐被大家遗忘。"陈小春说。

前段时间，她为白琳工夫的包装盒四处奔忙。结识的一位茶叶包装老板向她抱怨，白琳工夫礼盒和罐子在仓库里放了好几年，一直卖不掉，今后他也不打算再生产了。老板最后还嘟囔了一句："现在，谁还做白琳工夫呀，真傻。"

听到这话，陈小春的酸楚更甚。由于常常买不到白琳工夫的专属礼盒，她只能自己贴标签上去。

既然这么艰难，还要不要做下去？没想到，看似文文弱弱的陈小春，却立刻脱口而出："肯定做的！"

"祖祖辈辈传承的这么金贵的手艺，不能在咱们这代断了，那样太可惜了。"陈小春说。

祖辈传承的手艺不能丢

陈小春是土生土长的白琳人，在她孩童的记忆里，白琳工夫是放学回家后最熟悉的味道。

"我们这里流行大壶茶，用一个土陶壶冲泡白琳工夫，家家户户都有。每次大人采茶、制茶回来，喝上一杯大壶茶，才觉得浑身舒爽、疲惫尽消。"陈小春说。

现在，他们夫妻俩坚持做茶，也是因为这埋藏在心底的温暖的记忆。

"我们家世代做茶，和白琳工夫的渊源更深。"张纯伟说。

"我家原本姓陈，我的太爷爷陈家銮将儿子过继给了张华维，所以我有两个太爷爷。他们俩，一个是广泰茶行的总技师，一个是制作白琳工夫有名的大师傅。20世纪50年代初，张华维太爷爷还曾到福安茶校教茶学。也是从那一辈儿起，我们祖孙几代人和白琳工夫的缘分，便注定分不开了。"

到了张纯伟爷爷那辈儿，他作为白琳茶叶初制厂发酵工艺的负责人，仍是业界制茶技艺中的高手。当年，茶厂在制作时各有分工，有人管萎凋，有人管发酵，有人管干燥。精通发酵工艺的爷爷，又将手艺传给了下一代。

"我从小也是在茶香里长大的。六七岁时就会跟爸爸去车间，学做绿茶、红茶。十几岁时，还学着用竹筛来筛制工夫茶。长大了，又开始系统学习工夫茶的制作。"张纯伟说。

几十年下来，白琳工夫在变与不变中发展传承。"过去白琳工夫发酵度更高、烘干度更高。那时工夫红茶主要用于出口，根据外国人喜欢调饮的习惯，茶厂生产的多是汤色红浓的工夫茶。在历经 3 个月运到欧洲后，火气褪去，品饮时的状态刚刚好。现在，我们更加注重国内消费者的口感，发酵焙火偏适中，不仅汤色橘红，香气纯而带甘草香、蜜毫香，滋味清香甜柔、汤色明亮，叶底也是鲜红带亮。"

在张纯伟看来，决定白琳工夫品质的最主要的，就是它的茶树品种和工艺。

"我们现在在机械加工的同时，仍保留了手工工艺。"张纯伟说，"可能这些工艺大家会做，但若一直不做，人们就会遗忘它。现在白琳工夫做的人少，但总要有一两个人能坚持做下去。"

为此，他们注册了广泰茶业有限公司，与当年的广泰茶行一脉相承。"我想传承这门手艺，也想传承这份百年匠心的精神。我做梦都希望有一天，白琳工夫能重拾辉煌，能有更多的茶人知道它、喜欢上它！"

（原载于《人民政协报》2018 年 11 月 30 日第 11 版）

青藤茶馆：守望西湖的时光

记者／刘圆圆

    如果到杭州，没游西湖，那是一种遗憾。如果到西湖，没有到青藤茶馆喝杯茶，也是一种遗憾。这是一位爱茶的朋友多年前对记者说过的一句话。这次走茶乡到杭州，终于有幸来到青藤茶馆。走进大堂，就被青藤的"气场"所吸引：一池弯月形的流水，在灯光的营造下悠远宁静，浮在水面上的朵朵莲花充满了禅意，旁边一把古筝静静地躺着……

    与传说中的一样，青藤茶馆的两位主人一位叫毛毛，一位叫清清。近20年前，这两位性格迥异的江南女子，因为共同的爱茶理想，在西湖边上让"青藤"发出了芽儿。"我们没有做太多调研，只是想把茶馆开到杭州最美的西湖边上。从想法到实施大概一个星期，'青藤'就这样诞生了……"清清轻柔地说。

    "我们开茶馆是从兴趣出发，想通过一个场所把自己的想法体现出来。"毛毛的一句话道出了真谛："我认为做生意忌讳的是揣摩，你永远没办法一眼看透别人的品位。那么就从自己喜欢的着手，别人终都会被你的执着和用心感动。"

    青藤茶馆的布局也确如毛毛所说的用心用情。"杭州人守着西湖得天独厚，因此我们选择的位置都离西湖不远，茶客可以在茶馆感受到西湖的气息。我们也希望茶客在这里找到一点家乡的味道，于是我

青藤茶馆的两位主人

们的地面选用的是青石板，是我们的记忆中那种家乡石板的感觉。另外，我们这里的桌椅都是最传统的苏式家具，隼牟结构，也给人一种古朴的感觉。"毛毛介绍着茶馆选址、装修的种种想法。

"青藤"经营的近20年，见证了国人饮茶习惯的变化。据说，青藤最初开张的时候，杭州大部分客人是只喝龙井的。随着杭州茶文化的普及，各种茶也都流通起来。比如介于红茶和绿茶之间的乌龙茶，有着很富裕的花形和果香，冲泡方法又比较讲究，一度很吸引杭州人；后来，人们的口味越来越挑剔、细腻，又觉得武夷岩茶是最丰富、最有韵味的；再后来，人们注重养生，普洱茶又流行起来。身为杭州人的毛毛表示："老祖宗的经验还是绿茶最好，尤其是西湖龙井茶，在我们茶馆一直有着非常固定的消费群体。"

"青藤"一边经营着茶，一边也着力茶文化的推广和普及。"其实茶在很多家庭是有传承的。比如小时候我们可能不喝茶，但爸爸泡的那杯茶你渴时也会喝一口，开始会觉得苦，苦过之后却是一丝回甘。当你长大了，这就是关于茶抹不掉的味道。"为了让更多的青少年爱茶，毛毛经常走进大学给学生们讲茶文化，在即将到来的暑期，青藤茶馆也有一系列针对青少年的茶文化夏令营，毛毛坚定地说："只要我们能提供好的东西，相信更多的孩子会爱上茶。"

虽然几经搬迁，青藤茶馆从5家浓缩到2家，但那一根根柔韧的藤蔓，却始终立定脚跟沿着湖滨一线蜿蜒，执着地不愿离开。"除了西湖边，哪里我们都不去。"——那是清清和毛毛用茶守望西湖的诺言，更是两位姑娘铭刻在西湖边的茶香时光。

（原载于《人民政协报》2015年7月17日第11版）

罗志龙：展现最中国茶生活

文／纪娟丽

一杯茶，可以牛饮，可以细啜，喝茶的方式不同，喝出的滋味也不同。一杯茶，可以在不同的空间喝，茶还是那片茶，感受却完全不同。为了丰富人们的饮茶生活，更好地体味和吸收中国茶文化，他开始探索打造立体茶生活空间——

你可能不知道的茶饰界

"'你有没有发现，茶还是那片茶，但在不同的空间冲泡，在不同的环境品茗，感受会完全不一样？'说这话的，是南宁茶友邱女士。当时，我们正坐在她和好友新做好的茶舍里。用一排茂密的翠竹，两排自制的竹篱笆就将她的茶舍和不远之处那个热闹的购物中心划分了界限。墙外喧嚣浮躁，墙内一片清净，品茗需要的安宁空间感马上出来了……"

这是厦门潘龙一品茶艺家具新推出的公众号"茶饰界"中讲述的一个场景。作为这家经营茶配套器具企业的掌门人，罗志龙从 2007 年开始致力于饮茶器具的开发经营，深知"茶饰"的重要性。

点开"茶饰界"，"精彩饰界"专栏里，形象展示了安溪闽南古厝木艺馆的立体茶生活空间设计。14 个独特空间，不同的主题，移步换景般再现了闽南古厝的历史风格。进门是下厅，靠墙而摆的闽南特色的老柜子，散发着时光的味道，两侧墙上有详细的闽南古厝的历史文化介绍。走进左大房，这个以展现闽南老式家具为主题的空间里，由大漆、木雕装饰的闽南古旧衣柜前，摆放着一张百年的老旧榉木八仙台，竹帘隔断，两侧独特的盆栽，尽显闽南老式家居及饮茶风格。

"很多人来到这里，不仅流连于这里的陈设，更乐意在这样的环境里喝茶。"罗志龙说，有一次，在闽南古厝木艺馆的曲水流茗空间举办了一场幕天文人茶会主题活动，获得了极大成功，美不胜收的现场，每个空间都重新赋予的内涵，让人们流连忘返。

茶饰不是生搬硬造，讲究的是和谐统一，内涵丰富。为了表现闽南古厝，出生于福建安溪的罗志龙无数次下乡采风，寻找灵感。为了展现闽南民居门匾上的姓氏文化，他更是向 80 多岁潜心研究闽南姓氏文化的徐天荣老人请教。"虽然这个茶生活立体空间只用了 36 天整合完成，但私下里的工作却是积累多年的。"罗志龙说。

让古船脱胎换骨

缘分总在不经意间，罗志龙走上茶配套器具的开发与经营之路，源于他与古船木的相遇。

2007 年，一直在做家具商场的罗志龙，由于一场火患，公司卖场付之一炬。就在这时，之前接触的一家茶馆买茶桌，一次性找他订了一大批茶艺家具，这让他重新找回了信心，并开始涉足古船木茶艺家具。

2009 年夏天，罗志龙到越南下龙湾的海边游览，发现当地的破旧船都废弃在海岸边，不仅浪费资源，还对环境造成污染。其间，他无意中看见一个敦厚的古船头。他想，船头支撑整条船，经与海的撞击后，重归平静，与自己的经历心境极其相似，顿感亲切的同时，他也相信，废弃的古船木脱胎换骨在茶空间中绽放新生命时，也一定会赢得一些人的钟爱。

罗志龙在品茶

每一件古船木家具都是有故事的，开发古船木茶艺家具成了罗志龙的重心。一品茶艺家具唤醒了沉睡在海底淤泥中的古船，历经拆卸、除钉、蒸煮、烘干，因材制宜，或大巧不工，或用传统工艺——榫卯结构，精心打造出造型独特的茶桌茶椅，惟妙惟肖的工艺茶具。一堆烂木头，就这样蜕变成了茶具，静坐品茶，船木上原本的伤痕、沟壑、孔洞、海水冲刷的痕迹，许多大大小小的铆钉洞，仿佛在诉说着古船经历的大海时光和船员们的喜怒哀乐。

"钉孔、虫洞、沧桑眼，经历大海几十年的浸泡和侵蚀，大自然的鬼斧神工造就出古船木坚韧耐磨，耐火防虫的独特品质……"为了把古船木茶艺家具介绍给更多人，罗志龙一气呵成写下这段"船木人生"的序言，"现代社会人们的审美日益疲劳，人们厌倦了钢筋水泥的气味，那些沉淀的细腻优雅的文化成了中国美学的自信，就像船木，需要用心体会繁华退却的韵味。"

把饮茶生活带回家

船木茶艺家具只是饮茶生活的一隅，如何让饮茶生活空间立体起来，让人更好地体会茶赋予人的精神内涵，同时实现立体饮茶空间的商业价值？

罗志龙的家乡安溪是铁观音的故乡，他从小深受当地茶文化的浸染。茶改变了家乡的面貌，改变了老乡的生活，能为茶文化以及茶产业的发展出一份力，正是罗志龙梦寐以求的。带着这样的使命和商业敏感，罗志龙想到，将生活元素融入饮茶空间里，打造"茶生活立体商业空间"这一茶界全新发展模式，让有限的空间不仅有良好的饮茶氛围，更能实现立体的经济效益。

以茶为载占地利，立体商业抢天时。2012年，位于福建安溪茶博汇的"茶生活体验馆"一经面市，就赢得不少拥趸。在这里，眼睛所见均可以出售，就连茶艺师身上的衣服，也可以当作商品复制同款出售。于是，每走进这里，人们大多不会空手而归，有想将某件饰品带回家的，有想复制整个空间的，这让罗志龙坚定了推广"茶生活立体商业空间"的信心。随后，他们又用此理念，在河南信阳打造了6000多平方米的茶配套文创商城，1600平方米的六大茶类体验馆，1360平方米的国际茶文化馆，如今，这些都已经成为涉茶旅游基地，引得无数人全面认识茶，爱上茶，也让更多的人了解到罗志龙的"茶生活立体商业空间"理念。

罗志龙说，"茶生活立体商业空间"是以茶文化生活为主题，打造商业活动场所的全方位视觉空间，如茶店、茶楼、茶馆、茶叶市场以及涉茶展馆等商业场所，让上述茶生活视觉空间每立方厘米都能够产生效益，让每件产品都能够变成商品。他举例说，比如一个投资洽谈会，可以把公益服务与商业品牌展示有机结合起来，充分利用各个公共展示厅、各主题展馆的空余位置，布设古船木茶家具，摆上茶瓯杯、茶食品等茶配套产品，并在部分边角不失时机嵌入茶装饰、茶挂饰，让各个展区更为得体、美观。

"方便众多与会人士品茗会友、交流互动的同时，更是展示了饮茶生活的魅力，可谓一举两得。"罗志龙说，"提供更多像这样的茶生活情景，倡导'茶生活立体商业空间'服务理念，让人们把饮茶生活带回家，是我们今后的发展方向。"

（原载于《人民政协报》2015年10月9日第11版）

共探中原茶器产业未来发展之路

文 / 徐金玉

"器为茶之父"，一语点破了器于茶的珍贵之处，而古往今来，对于茶器的探讨与研究，同样是行业内热议的话题。近日，在郑州茶博会期间，中国茶器论坛同期举办，来自各地的非遗传承人、茶人围绕"与古为新"中原茶器文化的传承与发展，共探中原茶器产业未来发展之路。

"器与茶密不可分，在各个时期都有体现。"河南省宋茶文化研究中心常务副会长兼秘书长丰智利介绍，明代许次纾《茶疏》记载，"茶滋于水，水籍乎器，汤成于火，四者相须，缺一则废"，器对茶的重要性不言而喻。"现在大家说'水为茶之母，器为茶之父'，这个定论是很高的，第一是基于实用价值的考量，如器对茶冲饮的效果、作用，对于茶叶内含成分浸出的影响等，但这只是基础，到一定境界以后，则将上升至茶器的美学欣赏。"丰智利说。

正因如此，茶器不仅要具有实用性，同样要注重其美学价值，在这方面，南宋茶器可谓是集大成者，至今其巧夺天工、追求意境的设计，仍为世人着迷，并由此衍生为对宋人风雅的向往之意。"当前，在宋朝古都开封，在河南乃至全国，有很多人都在追求宋人的生活方式，欣赏宋人的生活美学，宋风宋韵就像茶香一样弥漫我们身边。我相信这也将助力中原茶器的发展达到新的层次。"

"古今中外，不管是国际友人还是国内的文人墨客，都很热爱中国茶文化和瓷文化。这其中，汝瓷一定是浓墨重彩的一笔。"在现场，非物质文化遗产汝瓷烧制技艺传承人张艺博讲起了自己的一段从业故事。

当时在英国读硕士的他，总会被问起相同的问题：你是中国来的，你们家会做瓷器吗？你会功夫吗？你喝茶吗？"这些词汇，就像是我们身上的标签，也是我们文化自信的来源。尤其是我站在大英博物馆，看到那些流失海外的瓷器精品时，被深深触动了。这些最具特色的中国符号里，有历史积淀最悠久的优秀传统文化，要传承也要创新，正因如此，我有了一生事瓷的选择。"在张艺博看来，中原茶器要发展，可以以河南瓷为发力点，但当前河南瓷在推广过程中缺少话语权，河南瓷的话语体系并没有完全建立。"要让匠人们解决这个问题，仍是力量有限，我们要联合行业协会设立一个标准，去建立范围式的话语体系，先走出一步、实验一下，才有可能实现我们破圈的第一步。"

从制作到产品，从产品到生活，某品牌郑州区域副总经理高鸣序一直在致力于推广茶空间的打造，对瓷器的搭配很有研究。他建议人们可以从瓷器的设计感、材质、颜色、工艺能否与设计空间匹配或者融合等方面入手，看能否最终形成一个好的氛围，让来喝茶的顾客融入环境。"在设计感方面，瓷器与茶是我们的两大传统文化，我们需要通过设计，让中原茶器以新的形态呈现，让它更快地被大众接受，以便更好地弘扬传统文化。"高鸣序介绍，"在材质的选择上，健康需求是最基础的标准；在颜色方面，若茶室设计环境的整个色调偏灰与白，我们会选择天青或者白色色调的茶器；工艺上，我们首选手工制作，并根据茶室环境，进行有个性有特色的定制设计。"

（原载于《人民政协报》2021 年 5 月 14 日第 11 版）

迟到的中国铁壶——名士壶面世

文／纪娟丽

提到铁壶，人们大抵都会在其前面加上"日本"这一定语。不久前，一款典型中国风格的铁壶名士壶面世，不仅带来铁壶的中国式审美，更带给爱茶人茶事生活的另一种体验。

眼前这把壶，古朴的造型、光滑的壶身、与壶身连为一体的提梁，无不彰显着中国风格。由信言和心文化发展有限公司组织制壶名家与文化学者共同研发，铁壶制作名师程险峰铸造的这款名士壶，壶形设计充分考虑人体工程学与传统"失蜡法"制壶技艺的结合，完全放弃工业化设计，根据倒水时的壶身姿态与重心的变化，通过手工建模确定出了名士壶最佳的"动态对称"曲线，从而恢复并达到了古代高雅器物所要求的实用性与审美俱佳的艺术高度。

"壶的名称取自明代王问的《煮茶图》。"名士壶设计者之一胡建安介绍，名士取"明式"谐音，从《煮茶图》可以看出，该壶造型主要取自明代以前汉族权贵阶层、文人雅士在烹茶、煮水时所用的主流壶形。

"名士壶是中国铁壶代表性的作品，是我国铁壶铸造技术与我国传统器形的首次联合，是中国传统文化的展现。"程险峰专注铁壶制作10年，已多次在与日本制壶名师的技术交流中得到认可。由他铸造的铁壶，多次同日本老铁壶、国内新铁壶、常用304不锈钢电水壶、玻璃电磁煮水壶等煮水器进行过煮水效果对比，不论是通过参与人员盲评或是送国家专业水质检测部门检测，各种测评方法得出的结果显示，他所制作的铁壶明显具有软化水质、增强甜润度的作用。"掌握铸造技术之后，我一直期望能用中国的技艺铸造中国的铁壶，如今总算迈出了第一步。"

名士壶的诞生还得从两年前说起。

当时，胡建安来到中国五金之都浙江永康，那也是中国铁壶制造企业聚集之地。据了解，我国有铁壶制造企业（含作坊）30余家，其中有九成在永康。就是在那里，他遇到了铁器铸造锻造世家传人，"五峰堂""象鸣堂"当家人程险峰。在用程险峰制作的铁壶煮水比对时，胡建安一面感慨铁壶软化水质、增强甜润度的神奇效果时，也不经意吐露了心头的不平。

"我们有这么好的铸造技术，为什么做的都是日本铁壶的器形呢？"长久以来，胡建安看到，目前国内茶文化发展速度迅猛，茶馆聚会、茶艺表演、茶室品茗等场合中，茶文化与名茶佳器得到了充分的结合，传统文化中的陶瓷艺术、花艺、香道、琴棋书画等都得到充分展现，唯有煮水器成了反差极大的弱项。泱泱文化大国，煮水器往往是不锈钢电水壶或玻璃壶，虽有所谓高级场合煮水用的是传统铁器，也绝大部分是日本出产或仿造日本器形的国产山寨壶。"这显然与我们的文化元素有失协调，不仅是我们传统文化载体的缺失，也是中国传统铸造技艺的缺失。"

胡建安的不平正合了程险峰的心意。他说，中国的煮水铁器釜随着茶文化传入日本，经改良之后出现了铁壶，至今，日本制作铁壶已有数百年历史。而在我国，由于种种原因，铁壶制作已断代多年，这实在是一大憾事。于是，两人一拍即合，历时两年之后，近代第一把中国铁壶名士壶面世。

轻启壶盖，往名士壶中注入清水，备好茶器，静静等待一壶水苏醒、沸腾，然后将沸水注入干茶中，在茶杯沸水叫醒重生之后，细品好茶与好水的融合。在中国茶与中国器的相得益彰中，感受中华文化之美。

这一场由中国铁壶带来的完美茶事，不少茶人已经期待了很久。"中国铁壶"的概念是针对在目前市场上占绝大比例的日本铁壶或日本风格铁壶而言的。目前市场上销售的铁壶主要有三种：一是日本原产老铁壶；二是日本新铁壶，主要产自中国，贴牌为日本铁壶；三是中国产的日本风格铁壶或简单臆造的无风格煮水铁壶。"我一直有一种感觉，这些铁壶与我国的茶事生活，始终有点不太和谐。"胡建安说，名士壶通过文化溯源，完全放弃了对日本铁壶的模仿，实现了纯中国风格再现，希望能让我国的茶事生活更完美。

（原载于《人民政协报》2018年2月9日第11版）

茶叶"青年说"

记者／徐金玉

"去星巴克喝过咖啡吗？"20多年前，一位到访中国社科院的外国友人，曾这样问院里的年轻博士。听到答案后，他调侃道："还没去过？那你已经OUT了！"

说者无心，听者有意。一句看似普通的提问，却让在场的中国社科院原茶产业发展研究中心主任陆尧有些触动：咖啡这一饮品已然贴上时尚标签，同为世界三大饮料的茶叶，何时也能如此呢？

"现在我可以这样说，如果在国内的外国朋友没有喝过中国茶，或者没有去过老舍茶馆、私聊茶社等星级茶馆品茶，也是OUT了！"他笑道，古老的茶叶，正带着底蕴深厚的历史、人文优势，与健康元素、时尚元素结合，走进年轻人的视野。

近日，他在中国社科院大学与学校社团兰亭茶社的年轻人进行交流时，就有这样的体会。"这些年轻人覆盖了本科生、硕士生、博士生，他们中越来越多的人每天的生活已离不开茶。"陆尧说，"据我了解，目前北京已有9所大学由学生自发组织茶社团，这体现出年轻人对茶文化的热情、对茶叶消费的认可，也体现出茶叶企业开拓年轻人市场的尝试与成效。"

陆尧多次路过北京王府井的吴裕泰茶叶店时，都能看到等待品尝茶冰淇淋的消费者排着长队。这几款茶冰淇淋将清新的抹茶口感与牛奶、奶油结合，迅速"攻陷"了年轻人的味蕾。甚至寒冬11月，仍有人经不住这份美味的诱惑。

"一方面，传统的茶企开始推出茶冰淇淋、茶巧克力、花草茶、水果茶等新品；另一方面，茶啡茶、奈雪的茶、喜茶等网红奶茶店爆红亮相，以高品质的原料、锐意创新的口感、舒适精致的空间，在茶与时尚中架起桥梁，降低了年轻人接触优质茶的门槛，拉近了他们与茶的距离。"陆尧说。

美团点评两年内的现制饮品品牌热搜 TOP10 数据也证实了这一点。该数据报告显示，茶饮品牌地位提升迅速。2017 年现制饮品品牌热搜 TOP10 中有 3 个咖啡品牌，分别为星巴克、漫咖啡和上岛咖啡。但是 2018 年 TOP10 中仅剩星巴克一家咖啡门店品牌，反而出现了喜茶、贡茶、奈雪的茶、皇茶等茶饮品牌。

越来越多的年轻人加入茶叶消费大军，令陆尧倍感欣慰。他还为年轻茶人，尤其是大学师生推荐了一份"饮茶时间表"："如果喜欢清饮，建议上午喝绿茶，提神醒脑，上课状态好；下午品饮白茶、红茶、青茶、黄茶等其他茶类，增强免疫力；晚上则要喝一点咖啡碱较少的茶，例如黑茶等，不会妨碍睡眠。那些常年写板书的老师，也要多饮茶、坚持饮茶，因为茶叶有润肺的效果。"陆尧说，"喝茶因人而异，要根据职业、季节、时段的不同，选择适合自己的茶饮。希望年轻人在考虑自身偏好、经济能力的同时，理性消费、科学饮茶，收获健康和快乐。"

同时，他也对那些因为喜欢茶而跨界进入茶行的年轻人表示欢迎，"喜欢就是动力。只要喜欢茶，就会多一份健康，多一份就业的选择。"陆尧说。

（原载于《人民政协报》2019 年 5 月 10 日第 11 版）

茶趣篇

爱它　就喝透它

文 / 李寅峰

元旦假期，前两日顿顿大快朵颐而又闭门不出，第三日，已经明显感觉得到身体沉坠起来，随之情绪也沉坠下来。

早饭刚过不久，中午便临近，午餐真正成为负担。不如少吃一顿，好好喝杯茶吧！这话一出，举家欢呼。看来，不止我一人会为一顿饭而发愁。

如此隆重的决定，需要好茶来支撑。一小袋雪藏已久的老枞水仙，成为杯中尤物。

茶人之间分享好茶时，常常更热衷于说起此茶的产地、年份以及茶叶本身的一些特质。我这伪茶人，多半还属于文人行列，所以，我喝茶，常常更痴迷于感觉，比如某次品某款茶时的环境、语境，以及在这其中带来的心境的触动。选这款水仙茶，也是想起来第一次认识水仙茶的经历。

那时候，对乌龙茶了解并不成系统。当福建的朋友送了我一小饼漳平水仙茶时，我真有些诧异。乌龙茶居然还有紧压茶！与其他边销紧压茶不同的是，这泡水仙明显看起来更精致、温婉，半指见方的小茶饼被一张薄

笔者的梧桐叶茶席

的毛边纸古朴地包着，打开后将其放在掌心，犹如一颗雕花的黄绿色宝石。

一个独自在报社熬稿的夜晚，遭遇恼人的雾霾天。灵感和空气一样混沌起来。想起来背包中揣了很久的那泡茶，迫不及待地找出一个简易的飘逸杯投放进去。瞬间，令人神清气爽的茶香冲出茶杯，飘散在夜色笼罩的办公桌周围。呷一口，醇爽细润、鲜灵活泼的口感非常明显，满口的味蕾仿佛都在混沌中瞬间苏醒了。一杯接一杯，我几乎着迷一般，喝得酣畅淋漓。口腔里都是茶香，满身微汗舒爽，冷清的办公桌仿佛都冒起热气儿。

我清楚地记着，完成工作发送邮件前，打开邮箱，屏幕上跳出来这样一句话：唯美此夜色，独爱这生活。

真的是喝透了。从此，我对水仙茶念念不忘。

但懂茶的朋友都明白，眼下我拿出的这款老枞水仙和漳平水仙全然不同。它归属于闽北乌龙。武夷山得天独厚的自然环境、深远厚重的茶产业和茶文化，诞生了诸多茶叶界的珍品，老枞水仙便是其一。或许是由于树老量少，它被称为武夷岩茶中之望族。

念于同样的"水仙"二字，更念于分享好茶的同一位朋友，在我郑重地想好好喝一杯茶时，不由得想到了这款。我这位朋友并不是事茶之人，却是个茶痴。相熟十几年来，但凡相遇，总会拿出好茶分享。现冲现泡，迫不及待地让我闻香、品汤，然后一言不发，笑着看我，等待我这伪茶人的点评。若说出一二，朋友便"得意洋洋"，若有多的，必现场赠予我一二泡。当然，偶尔机会合适，我也会毫不留情地"偷"走些许，或许神不知鬼不觉吧。

言归正传，说说眼前的这一泡老枞水仙。

烫杯后，放入干茶，盖碗的余温瞬间将干茶馥郁的香气蒸蕴出来。加盖摇动，清脆的茶瓷交响悦耳动听。沸水注入盖碗，顺着水柱便升腾起来浓郁而特有的茶香……

端坐在这里，一泡又一泡，不急不缓、按部就班地实践着工夫茶，不禁感慨，传统的工夫茶，真的是经验凝结出来的好传统。每一步骤用心去品，都是一种无法名状的享受。

看这茶汤，深橙而又明亮，如深秋暖暖的晚霞；观其叶底，肥壮而有弹性，绿褐油润而带宝色；不用说了，茶入口，更是浓醇厚重、顺滑甘爽。

窗外，严冬寒风正冷，屋内，却是茶暖微醺。前几泡花香浓，后几泡枞味正，不知不觉十余泡了，眼前的这杯茶，依然回甘不减、满口生津。

看对面小儿，额头和鼻尖已有细密的汗点，双眸明亮，双颊红润。嗯，喝透了。

想想这些年的伪茶人之旅，多数时间是在奔波忙碌中度过，交了一些茶友，遇到不少好茶，真正喝透的机会却很少。有一次有幸采访一位制茶大师，采访完成后，感念于遇到懂茶的记者，大师欣然拿出一泡好茶，一定要现场泡给我们喝。但喝茶时，我们却开始研讨文章的构成，或讨论着接下来的行程。大师有些失望地说，喝茶，要好好地喝，不要说别的事儿，那才能喝透。我们瞬间惭愧不已，感觉特别对不起那泡好茶。

不由得想到，快节奏的生活中，安静下来喝杯茶对很多人来说也该是刚需。

新年都在立 flag，不妨如此约定：至少每个周末，都坐下来和家人喝一次茶，而且一定要喝透。

喝透了，静心，也敬茶。

（原载于《人民政协报》2021 年 1 月 8 日第 11 版）

茶在对你说

文／纪娟丽

玻璃杯中，是一杯绿茶。

它摇曳着翠绿的嫩芽，散发出扑鼻的清香，是想告诉你：啜饮这杯茶，苦涩鲜甜是它最大的特点，入口虽有微苦涩感，但很快转为浓烈、醇爽等滋味。品鉴它，应以浓、醇、鲜、甜为好，淡、苦、粗、涩为差。

白瓷盖碗中，是一泡青茶（乌龙茶）。

它紧实的身体正在沸水中舒展，乌龙茶特有的高香早已弥漫开来，是想告诉你：乌龙茶特有的摇青工艺，造就了它"绿叶红镶边"的身姿，如琥珀般的汤色，以花果香、焙火香等高香为主的香气。品饮这杯茶，香气以馥郁幽长为佳，滋味则以醇厚、灵活、持久为好。

紫砂壶里，是一泡陈年普洱茶熟茶。

沸水正叫醒它经年的沉睡，它苏醒着慢慢伸展，是想告诉你：很多年了，它在岁月中慢慢发酵，将青年的热烈与偏执收起，只为等待你鉴赏它在岁月历练下的陈香，甘滑、醇厚、活顺。

……

摆在你面前的这杯茶，它的外形、香气、汤色、滋味中包含着丰富的信息，读懂这些信息，会让你的品饮体验更加丰富。

一片茶树鲜叶，在人类智慧的结晶下，依据不同的加工工艺，制作出我国的六大茶类：白茶、绿茶、黄茶、青茶、红茶、黑茶。因工艺的不同，六大茶类也呈现出不同的品质特征。如何更好地读懂不同茶类的信息，这里从工艺与品质特征两方面，与大家分享"12字诀"。

绿茶工艺重在"炒"，品质特征突出一个"清"字。绿茶要炒，专业术语叫作杀青。鲜叶下锅炒制，停止了发酵，保留茶叶中的叶绿素。这一方面让绿茶呈现翠绿的外观，另一方面经过炒制以后，鲜叶中原本的青草味散去，形成绿茶特有的清香和清新、清爽的口感。

黄茶工艺重在"闷"，品质特征突出一个"醇"字。黄茶的制作与绿茶很相似，但多了闷黄工艺。制成的茶颜色"黄汤黄叶"，带有闷制过的熟香，味道比绿茶少了一丝鲜，多了一丝醇。基于这样的特点，黄茶的茶性相对平和。

青茶工艺重在"摇"，品质特征突出一个"香"字。青茶的半发酵，依赖于摇青工艺。叶片在竹筛里摇晃碰撞发酵，形成青茶"七分绿三分红"的特点。同时，茶叶的青气渐渐散去，花香逐渐显现。在青茶制作过程中，正是通过反复摇青，让叶片里的水分重新分布，激发出特有的花果香。

红茶工艺重在"揉"，品质特征突出一个"温"字。红茶是全发酵茶，经过揉捻，茶叶的细胞和组织破损，茶汁溢出，酶与茶中的内含物质充分接触。其他茶类也有揉捻工序，但主要以整理茶叶形状、使茶汁溢出便于浸泡为目的。因为是全发酵茶，红茶性温，苦涩味的茶多酚被氧化，产生了更多柔和的物质，口感鲜甜。

白茶工艺重在"晒"，品质特征突出一个"简"字。制作白茶不炒不揉，主要通过晾晒，是六大茶类中程序最少的一种，但并不简单。日光强度、温度、摊放的厚薄都需要谨慎把握。在晾晒过程中，白茶微微发酵，产生淡淡的花香和纯净的甜味，还有日晒的香气。简单的工艺，白毫银针上满披的白毫，加上自然的鲜甜和阳光的味道，给人简朴自然的感觉。

黑茶工艺重在"堆"，品质特征突出一个"陈"字。与其他茶类不同，黑茶制作中有道渥堆发酵工序，发酵中需要微生物的参与，也有别于其他茶类的酶促发酵，因此黑茶的色、香、味别具一格。因为是后发酵，黑茶在后期的陈放中还能继续发生奇妙的变化，呈现出越陈越香的特点。

"12字诀"只是皮毛，希望你更多地了解茶，读懂它正对你说的话。

（原载于《人民政协报》2020年9月25日第11版）

没泡茶馆，别说你去过拉萨

记者／李寅峰

几年前去西藏采风，在拉萨住了三日。说来奇怪，相比于古老的布达拉宫、大昭寺，热闹的八廓街，幽静的罗布林卡，茶馆竟是我拉萨之行最深的记忆。随便走进一家茶馆，坐下来，喝一下午的茶，和身着藏袍的当地茶客们聊着、笑着，那才是最拉萨的生活。

所以，至今我依然固执地认为，没泡过茶馆，别说去过拉萨。

我们去的第一家茶馆，是位于八廓街丹杰林路的光明港琼甜茶馆。这个茶馆成立于 1965 年，至今已走过半个多世纪的时光，是拉萨一个标志性的老茶馆。外观来说，光明港琼甜茶馆并无特殊之处，藏式商铺的门脸，敞开的大门上挂着平凡的木制招牌。据说，由于简陋，当地百姓戏称之为"纸盒子里的茶馆"。

但走进门来才知，原来，"简陋"也可以带来"豪华"而壮阔的震撼。我们到达时正值午后，斜过窗棂的阳光并不强烈，反倒让大堂有些明暗交错，甚至有些许幽暗。数根粗壮的大柱子又把大堂进行了分隔，绕着柱子，四周望去，摆满了低矮的长条桌椅，以及围坐在桌边多有高原黝黑肤色的茶客。品啜之间，他们以自己的语言形态各异地交流着，有的相互赏玩着琳琅缤纷的饰品，有的还在玩着棋牌游戏。鼎沸的烟火之气在穿透窗棂的光线中升蕴着。

正当茫然无措、无处下脚之时，几位落座一侧的藏族大哥带着憨憨的笑容试探性地招呼我们过去坐——他们旁边，刚巧空出来几个座位。一座难求的场景中，这种邀请简直就是雪中送炭。待我们坐下后，坐得最近的大哥以僵硬的汉语夹着手势指点我们去角落里的一个桌子上取玻璃杯，放在面前。阿佳（倒茶的服务员姐姐）便拎着茶壶走了过来。几番交流，终于明白，每杯茶 7 角钱，只需把钱放到桌子中间，阿佳就会前来倒茶，并迅速地从围裙前面的口袋中自动找零。杯子空了，阿佳会再次前来倒茶、找零。她的职业目光，随时会扫到偌大茶堂中每位茶客的茶杯，以及桌子中间的零钱。

招呼我们坐下的大哥们好奇地看着我们的装束，简短地问着"从哪儿来""到哪儿去"，当得知我们来自北京，不由得露出惊喜而热情的目光："北京！好！"

当我们询问起旁边茶客们热烈讨论的内容，大哥说，"他们在吹牛"；而当我们夸赞这杯中甜茶的美味，大哥指着他身边的夫人说，"不如她煮的好喝"。瞬间，满桌人忍俊不禁。

零零散散的交流中，我们更加熟悉了这家茶馆的前世今生。大哥说，他家的老人前些年就会天天来这里喝茶，如今他也是一样的。如果有空，一定会来喝几杯茶。无论约朋友家人，还是自己来，到了茶馆，都是亲切而随意的。对于拉萨的老居民，这样的生活很是习惯。

难怪游走在拉萨，随处可见茶馆，其密度，怕是不逊于任何一个茶产区省份的省会城市。看到我们对茶馆感兴趣，大哥的夫人向我们推荐，如果感觉光明港琼甜茶馆吵闹，可以去仓姑寺茶馆喝茶。那是一座尼姑寺院，煮茶和服务的都是寺里的觉姆（出家女性），茶客也以藏族妇女居多。这自然引起了我们强烈的好奇，第二天下午，便循迹而去，果真，又看到完全不同韵味的一座茶馆。

据说仓姑寺最早起源于松赞干布修行过的一个地洞，正式建寺大约也有四五百年的历史了。不知何时起，为了减轻经济负担，实现自给自足，寺院开起来茶馆。一边是烧水煮茶、世俗营生，一边是清修静念、佛门智慧，仓姑寺茶馆从时光中走来，带着独一无二的气质——清净、安宁却不缺烟火和温暖。放眼望去，三三两两的藏族女茶客散坐在半露天的茶座上，也会有为数不多的本地男性茶客以及外地旅人，喝着一样的茶，聊着一样的茶话，丝毫不违和。一侧，就是仓姑寺的围墙，里面偶尔传来诵经声。

与光明琼港甜茶馆的不同之处，除了没有烟草味儿、棋牌声外，仓姑寺茶馆茶的品类也多了酥油茶和清茶。而且，这里的茶以不同磅计的暖壶为单位出售，去窗口点好、付费，就可以拎着暖壶和杯子寻找茶位坐下来，自己服务，倒也宁静。

也会有人为你倒茶，那一定是邻桌的茶客——看到你杯子空了，会微笑地一手用他的壶为你续满，一手掌心向上颔首示意"请用茶"。一下午，邻桌换了两轮，但相互斟茶的情况，却一再呈现。可见，这不是偶遇，而是常态。对于习惯了冷气十足的都市生活的我们，这种友好、温情的拉萨茶馆记忆，真是感动了很久，也必将不能忘记。

以上两个茶馆，最大的招牌都是甜茶。茶料都是红茶，这让好茶的我们都有些诧异。原来只知道藏族同胞最有代表性的茶饮是以黑茶为原料的酥油茶，没想到在拉萨，大街小巷有诸多以红茶为原料的甜茶馆。想来是受喜马拉雅山南侧印度、尼泊尔等国的影响，这甜茶的用料、制作方法、口感中，多少有些英式下午茶的影子。

后来，倒是去了几家地道的藏餐馆，更兼顾了酥油茶馆的功能。特别是早餐时，前来就餐的当地居民多会先点一壶酥油茶，佐以早餐，缓缓等着门外高原的阳光热烈起来。难怪说，藏族同胞的早晨，是从一碗酥油茶开始的。晚餐时，藏餐馆中的酥油茶，也是必点的饮品。大快朵颐了肉类美食，几碗酥油茶喝下去，油腻顿消，又是一个欢畅的夜晚。

记得十几年前采访时任云南省人大常委会副主任的全国政协委员、藏族作家丹增先生，他对我说，在他的家乡西藏，茶是血，是命；来源于汉地的茶，融合了藏民族的民俗文化，已经深深扎根于藏族人的生活。在西藏，糌粑、酥油、牛羊肉和茶叶是饮食的四要素，也是生活的四要素。

在拉萨的三日，我们真实而生动地体会到这些话的内涵。

所以，回来后，从拉萨茶馆里和藏族大哥学来的一句"吹牛"的话，我经常对身边的朋友说起：如果没有泡过茶馆，最好别说你去过了拉萨。

（原载于《人民政协报》2021 年 9 月 3 日第 11 版）

古丽的大碗玫瑰红茶：
很新疆，很香

文／李寅峰

从北京的家中出发是早上，抵达克拉玛依的酒店已是夜晚。入住后，散步至附近的街道，一家挂着"拉条子"招牌的小餐馆引起我的兴趣，门口两位维吾尔族帅小伙烤羊肉串的香味儿更诱惑着我的味蕾，不用说，这是正宗的新疆味道了。但我不曾想到，这家餐馆更让我难忘的，却是那碗玫瑰红茶——很新疆，很香。

大碗的玫瑰红茶，是在我刚刚落座后，一位被唤作"古丽"的维吾尔族姑娘端过来的。

"喝茶。"古丽的汉语明显略僵，但笑容却非常柔美。此时，新疆特有的晚10点的夕阳，正穿窗而过把霞光映在她的脸上，特别美。我有些看呆时，古丽轻置于我面前的那碗茶，把浓郁的玫瑰花香夹杂着红茶的蒸汽扑鼻送来。

新疆的大碗茶！婉约的玫瑰红茶居然豪爽地以大碗盛放！对于暑热中奔波而来的口干舌燥的人，这简直就是"久旱逢甘露"。

玫瑰红茶

我朝古丽笑着致谢，迫不及待地端碗啜饮了一口，甚至来不及吹散茶汤上漂浮的尚未湿透的玫瑰花碎片。

"好香呀！"从唇到喉，瞬间都润了起来，香气立即在口腔中溢满。我一时居然找不到合适的词语来形容这茶的口感——玫瑰花香有些浓却不烈，茶香有些清却不淡，二者结合在一起，似有蜜之香、果之甜，又有原生的花香、茶韵，真是妙不可言。特别解渴，也特别过瘾的感觉。

"太好喝了！这是哪里产的茶？"我轻声问古丽。看出我对这碗茶感兴趣，她更加笑了。但她对汉语的表达仿佛有限，边说"我们新疆"，边点头比画着，后来，干脆回到吧台拿来一大袋玫瑰红茶的干茶让我看。

原来，这是他们餐馆免费提供给客人的茶饮，散装的大包装上，简单地印着汉字"玫瑰红茶"，然后就是维吾尔文字了。

"哦，好茶！"我笑着向古丽点赞，她再次回以微笑转身去忙了。我更加专注于在这碗茶的陪伴下，静候着拉条子和羊肉串的到来。

大碗中，最上层的茶汤颜色略浅，味道非常清爽。因为碗口大，散热也快，喝起来很解渴，也很好入口。慢慢地，就着夕阳品着茶，差不多三分之一碗下肚，嘴巴已经不那么干。

待喝入中层，味道渐浓起来，花香和茶香冲击着味觉，由浅至深的满足感非常明显。而且半碗过后，渴意基本缓解，自然而然把关注度分给了品香环节。嗯，这花香，有些像清淡的香水，甜而不腻，艳而不俗；茶香中，似因玫瑰的拼配激活了茶叶更深层的花香，也似有传统红茶特有的薯香。

到了碗底，虽然茶汤更浓，但是水位的降低让茶底和花瓣清晰明了——原来，这茶叶仅是粗制，花瓣也算零碎，在这大碗中泡制，却呈现出这样可口而美好的玫瑰红茶！

再后来，在吃拉条子和羊肉串时，古丽又为我端来一碗茶佐餐。搭配着肉食，玫瑰红茶显然发挥了解腻、消食的作用。

30多块钱的一顿晚饭，不可不说茶足饭饱。

初进门时，还为这个小餐馆以大碗盛放玫瑰红茶感到可惜，离开时便觉，这茶，只该用大碗。散热的速度非常适合对红茶与花瓣的冲泡，不焖不欠，火候正好。而大碗饮用，自然与克拉玛依干燥的气候条件相符，与食客口干解渴、佐餐解腻的需求高度吻合。

第二天，在另外一家高端一些的餐馆就餐，也尝到了玫瑰花茶。他们是用一套精致的茶壶茶杯组成的茶具冲泡的，但喝起来，显然比大碗冲泡逊色很多。第一杯尚好，第二杯过后，粗制红茶就被有盖的茶壶焖坏，入口既涩且苦，玫瑰花香也显得陈腐了。

想来被誉为"沙漠香魂"的新疆和田玫瑰，盛产于塔克拉玛干沙漠边缘，纳高原阳光，饮昆仑雪水，生来就不该是温室中的娇儿。这样的花儿，和怕焖的红茶一起焖在茶壶中，怎能好喝？还是当地民族特色的敞口大碗更符合玫瑰红茶的气质吧！

离开克拉玛依前，忍不住再一次去古丽的店里就餐，古丽一如既往地笑着端来一大碗玫瑰红茶，我一如既往地品着，突然感觉到，这大碗玫瑰红茶不可名状的香味，像极了古丽的笑容——很新疆，很香。

后来我才知道，"古丽"在维吾尔语中，就是"花儿"的意思。

（原载于《人民政协报》2022 年 8 月 5 日第 11 版）

无茶不青海

文／纪娟丽

天上的礼品甘露为首，人间的礼品茶香第一。这句民谚，不是流传在我国茶叶的主产区，而是在不产茶的青海。

青海与茶，到底有着怎样的渊源与情愫？日前，记者走进青海，从博物馆、茶餐厅到青海人家，从悠久的茶马古道，独特的熬茶、八宝茶到越来越丰富多元的饮茶习惯，在这里，发现一个深深根植于当地人生活与血脉里的茶生活。

茶没盐，水一般

抵达青海的第一餐，是在一家地道的清真餐厅。手抓羊肉端上桌，忍不住一阵大快朵颐，三两块下肚之后，手边的一杯茶正中心怀：这杯茶不同往日之饮，却滑爽厚重，明显的咸味下，还有极复杂的口感，畅快地喝下一杯，正好带走享受美味之后的油腻感。

带我们来这里的，正是一位土生土长的青海大叔，名叫杨林，眼前的这种茶，他已经喝了50多年了。"这叫熬茶，我从小喝到大，从早喝到晚。"他说，以前在乡下，土灶上、煤炉边，总是常年温着热茶，吃完羊肉喝一杯，客人来了敬一杯。

在青海，流传着"茶没盐，水一般"的说法，指的正是熬茶。据说，这种说法来源于当地的一则《茶盐故事》。故事讲一对恋人，活着的时候不能相聚，死后分别化为盐与茶，人们煮茶时，在茶里加入盐，就能使这对恋人朝朝暮暮常相聚合。

"青海人不仅喝茶，不管男女老幼，大多会煮熬茶。"杨林说，熬茶是用湖南益阳的青砖茶，加上花椒、生姜、胡椒、盐等熬煮而成的，不同地方、不同人的口味略有差异。青海高原寒冷，加之居民饮食结构以牛羊肉为主，因此自古养成了喝熬茶助消化、补充维生素的生活习惯。

如今，已经在西宁生活的杨林在家中很少做熬茶，原因是熬茶"不方便"，但茶没有一天离开过他。随手的杯子里，他最近习惯泡饮红茶。闲暇时，他还会约几个朋友去茶餐厅喝茶聊天。偶有周末，杨林还会同亲戚朋友来到位于西宁近郊的"茶园"消闲。

"茶园"满目翠绿，让人忘了是在高原。然而，苍翠中却并不见茶树，这便是青海"茶园"的特色。在青海，"茶园"其实是指农家乐，通常是在自然环境比较好的地方，可以消闲玩乐，可以听听地方曲艺，但茶是必须有的。有时候到"茶园"，见服务员忙着，杨林会自己走到炉火旁，熟练地拿起水壶，盛水熬茶，如在自家一般。碰到哪家的熬茶不太合口味，他会叫上老板指点一二。"熬茶得喝对味儿，从小到大记忆中就是那个味儿。"

落地生根茶餐厅

青海的八宝茶

在西宁城市穿行，不时闪入眼睛里的茶餐厅是一道特别的风景。但不免心中纳闷，风行粤港澳的茶餐厅怎么跨越千里，在青海高原风靡起来了？

走进其中一家，想要探究一番。青海东关清真大寺附近，是回族同胞聚居区，伊馨阁茶餐就在这一区域。走进餐厅，戴着头巾的回族姑娘热情地领座。"请问你们是喝茶，还是用餐？"想来这家茶餐是既可喝茶小座，又可以吃地方特色餐饮的地方了。

"有什么特色的茶吗？"

"我们这里全国各地的茶都有，但最有特色的就是八宝茶。"

对回族八宝茶，记者并不陌生，早在甘肃采访时便品尝过，又名"三泡台茶"。那么，这里的八宝茶特色在哪儿呢？等姑娘端着高高码起的"碗子"，答案就在眼前了。当地人称的"碗子"，是盖碗，上面码放着"八宝"，用塑料袋与盖碗密封在一起。姑娘拆开一个，里面有绿茶、核桃、红枣、枸杞、桂圆等八种，只见她娴熟地将密封好的茶叶取出，倒入盖碗，再将核桃取出，去壳，也放进去……都放好之后，注入开水，盖上盖子，就可以在逐渐浓郁的茶香中等待这碗独特的茶了。

端起盖碗，轻拂碗盖，抿上一口，既有茶的芳香，又有八宝的清甜，带着浓郁的地方特色。姑娘说，这款八宝茶所有的原料都是店主精心挑选搭配的，在茶餐厅卖得很好。

对于西宁的茶餐厅现象，青海茶文化促进会会长勉卫忠告诉记者，台湾茶餐厅品牌花之林初到大陆推广时，先去了福建、浙江等主要产茶区，效果都不好。2010 年前后，花之林来到青海，不想很快扎下根来，先后开了数家。此后，青海当地人也纷纷效仿，茶餐如雨后春笋般扎根在西宁这块茶消费的神奇土壤上。

分析茶餐迅猛发展的原因，勉卫忠认为：一是青海不产茶，又是移民城市，因此对茶的消费具有包容性；二是青海人习惯与茶为伴的慢生活，夏天去"茶园"是普遍现象，但高寒的自然环境让夏季以外的时间去"茶园"变得不现实，茶餐的出现正好弥补了"茶园"季节性的缺陷。

无茶不青海

青海不产茶，但行在青海，茶却无处不在。

在青海省博物馆，讲解员指着"茶马互市"的复原画面说，茶马古道，青海是重要的一站；去青海正遇开斋节，车行路上，不时看到摩托车后座上放着的八宝茶礼盒，那是回族百姓之间节日的祝福；去超市，砖茶摆在最显眼的销售区域；去餐厅，一杯热茶是最质朴的问候……

"在青海，茶叶渗透在百姓生活的点点滴滴中——茶叶是礼节、茶叶是友谊、茶叶是生活、茶叶是生命。"作为青海人,勉卫忠自小与茶为伴,后在京求学多年,也常去北京茶叶一条街马连道打工,始终与茶保持着紧密联系。做博士论文时,研究民间商贸的勉卫忠有一个惊人的发现:在我国近代历史上,青海对于茶的消费曾排名全国第一。

这不仅让勉卫忠震惊,更让他意识到茶对于青海人的重要性。回到青海工作后,他开始联合当地茶业界人士和爱茶人,于2012年成立了青海茶文化促进会。

勉卫忠告诉记者,关于青海茶的历史,青海民族大学民俗文化学教授唐仲山曾做过专门研究。唐仲山曾撰文写道,茶叶产于内地,具有助消化、解油腻、提神醒脑等功能。世居青藏高原的藏族及先民肉食乳饮之生活习惯,使茶成为他们不可或缺的生活必需品。同时,西北高寒草原盛产战马,故"自唐世回纥入贡,以马易茶"以后,产生了由封建王朝专营的茶马互市。唐开元十九年(731年)在赤岭(今日月山)设置互市,是青海境内茶马互市的最早记载。北宋时青海茶马贸易得到进一步发展;元朝茶叶在互市中占据主导地位;明代设置有西宁茶马司;清初虽官方茶马贸易机构撤销,民间茶马贸易往来仍然持续。

斗转星移,历史更迭,青海人对茶的热爱却始终如一。如今在西宁,茶店四处可见,曾经的茶马司管理机构成为历史,茶却在这块神奇的土地上绽放着光芒。勉卫忠说,作为生活必需品,茶在青海各民族各地区的饮用方式不尽相同,如熬茶、奶茶、酥油茶、八宝茶等不一而足,现在,人们对于茶叶的选择更是呈现出多元化和追求品质的特点,但人们对茶的感情是一致的。正是这种热爱,创造了青海独特的茶文化。为了更好地挖掘和传播青海茶文化,青海茶文化促进会成立以来,举办了多场茶文化研讨交流活动。"我们以'茶通八雅'为主题,希望宣传青海茶文化,让人们了解,青海虽然偏远,但青海人爱茶。也希望以茶为主题,倡导人们回归自然、雅致的生活。"

(原载于《人民政协报》2016年7月22日第11版)

景迈茶香

文 / 李寅峰

前日清理茶室，无意中发现沉睡在茶柜一角的一大包普洱散茶。用最简单的塑料密封袋装着，塞得满满的，像一个干硬的靠枕。看这样子，应该被遗忘了许久。

"还要吗？"负责清理此柜的姑娘问道。边问，边有随手丢掉的意味。这倒让我一愣。

难怪她问——隔着密封袋，闻不到丝毫茶香；里面黑黑的条索粗细长短不一，甚至有些已经断掉了。粗放的包装，粗放的加工，再加上粗放的存储，对于纵览天下好茶的我们来说，这茶就如山野的枯草，太不起眼了。

但是，我却迅速地回忆起这包茶的来历，以及由这包茶带来的美好记忆。"这怎么能扔了呢？当然要了！你忘记景迈山颠簸的采访车中陪了咱一路的茶香了吗！？"

姑娘恍然大悟，我更如临其境。

几年前，我们赴云南普洱采访。在景迈山顶的寨子里，偶遇了一位拣茶的布朗族大姐。虽是冬季，午后的阳光正好照射在吊桥楼前的空地上，身着半旧民族服饰的她就端坐在那里，慢慢地、一根一根地挑拣着茶叶。周围，安放着几个竹编的大笸箩，分别置放挑好的不同等级的茶叶。"彩云之南"的柔和阳光，茶叶落处沙沙的声响，一切都那么自然而静谧。准备在房前穿过的我们，不由得放慢了脚步。

这时，大姐抬起头看了过来，憨憨地笑了，算是打了招呼。我们靠近了蹲在一旁，随意地与她聊起来。她介绍说，这些茶都是自己家的古茶树上采摘的，她分拣出来卖给前来收茶的茶商，或者是过往的游客。

"今年的茶不好卖，也卖不上价钱……"说这话时，她也是憨憨地笑着。

"正巧我要买茶，您给我拿一包吧。"我指着她背后架子上已经装好的茶。

"这是好的茶，要贵一点，100块一包。"大姐好像有些不好意思的样子。

这么大一包100块！见识过诸多天价普洱茶的我们，不免都有些诧异。

"我要两包！"我掏出手机，准备微信支付，大姐又憨憨地笑了，讪讪地说着"不会用手机"。

待我递给了她现金准备离开时，大姐突然喊住了我们，扭头拿出一包拣好的黄片茶，一定要送给我。待走出几步，她又追了上来，手里递过来一把香蕉，说是家里自产的，坚持让我带走……

后来，采访车在普洱的山间公路又颠簸了几天，从大姐家买来的茶以及她送的黄片茶在后备箱随着颠簸，居然香味都摇了出来，让我们一路都在茶香中，并乐在其中。大姐憨憨的笑容也一直挥之不去。

回到北京后，大姐赠送的黄片茶煮着喝了很多次。茶虽然粗制，但没想到却是茶汤清冽，回甘持久，颇有高原阳光的感觉。而真正从大姐手里买来的两袋好茶，一袋送给了朋友，另外这一袋，在快节奏的都市生活中被快速地忘记了，乃至在这里沉睡了几年。如果不清理茶室，怕还是要继续沉睡下去了。

打开袋子，封闭许久的茶香蜂拥而出。抓出些许，泡入盖碗，居然又是另外一种惊喜——厚而爽的口感，清而香的嗅觉，回甘明显、叶底肥厚，果真如大姐所言，"好茶"！

不由得再次想起景迈山快乐之旅，想起那位憨憨地笑着的布朗族大姐，以及她家门前堆满茶的吊脚楼，想起了在景迈山千年万亩古茶园周围的布朗族、傣族等少数民族同胞聚居的寨子里，随处可见的这样的场景。

去过两次普洱，都听当地的朋友在谈论，被纳入全国重点文物保护单位、联合国粮农组织公布的全球重要农业遗产的景迈山古茶林，正在申报世界文化遗产的路上努力着。我想，这种千百年来持续不变的人文景观与自然环境共生、民族文化与生态文明共融的场景，就该是景迈山最美的品牌！

（原载于《人民政协报》2020年12月11日第11版）

临夏寻茶记

文 / 李寅峰

穿过青砖灰瓦的老街区，曲曲折折找到那家茶馆；

在二楼临街处凭栏落座，点一碗正宗的八宝茶外加一份当地的茶点；

吹着微醺的夜风，喝着微醺的茶，品着微醺空气中微醺的这座城，直到打烊……

每次回忆起那一晚，我都不敢相信，那是在临夏，大西北的临夏。

说实话，那次去之前，并不了解临夏，更别说临夏的茶。毕竟，在甘肃狭长版图上星罗棋布的若干历史文化名城中，临夏知名度不算高。

在兰州开往临夏的汽车上，当我匆匆用手机浏览当地资料时，却着实有些震惊——位居甘肃南部的临夏，是全国两个回族自治州之一，有世界文化遗产炳灵寺石窟，有人尽皆知的黄河刘家峡水库，有六项世界之最的古动物化石博物馆。而临夏回族自治州州府所在地临夏市古称河州，是文成公主进藏的途经之地，是古丝绸之路南道要冲、唐蕃古道重镇、茶马互市中心。

相当长的历史中，河州的"脚户哥"往来于藏区和云南四川之间，以畜产品、茶糖等物在此交换，带火了这里的商业，也为河州迎来"西部旱码头"美誉。有资料说，临夏至今仍然是我国西部地区最大的茶叶集散地。

这样的信息激起我的兴趣，入住酒店当晚，难得没有工作任务，我在手机地图上搜索"茶"字，发现酒店不远处便有一个"茶马古市"，步行可达。说走就走，去看看！

没想到，名字起得响亮的"古"市，只是一条仿古的街区。外形不错，内里却颇为萧条。零零散散的商铺，以及更零零散散的过客。没看到太鲜明的茶的痕迹。好容易看到一家"茶馆"，也是铁将军把门。

返回，到酒店大堂，向门口的小伙子请教几番，经他指引，转向几条街之外的八坊十三巷。

这次，真的惊艳了眼睛。

走进八坊十三巷，我首先联想到的是福州三坊七巷。作为中国十大历史街区之一的三坊七巷，其繁多的历史建筑遗存、丰富的文化遗产、多彩的民俗风情无不让来客震撼。但临夏的八坊十三巷带给我的震撼更强烈！我着实没想到，在西部这座不熟悉的小城中，会有如此规模、如此风情、如此穿越千年繁华不落的历史街区。

刚才说过，临夏古称河州，八坊十三巷便是古河州核心街区。从唐朝开始，回族商贩聚居于此，先后建起8座清真寺，人们围寺而居，逐渐形成了八个教坊、十三条街巷，故称为"八坊十三巷"。

我是从拥政巷走进古街区的。3平方公里的范围真的有点大，一路向里，眼花缭乱地欣赏着随处可见的回族砖雕、汉族木刻、藏族彩绘，没多久，我居然失了方向。

笔者在临夏的一家茶馆品茶

沿巷而行，遇角则拐，不知什么时候突然注意到，巷子里连续几个小店出现了盖碗。与闽南乌龙茶常用的盖碗不一样的，这里的盖碗显然大些，颜色也多亮丽，颇有西北风情。当地将其称为"三泡台碗子"，盖儿、茶盅、托盘三件，便是"三泡台"。然后，在一个巷道拐角处的标志牌上，看到了"盖碗广场"的指向，不禁释然——我要找的地方到了。茶馆，那里肯定会有。

人未到，声先闻。临近广场的巷子里，水声呼呼而来。走出巷口，两个巨大的"三泡台碗子"出现在眼前——上面的一个倾斜着，内里的水源源不断地倾倒至下面平置的那一个中。这个巧妙的喷泉设计，生动地呈现出这片街区中传承千年、润泽民间的茶文化。

之前看到资料中讲述，在河州老城区，家家都会有几套讲究的"三泡台"，人人都会喝盖碗茶。喝茶时，轻拿起盖子，斜向缓缓刮几下漂浮的茶叶和沫子，啜品着香甜可口的八宝茶。有俗语曰"宁丢千军万马，碗子不能不刮"；也有习俗，将订婚名为"订茶"。可见临夏茶事的根深蒂固。也难怪，在这八坊十三巷寸土寸金的核心区域，会划出这块地方，建出一个"盖碗广场"。

在盖碗广场的一侧，一座灰砖小楼引起了我的注意，远远地，便看到了"茶"的招牌。走近一看，居然是一家盖碗茶文化博物馆，同时，也兼具茶馆的功能。

进入大门，从影壁开始，一楼门厅、侧屋、墙壁、楼梯周围甚至栏杆、屋顶和吊灯上，是密密麻麻的盖碗，或摆放、或镶嵌在目光所及任何区域，令人不禁大呼惊奇！纵使我在闽南茶乡见识过"万壶馆"，也不过如此！

游览后，我选定二楼一个靠栏杆的茶座坐下来，点了一碗八宝茶，一份小茶点。不一刻，一位披着白色头巾的回族姑娘前来，在旁边吧台上一个硕大的烧水铜壶里接水、沏茶，在我的孜孜追问下，又简约地讲了讲这家博物馆的历史、临夏八宝茶的特色等。姑娘说，临夏八宝茶是回族同胞的传统茶饮，因为好喝、养生，当地各族人民都已将其当成日常饮料。家里来了尊贵的客人，主人一定会拿出好的盖碗，为客人冲泡八宝茶。而所谓"八宝"，是指枸杞、桂圆、核桃、红枣、杏干、老冰糖、菊花、茶叶。

随后，姑娘交代给我打烊的时间，便下楼去了。独留我一人在这别致的茶座上，凭栏临风，一次又一次端起"三泡台"，"慢刮"时光，甚是怡然。

或许是走累了口渴，这碗八宝茶的味道简直是人间最美。第一碗，热热的茶汤中茶味清、花味雅、果味爽、糖味淡；第二碗，茶味略浓、花味向熟、果味微酸、糖味如氤氲回旋；第三碗，茶醇、花浓、酸婉、糖甘……

不知不觉间，茶淡下来，我已是微汗。

这些年去过不少茶乡，或山清水秀，或风情万种，也有过许多印象深刻的寻茶经历。但是临夏寻茶,我却始终难忘。

匆匆一晚,茶识临夏,一定还只是初识。

期待再去。

（原载于《人民政协报》2022 年 5 月 13 日第 11 版）

杭州：有空喝茶来此间

文 / 张治毅

一位外地朋友在微信上对我说，听说杭州的茶空间发展得不错。我马上回问："你是不是看了《梦华录》？"朋友回了个龇牙大笑的表情。

平时不追剧的我，因为身边茶友的议论，知道了《梦华录》，剧中展示了千年前的杭州，茶楼林立。千年后的杭州，人们爱茶依然。只是现在流行"茶空间"。

我一直没搞清楚"茶空间"这个词的来历，虽然它已经在我的朋友圈里流行了好几年。漫步杭州，你如果是爱茶的人，会随时与各式各样的茶空间邂逅，无论是在梅家坞、狮峰山等龙井产区的茶园周边，还是吴山脚下曾经的南宋御街、大井巷，哪怕你是身处武林门的商业综合体、钱江新城的摩天写字楼，也能发现它的存在。

仔细琢磨一下"茶空间"三个字，还挺有内涵，能让自视甚高的茶人们接纳为"行话"，还是有点道理的。"茶"是第一位的，表明了此地的主要功能是品茶。"空间"一词可以拆分来理解，"空"可以理解为：来喝茶，要有空闲的时间，来享受放空的心态。"间"是个方位词，指代物理空间，而我喜欢把这个"间"理解成"烟火人间"。还有一个字是"人"，虽然没有出现在"茶空间"这三字之中，却是最重要最核心的。一处茶空间的味道和活力，在于茶空间的主人和来喝茶的客人。

杭州是历史文化名城，宋韵文化积淀最深。生活在宋朝的吴自牧写有一本《梦粱录》，在这本堪称"三亲"史料的书里，他将"焚香、挂画、点茶、插花"列为宋人热衷的四般闲事。今天，追求生活品质的杭州人，用茶空间传承了古人崇尚的这四件休闲之事。

隐秘在杭城各个角落的茶空间，装修的风格各异，能看出主人的喜欢。有些茶空间听说都上了网红打卡地的名单了。随意步入一间，自然的枯竹原木，舒适的藤椅蒲团，乐声幽远，茶香怡人，陶然忘机。午休时间，或者在周末约三五好友，面对香茗，聊些海阔天空的话题，常常会有突发奇想。

古人留下的茶画中，经常能看到幕天席地、松下煮茗的场景，他们的茶空间在天地之间。现代人的茶空间隐藏在田园深处、市井之中，有房屋的外在形态，兼顾了对自然的向往和私密的需要。身在高楼之中，一处空间，有茶即是远方。

杭州的茶空间会不会都是高大上、小资型的？当然不是，在我们这座以西湖龙井茶为名片的茶都，茶空间也会很亲民。如果你到市民中心的 B 座一楼，会看到一个开放的公益茶空间。每到周五午休的时间，这里就会飘出阵阵茶香，杭州的茶企会在这里为大家免费提供品茶服务。茶空间还展陈了丰富的茶叶、茶具、茶书，让人们在喝茶之外，了解更加广阔的茶文化空间。

（原载于《人民政协报》2022 年 7 月 22 日第 11 版）

泉州"三道茶"

文／纪娟丽

日前，"泉州：宋元中国的世界海洋商贸中心"成功列入《世界文化遗产名录》。

一时间，泉州再次引起世界的关注。作为海上丝绸之路的起点，中国茶从泉州走向世界。而作为我国乌龙茶的故乡，泉州茶也独具魅力。

泉州是我到访次数最多的茶乡，那里的茶人茶事，如同那杯浓香型铁观音，香高隽永，回味悠长。

在泉州，茶是生活。2007年，我因参加首届海峡两岸茶业博览会首次来到泉州。在赴茶乡安溪的路上，当车停在加油站加油时，我诧异地看到加油站一侧，有人正围坐品茶。我好奇凑近的同时，主人已经烫好杯、倒上茶，并示意我喝茶。这不是一次偶遇。后来我才知道，在安溪，甚至在泉州，无论是店铺、单位甚至家庭，一套工夫茶具都必不可少。此后的泉州之行，无论走到哪儿，坐下来喝杯茶都是必须的。我认识到，在泉州，客人来时，茶是礼仪。闲暇时刻，茶是日子。总之，茶是泉州人生活中不可或缺的部分。

泉州人的茶生活，还随着泉州人的茶生意，影响到了全国各地。过去卖茶，尤其在北方地区，采用柜台销售，客人即买即走，并不提供品尝服务。21世纪初，泉州人用泉州茶生活推销起家乡茶。取代柜台的，是冒着香气的茶桌，但凡有客进店，必喝杯茶先。据统计，在全国各地从事茶叶生意的泉州安溪人超过20万。可以说，如今茶叶销售先尝后买，盖碗泡茶渐渐走向千家万户，与泉州茶生活的推广不无关系。

在泉州，茶是传承。一方水土养一方茶，除了自然孕育的独特茶树品种外，凝聚着茶农智慧的铁观音制作技艺经代代传承，已经列入国家级非遗。

虽然我先后采访过多个铁观音制作技艺传承人，但我印象最深的却是在泉州街头偶遇的一位。

那是一次到泉州出差，当地朋友知道我们喜欢茶，晚饭后直接带我们来到一家茶店——两固茗茶。店面不大，来头却不小。"在泉州安溪感德镇，说起陈两固，茶农几乎没有不知道的。"朋友介绍说。陈两固话不多，只是拿出两泡茶，让我们尝尝。一泡乌黑油亮，一泡条索粗壮，虽然喝过不少安溪茶，但面对这两款，无论观形还是尝味，我居然都有云遮雾绕不求甚解之感。原来，那泡乌黑油亮的叫铁观音蜜茶，是当地的土法工艺，主要是家庭保健之用，市面上少有。而那泡条索粗壮，名为野实，是铁观音野茶，采摘上百年的铁观音野茶树上的茶青，采用传统工艺制作而成，自然也是少见。

小小两泡茶中，古早的味道里，是陈两固对传统工艺的传承和坚守。临走时，他送给我一本书，书名是《制茶技艺探秘》，他本人是作者之一。出于好奇，我查阅了他的资料，才知道他在安溪成立了首个铁观音制茶大师工作室，培训茶农超万人。

对泉州人来说，茶还是乡愁。伴着岁月的茶香，这杯故乡之饮早已流进了泉州人的血液。在采访时，不少祖籍福建泉州的政协委员都保持着喝泉州茶的习惯。印象最深的是第十、十一届全国政协委员，第十二届全国政协常委林树哲，每年全国两会，他都会带着家乡茶同与会委员分享。而每年会上与他喝喝茶、聊聊茶，也成为我们的"约定"。从泉州茶的特点，饮茶的风俗到饮茶的好处，话里话外，充满了对故乡茶的热爱与眷念。

2017 年，香港回归 20 周年前夕，我赴香港采访，从机场赶过来的他先嘱人给我泡茶。聊及家乡茶，他找出了一款私藏茶，是厦门进出口茶业有限公司出品的铁观音，充满年代感的包装，好像在讲述一个过去的故事。原来，泉州是著名的侨乡，旅居世界各地的泉州籍华侨离开家乡时，带走的多是这款茶。直到现在，这款茶还在继续生产，并保持着当年的包装和味道。对这些华侨来说，这是家乡的味道。

作为世界文化遗产的泉州，茶的故事同样精彩。生活之茶、传承之茶、乡愁之茶，这"三道茶"只是泉州茶文化的一隅。更多故事，等待着你来到泉州，慢慢体味、慢慢发现。

（原载于《人民政协报》2021 年 7 月 30 日第 11 版）

苏州有家凤凰单丛茶馆

文／纪娟丽

我没有去过广东潮州，但遇到过多次凤凰单丛茶，苏州潮仁坊茶馆是印象最深的一次。

凤凰单丛茶出产于广东省潮州市潮安区凤凰镇，因凤凰山而得名。虽然没有去过潮州，但我多次在北京、澳门、苏州等地喝过凤凰单丛茶，可见其名声在外。而身边喝过凤凰单丛的朋友，也常常对其霸气的口感和香气念念不忘。

潮仁坊茶馆位于苏州历史文化名街平江路上。我到此造访，实属偶遇。而走进潮仁坊喝一泡古法凤凰单丛茶，是不少茶友慕名前来打卡的目的。

落座，茶艺师往红泥小炉里添上炭火，再放上玉书碨煮水，立刻就有了潮汕工夫茶的仪式感。主人王锴是潮州人，对凤凰单丛茶有份特别的感情。

夜间的潮仁坊茶馆

出身于书法世家的他，小时候便留下了凤凰单丛茶是好茶的记忆。"那时候，我们潮汕人很少能喝上好的凤凰单丛茶，我们家算知识分子家庭，父亲偶尔得到一点上等凤凰单丛茶，喝的时候很珍惜，会叫上我一起品尝，喝完还会感慨，真是好茶。"王锴说，到了20世纪90年代，成年的他，有机会接触到制茶人才了解到，凤凰单丛茶之所以得名单丛，是大约清同治、光绪年间，为提高茶叶品质，当地实行单株采摘、单株制茶、单株销售方法，将优异单株分离培植，并冠以树名，当时有一万多株优异古茶树均行单株采制法。考究的原料之外，还有同样考究的制茶工艺，凤凰单丛茶分晒青、晾青、做青、杀青、揉捻、烘焙等工序。"古法制茶烘焙很讲究，有三次之多。"

了解到凤凰单丛茶的独特之处，王锴常常将其作为家乡特产赠送给外地朋友，往往收获大家的各种赞誉。这让他萌生了一个想法：何不将推广家乡的凤凰单丛茶作为事业呢？琴棋书画诗酒茶，书法和茶有着共通之处，从小学习书法的他，将书法和茶结合并联手制茶世家，创办了潮仁坊。环顾茶馆四周，不仅悬挂着他的书法作品，就连茶品包装，也都是手书的毛笔字。"书法和茶都是我国优秀的传统文化，我希望将二者结合推广，让更多人感受到传统文化的魅力。"王锴说，过去，凤凰单丛茶采自古树，主要用于出口换外汇等，老百姓难有机会品鉴。如今，他与拥有近百年制茶历史的茶厂合作，坚持用古法制茶，是希望让更多人品尝到这一独特茶类的魅力。

在王锴看来，凤凰单丛茶的独特之处，一是茶类本身丰富的香型，饱满的口感；二是品饮时独特考究的潮汕工夫茶文化。"凤凰单丛茶有玉兰香、杏仁香、鸭屎香等多种香型，茶友们总能找到适合自己的。"如今，潮仁坊在苏州已经有一批忠实的粉丝，更因地处旅游目的地，迎来了来自世界各地的朋友。"能将我国书法文化与茶文化结合，让更多人体会一种传统文化氛围，这是我乐于做的事情。"王锴说，苏州潮仁坊的成功也让他看到，在历史文化街区，传统文化能吸引更多人关注。于是，潮仁坊西安店也应运而生了。接下来，他还计划将凤凰单丛茶带到更多历史文化名城。

（原载于《人民政协报》2020 年 10 月 16 日第 11 版）

桂花茶里的故乡

文／纪娟丽

每每中秋，喝一杯桂花茶，或桂花乌龙，或桂花龙井……在幽幽的茶香中，无论身在何处，总似回到了故乡。

不知是否出生在丹桂飘香时节的缘故，我从小对桂花有种特别的感情。初秋，几场雨后，推开房门，清风送来熟悉的味道，让人忍不住闭上眼睛，深深呼吸。等睁开眼睛，一朵朵嫩黄的桂花已经静静等候在青石板路上，等候我捡起轻嗅。"暗淡轻黄体性柔，情疏迹远只香留。"等读到李清照那首《鹧鸪天·桂花》时，我不禁对其"自是花中第一流"的评价深以为然。

如若不是对桂花的特殊感情，我大约不会对桂花茶有这般执着。而巧合的是，在我对桂花茶的了解中，大约都有一个与故乡有关的故事。

作为再加工茶类，桂花窨茶据说在我国有悠久的历史。而查阅资料，桂花茶究竟如何起源，并没有准确的说法。在这里单说我亲历和有所了解的故事。

先说说名声在外的桂花乌龙。对于新式茶饮有所了解的年轻人，桂花乌龙大约都不陌生。我的第一杯桂花茶，正是桂花乌龙。那时，新式茶饮还未大行其道。在一次茶展的台湾展厅，我第一次喝到桂花乌龙，冲泡时，那袅袅的香气，仿佛我推开房门，清风送来的熟悉味道。喝将一口，那熟悉的味道由口入喉，钻进身体里，那一天，仿佛自己周身都是桂花的香气。来自台湾的茶商告诉我，桂花乌龙起源于台湾，是闽南乌龙茶到了台湾之后，台湾创新方法，窨制出的新品类。

后来，当我再访乌龙茶的故乡福建安溪，又看到了桂花乌龙的身影。当地人说，桂花乌龙是安溪的传统茶，很早就有了，具体早到何时他也说不清楚，只知道主要用于出口。

我想，桂花乌龙无论起源于福建安溪，还是台湾，大约都和故乡有关。

如若是福建安溪，出口东南亚等国，大约与华侨华人对故乡的眷念不无关系。如若是台湾，与福建一衣带水的地缘优势，也正是闽南乌龙茶与台湾乌龙茶同根同源的见证。无论是海外华侨华人，还是一水之隔的台湾同胞，喝到这杯桂花乌龙，大概都与我一样，或多或少生起对故乡的眷念。

再说桂花绿茶。知道桂花绿茶，是采访浙江大学茶学系毕业生徐元骏。本在浙江桐庐县旧县基层工作的他，得知当地母岭村结合桂花资源推出了一款桂花茶，但由于缺少技术，只是简单将当地产的绿茶与桂花放在一起。他决心利用专业所学，帮助当地提升桂花茶产品品质。那段时间，正值爱人怀孕，他的业余时间却基本奉献给了桂花茶。无数次实验之后，当最后一批桂花茶窨制成功，他才赶回去陪待产的妻子。他说母岭村就像是他的故乡，桂花茶就像他的另一个孩子。

每逢佳节倍思亲，每每中秋时节，我总期望喝一杯桂花茶，无论是桂花乌龙，还是桂花龙井，只要桂花的味道和着茶香一起飘来，那些与故乡有关的故事就会席卷而来……

（原载于《人民政协报》2020 年 10 月 9 日第 11 版）

建瓯：千年一茶

文 / 徐金玉

在建瓯，上山去看千年茶树的那一路，让我印象尤为深刻。

我们先是驱车近一小时到达了半山腰的一间茶厂，然后换了一辆马力更大的越野车，以及一位经验更丰富的司机——邱玉旺师傅。

我们一行五人，车上只有两个座位，于是，我与杨廷生和摄像工作人员黄善旺坐在撤掉了座椅的底板上。

刚上车，杨廷生就拍拍我的后背，问我："怕不怕？"初生牛犊不怕虎，我摇摇头。

其实，临上车前，一种令人忐忑的氛围就弥漫开来。"那条路比刚才上山的路难走太多了。""昨天还下了雨。""你们可得小心。"

带着对这棵千年茶树的崇敬与向往，我们出发了。出发前听到的"警示"真的不是故弄玄虚，山路确实比刚才更艰难。路只有一车宽。说是路，只能算一条半成品的山间石子儿路。

车子一直是前后左右颠簸前行，有时幅度会超过 15 度，车身随路况也左右摇晃，时而右倾再左倾，也数度熄火。于是，杨廷生跟坐在副驾驶的徐国艳大姐说，"你要害怕就把眼睛闭上。"

我们后面的三人都抓着一些东西来保持平衡。他们把我保护在中间，我两手紧紧地握着前面的两个椅背。即使这样，我还是会被颠到在车内腾空。到了目的地时，我发现自己的手指因为抓得太紧，已经泛白，手腕也有些抽筋。

山上是片天然林，完全没有经过开发。所以，路上会有折了的竹子横在通道上，我们就顶着竹子开过去。一路还会有伸展过来的树枝刮着车窗，仿佛穿越丛林一般，让人感觉新奇又惊险。

许是为了缓解大家紧张的情绪，邱玉旺师傅一路都谈笑风生，讲这棵树的发现过程，讲他了解到的历史传说。路虽然不好走，却有自信的邱师傅带着我们。

一路颠簸，终于柳暗花明，狭窄的路不见了，空旷的一片土地呈现在眼前，那棵千年茶树近在咫尺。

我们迫不及待地下车，低头一看，脚下都是密密麻麻的指甲大小的蜘蛛在爬来爬去，瞬间有些荒野求生的感觉。

在茶树的周围，我们并没有看到其他任何保护的措施。这让我同时联想到在武夷山被远远隔开来的6株大红袍母树，那些母树已经停止采摘，这一株却还被偷偷地采摘着，所幸，没有其他的破坏存在。

但站在这棵树面前，真的也有一种感激的情绪油然而生，说不清是感激上苍，还是感谢大地，让这样一棵老茶树从千年的时光中走来，如此坚定地站在这里，告知后人，茶的历史与茶的坚守。

为了纪念此行，我们在不远处种了一棵小茶树，希望可以陪伴它。

下山时，正好赶上落日时分，余晖洒满一路，惊艳了我们的眼睛，我在想，千年老茶树，看了多少次这样美丽的日落？

后来，杨廷生说，骆少君以及很多爱茶的人曾在几年内先后去看望过那株老茶树。几代人对这棵老茶树的追寻和坚守，成为我们又一个美丽的茶故事，在悠悠茶山绿水间传扬。

（原载于《人民政协报》2015年5月22日第11版）

潮汕工夫茶是生活也是哲学

记者 / 刘圆圆

对于从小在北方长大的孩子而言，茶无非是一种解渴的饮料。在一个瓷杯子里，扔进一些茶叶，用沸水一冲，泡一泡就可以喝。

虽然这种喝茶效率比较高，但总让我心生疑惑，拿捏不好投茶量。开始的一两杯，茶味总是很浓，渐渐的，茶就淡了，以至于喝到最后跟白水无二。

而认识到喝茶其实是一种悠闲自在的品茗，就要从大学生涯说起。教会我的正是潮汕工夫茶。

到广东读大学后，同宿舍的4人中，有两个是潮汕人。她们不仅爱喝茶，还有一套工具，很是讲究。我也是从那时起，跟舍友学着喝起工夫茶。

一块小小的茶巾，一把不大的小壶，三两只一口量的小杯……水滚茶起，品茗正式开始。

小小的茶壶，塞满了大叶的乌龙茶，沸水冲进去，第一泡倒掉，第二泡开始斟入小杯，分给在座好友。传统意义上的工夫茶讲究一个"烫"字，泡茶的水是沸水，喝时茶汤要保证一定高温，所以潮汕人喝茶时会发出"吸溜吸溜"的声音。对于从小被教育吃饭喝水不能出声的我来说，有点不习惯，但她们却说这样喝茶才更有潮汕味。

后来，利用假期跟随舍友回潮州做客。发现无论在城里的高档公寓，还是乡间老宅，最醒目的位置，总摆放着一整套工夫茶具。客人进门，主人就开始烧水泡茶。

"因为早时做茶用脚踩，有'头冲脚惜，二冲茶叶'之称，所以，头冲必须冲后倒掉不可喝。"舍友老爸操着一口潮汕普通话，给我这个北方小妹讲工夫茶的门道。

在潮汕人的敬茶饮茶之间，我也发现着其中的礼仪。例如，主人在斟茶时会先敬客人然后才是自家人。客人在接受斟茶时，也要有回敬之礼：

若喝茶的是长辈，就用中指在桌上轻弹两下，表示感谢；若是小辈平辈，就用食指、中指在桌面轻弹两次表示感谢。

中间若有新客到来，主人会立即换茶表示欢迎，否则被认为"慢客""待之不恭"。换茶之后的二冲茶要新客先饮。

4年的广东生活，让我练就了从喝茶识潮汕人的功力。要是在公园里、火车上，看到有人拿出一小套茶具开始泡茶，那他八成就是潮汕人。潮汕人称茶为茶米，茶米茶米，意思就是茶跟米一样，喝茶是每天必做的事。茶对于潮汕人而言，已经不是简单的饮料，而是生活中的生活，它承载着潮汕人的生活态度，映耀着潮汕人的处世哲学。

（原载于《人民政协报》2020年10月16日第11版）

曹公故居吃年茶

文／纪娟丽

不日前，忽闻位于北京植物园的曹雪芹故居内新开一家茶社——名曰"凹晶馆"。脑海中浮现《红楼梦》中一系列饮茶的场景，尤其是吃年茶。快过年了，约友人到曹公故居吃一回年茶，也算应景。

周末，嘱友人各带一泡茶，不必有包装，于午后到达凹晶馆。"爆竹两三声人间事岁，梅开四五点天下皆春"，凹晶馆木质的门楼前，一副对联装点出年节的氛围。想在《红楼梦》中，林黛玉和史湘云在此联句，一句"寒塘渡鹤影，冷月葬花魂"，将那个中秋之夜留在了无数人的心中。

走进凹晶馆，一排木质建筑，房顶装点着茅草，四面皆是落地玻璃结构，古朴中透着时尚。我们选定的茶室名为"宝玉的客厅"，屋外的翠竹和植物园的景色皆成了装饰。坐定，主人端进一个盘子，里面含有两种点心和

曹雪芹
故居内的茶馆

三款茶品，示意我们慢慢享用。

吃年茶，礼是不可少的。新岁茶宴，清代皇家已有定例。《养吉斋丛录》记载，"重华宫茶宴，始于乾隆间，自正月初二至初十日，无定期。"皇家设有茶宴，民间则有"吃年茶"风俗。《红楼梦》第十九回中就提到，过年时，袭人的母亲接袭人回去吃年茶。宝玉找到袭人家，袭人的母亲与哥哥为了表示欢迎，"又忙另摆果桌，又忙倒好茶"。又写道：宝玉来袭人家，吃几粒松仁，也算没"空过"的。

不能"空过"的年俗，在一些地方仍然保留着。客人来家里拜年，一般要留下吃饭喝茶，倘若实在没办法吃饭，喝杯茶，吃两口果子（过年才吃的零食）是必须的，不能"空过"。这与《红楼梦》中提到的"空过"如出一辙，都指客人拜年时，如果没有吃点东西喝杯茶，主人家就显怠慢、没面子。

如今，在"宝玉的客厅"，主人端上来了茶和点心，我们只等享用了。一泡茶毕，友人们拿出自带的茶，观形开汤，品滋味评短长，而后又从茶说开去，聊起了家常。直到日落西山，洒了满地金光……

除了礼，情是吃年茶的又一要义。"飞舆满路拜年忙，却客阍奴惯说诳。至戚登堂情意好，烹茶吃果话家常。"亲友相互"拜年"，吃茶吃果话家常，温馨的氛围中洋溢着浓浓的人情味。吃年茶也成为亲朋团聚、传递祝福、表达感情的媒介，节日文化的特定符号。

有礼有情的吃年茶，常常也是热闹欢愉的。茶过三巡，夕阳西下，好茶在齿间留香，友谊在心间留香。不知是谁建议，我们也学红楼梦中人，联句随兴赋诗吧。大家一致叫好。一位友人凝思片刻后吟出："老树刻时光，红楼再断肠。几叹痴人梦，烹茶约夕阳。"

一句代入感极强的"烹茶约夕阳"，果真引来共鸣。

"坐看山湖色，静品肉桂香。红楼梦依旧，青瓦映斜阳。"这一位"诗人"，显然被眼前这泡肉桂浓郁的香气打动了。

"绿梅新枝丫，红楼曹君家。晚来夕阳落，再饮一杯茶。"天色渐晚，吃年茶也接近尾声，一位友人的不舍说出了大家的心声。

红楼虽梦远，新春已渐近，不妨邀友吃年茶，在传统中体味新春的礼、情与欢愉吧。

（原载于《人民政协报》2021 年 2 月 5 日第 11 版）

冬日奶茶　不一样的早餐时光

文/李寅峰

"您的早餐吃什么？"

这个问题，但凡与人在茶桌上聊天，笔者常常将其挂在嘴边。接下来，笔者便常常会推介起独一无二的"奶茶经"："早餐喝牛奶吗？顶多喝一杯就饱。但奶茶不会，三五杯下去，还是意犹未尽。喝粥嘛，固然有营养，但煮好费时费力，总喝也难免单调。但奶茶不会，步骤简单，百喝不厌……"

别误会，笔者不是卖奶茶的，只是因为从小生长在边疆，养成了早餐喝奶茶的习惯，并深受其益，便想推广之。

回首40多年的人生，虽然多半时间都远离出生地边疆，并且车马劳顿、差旅不停，但无论生活在哪里，或者走到哪里，煮一杯奶茶给自己，是笔者最享受、最惬意的时光。特别在冬天，每日早餐佐以奶茶，温润入口、舒爽全身。这一天，身心都是温暖的。

一定要强调一下，笔者所说的奶茶，不是街边奶茶店里又甜又腻的那种。彼类奶茶，奶精、果味粉、甜蜜素等为常用品，对身体无益。而我说的此类奶茶，好喝、健康，操作起来还非常简单。就以蒙古族咸奶茶和港式甜奶茶为例吧。

蒙古族咸奶茶原料仅有四种：青砖茶、牛奶、盐和水。笔者用的青砖茶一概是湖北赵李桥的"川"字牌砖茶。茶很便宜，常常整箱买来囤着。1.7公斤的一块茶砖，撬成小饼干大小的碎块，每次煮茶放三五块足矣，整砖可以用半年。一般来说，笔者会在晚上休息前，用小煮锅接好冷水（每人三碗的量），将撬开的茶块泡上（茶可以放在调料盒里，也可以用纱布袋包好）。第二天起床后，第一件事是开火煮茶。然后，在弥漫的茶香中洗漱、收拾房间、备主食。待到以上事项都完毕，茶已经滚开过十余分钟。此时，加入一盒牛奶，茶乳交融的美感，瞬间让早餐充满吸引力。待到再沸腾，加盐少许，一锅香香的奶茶便成了！

这种蒙古族咸奶茶，是陪伴笔者 40 年的饮品。确实感念其各种美好，遂广为宣传，成为身边诸多好友的早餐饮品。再后来，这些年，我们工作的团队多次走到校园做茶文化公益讲座，笔者又将这种奶茶教给中学生，得他们反馈——第二天一早，给爸爸妈妈煮好奶茶时，全家一片温馨。

青砖茶属黑茶类，有明显的解腻、减脂、润肠作用，牛奶的营养价值不用赘述，所以，这款简单的奶茶，健康无比。

相比于蒙古族咸奶茶来说，港式甜奶茶更容易被小朋友接受。这款奶茶的原料是红茶、牛奶、糖和水。我国红茶种类非常多，每一种，都可以煮出不同的香气。但为图简便，笔者常常使用袋泡茶，工具更简单，就用座式烧水壶。先用烧水壶煮开多半壶水，放两袋袋泡红茶进去，来回滚开几次，加奶半盒，糖适量，就是甜甜的港式奶茶了！当然，香港以及东南亚国家流行的甜奶茶讲究拉茶或者撞茶，其实就是在两个器皿中来回倒置，让茶、乳、水和糖充分融合，这个环节，需要根据自己的兴趣和时间来选择。

以上两种奶茶，是健康、便捷和温暖的餐桌饮料。笔者在家中，每早必会喝奶茶，特别是周末，家人围坐在一起，边喝茶边聊天，谈谈工作学习，谈谈生活理想，茶香伴着欢乐，那是无与伦比的幸福。即便是出差，笔者也常带茶出行，随便从一个小超市买来牛奶，用酒店房间里的小水壶煮上一壶奶茶喝，温暖随行于整个旅程。只是，喝完奶茶，别忘了把酒店小水壶洗干净就好。

生活，不能没有仪式感。冬日，煮一杯奶茶给自己吧！相信，那会是不一样的早餐时光。

（原载于《人民政协报》2018 年 11 月 23 日第 11 版）

又到秋凉煮茶时

文 / 纪娟丽

一场秋雨一场寒。又到秋凉,此时,煮一壶热茶,实在是暖身暖心之乐事。

今人喝茶,多是泡饮。那么,煮茶是何时兴起的?

其实,煮茶古已有之。在唐代以前,煮饮是最普遍的饮茶法,只是那时的煮饮与今天的煮饮又大不相同。早期的煮饮法由茶的药用和食用发展而来,用于煮饮的茶叶,既有茶树鲜叶,也有经过加工制作的各类茶叶,比如团茶,需要先捣碎、碾末后再煮。从食用发展而来的煮饮,多用茶叶烹煮成羹汤而饮,通常会加盐调味;而从药用发展而来的煮饮,用茶叶佐以生姜、辣椒、薄荷等熬煮成汤汁而饮。唐代以后,随着制茶技艺和品饮方式的发展,煎茶法、点茶法和泡茶法逐渐成为主流,煮茶法仅在少数民族地区得以保留。

今天的煮茶,早已经脱离茶最初的药用和食用,不再做成汤羹,更多体现的是茶的饮用功能。今天的煮茶包括清饮和调饮,调饮主要是少数民族地区,如内蒙古的奶茶(砖茶加奶茶),西藏的甜茶(红茶加牛奶),青海的熬茶(砖茶加盐、花椒)等。而清饮煮茶近年来在茶客中广受欢迎,尤其是秋冬时节,煮一壶清茶,观之赏心悦目,品之暖人肺腑。

那么,清饮煮茶又有哪些讲究呢?

煮饮之茶有讲究。首先,不是所有的茶都适合煮饮。从茶类上来说,不发酵的绿茶、轻微发酵的黄茶一般不适合煮饮,而后发酵的黑茶、全发酵的红茶适合煮饮。这是因为绿茶、黄茶饮用时,水温太高会破坏其内涵物质,例如维生素等,同时温度太高,咖啡碱大量浸出,味道会变得苦涩,失去其本身鲜爽、清香的品质特征。其次,从茶叶的老嫩程度上来说,粗茶比细嫩的茶叶更适合煮饮。另外,从茶叶的新老程度上来说,老茶比新茶更适合煮饮，例如老白茶、陈年普洱等，就是煮饮的好选择。

煮饮之器有讲究。现在市面上的煮茶器很多，不同的人有不同的使用偏好。我个人比较偏好电玻璃煮茶器，这是因为其能直观地观察煮水以及煮茶的情况，从而准确地把握火候。除了煮茶器，目前蒸茶器也很受欢迎。二者的主要区别在于，煮茶器是茶与水直接接触融合，而蒸茶器水与茶是分离的。因为这差别，也导致二者在投茶量、时间以及口感上的差别。煮茶器需要的投茶量相对少，所需时间短，口感上更浓厚饱满，而蒸茶器所需投茶量相对多，时间长，口感更清淡甘甜。形象一点说，如果都是老白茶，煮茶器更适合寿眉，蒸茶器则更适合白毫银针。

煮饮之法有讲究。当水加热到冒出蟹眼大小泡时，可同时用盖碗洗茶，等水泡变成鱼眼大小，即投入清洗之后的茶叶，水不宜煮太长时间，否则容易老。投茶量则不必太斤斤计较，可根据饮茶人数、水量调整，亦可根据煮茶过程中茶汤颜色适时调整时间。一般来说，加入茶叶之后，再煮两分钟之后可停止加热，让茶汤再保温浸泡两分钟即可出汤。第一次出汤剩三分之一时，可重新加入开水煮茶，叫作留根续水，这样能让二煮三煮的茶仍保持一煮一样的口感。第二次煮的时间可适当延长两分钟。要注意的是，续水要用沸水，这样茶汤滋味会比较协调。如果续温水或凉水，煮沸的时间长，茶的苦涩味会比较重。

已是秋凉时节，不妨烧水煮茶，一杯杯热茶汤，将带给你满满的暖意和美好。

（原载于《人民政协报》2021 年 10 月 15 日第 11 版）

冬日饮"厚"茶

文/纪娟丽

"绿蚁新醅酒,红泥小火炉。晚来天欲雪,能饮一杯无?"每到冬天,白居易这首诗中的美好意境总能带给人们温暖,又让人惋惜,此景不再有。

这幅煮酒待客图真的离如今的生活很远吗?其实不然。这不,炭火上,玉书碨里的水煮沸了,盖子发出"噗噗"的声响,仿佛正在召唤主人前来泡茶。这是传统潮汕工夫茶中的场景。作为潮汕工夫茶四宝,玉书碨、潮汕炉、孟臣罐、若琛瓯不仅营造着饮茶的美学空间,更带来一杯浓厚的茶汤。

有一次去苏州,在老街偶遇一家潮汕工夫茶店。潮汕炉上,玉书碨里滚烫的水,弥漫屋子里的茶香,店员只淡淡说一句,"喝杯茶吧",便让人忍不住停坐下来。饮下一杯,芳香闯进口鼻,滋味浓郁厚实。这是当时的感觉,回来查阅资料,才知道潮汕人形容茶汤的浓度,还确实喜欢用"厚""薄"二字。中山大学中文系教授黄家教《潮汕方言"厚茶"考释》一文说,"潮州人喜欢喝茶,泡茶的工夫尤其讲究,故有'工夫茶'之称。潮州方言称'浓茶'为'厚茶',同此说法的还有福建的闽南各县以及闽中的永安。把'浓茶'说成'厚茶',相对的'淡茶'就说成'薄茶'。"

那是在一个夏天,倘若是冬日,炭火厚茶,该是特别的温暖。冬日里,气温渐冷,如同人要添衣,口腔也需要更厚的味觉体验。

天冷时喝绿茶,就像吃素食,虽觉鲜爽,但也寡淡。最近,我习惯喝一款陈皮熟普洱。早晨,取一泡茶放进保温杯,倒进滚水,焖三分钟之后倒出,手捧热茶,升腾的热气,指尖的温度,让人顿觉温暖。再饮一大口,经过保温杯的焖制,老陈皮甘香与老普洱的厚重充分融合成厚实顺滑的口感,在口腔得到慰藉的同时,周身也渐渐暖热起来。

饮"厚"茶,除了焖,现在还流行煮。待煮茶器里的水开了,放进茶叶,任其在沸水中翻滚升腾,直至茶汤浓酽。其实,煮茶法古已有之,陆羽《茶经》

中记载的煎茶法就类似于现在的煮茶法。《茶经》中记载，煎茶主要用饼茶，经炙烤、冷却后碾罗成末，初沸调盐，二沸投末，并加以环搅，三沸则止。虽然茶叶的形制发生了变化，但在煎煮过程中，汤水充分融合的作用是一致的。

当然，不是所有的茶都适合焖、煮。一般来说，焖、煮更适宜从味觉上得到一杯"厚"茶。这是因为，长时间在高温下焖、煮，茶叶中的内涵物质能更充分地析出。然而，长时间的焖、煮，也必然损害茶叶的鲜爽滋味。对于那些采摘细嫩，以鲜爽滋味见长的茶叶则不适宜于焖、煮。这也是今人煮茶大多以黑茶、老白茶为主的原因。

天已经冷了，水已经沸了，茶已备好了，一起饮杯"厚"茶吧。

（原载于《人民政协报》2020 年 12 月 4 日第 11 版）

一杯冷泡水含香

文 / 纪娟丽

炎炎夏日，你是否感受过一杯冷泡茶带来的美妙？

近来，冷泡茶大行其道，深得年轻人喜爱。打开线上各平台，不仅冷泡茶产品销售火爆，各种冷泡茶制作小视频也颇受欢迎。去年国际茶日当天，新式茶饮行业首个具体产品标准《茶类饮料系列团体标准》出炉，将新式茶饮分为五大类，现制冷泡茶便赫然在列。

初次接触冷泡茶，还是多年前在北京国际茶业展上。当时正值炎夏，在展会上泡了大半天的我，正准备转一圈之后离开，一家台湾展位上摆放的一个个玻璃瓶子吸引了我的注意。每个玻璃瓶子中，都浸泡着一个茶包，杯中的液体已呈青绿色。问询之后，才知道这是冷泡茶，里面泡的是高山乌龙。在台湾地区，冷泡茶已经颇为流行。果断购得一瓶，走到夏天的烈日里，喝一口瓶中的冷泡茶，一股鲜甜、满口冷香，夏日的燥热一扫而光。

后来，我从网上搜索冷泡茶的相关资料，可惜寥寥。大约冷泡茶流行于日本、韩国。在日本，冷泡茶还有一个好听的名字——水云茶，让我立刻联想到那日冷香鲜甜的品饮感受。

近年来，随着新式茶饮的快速发展，冷泡茶逐渐走俏。新式茶饮中的冷泡茶，大多采用冷泡或者冷萃的方式，让茶叶中的芳香和内含物质析出，用于冷泡的茶也大多是绿茶、花茶、轻发酵乌龙茶的原叶。这与日本的冷泡茶并不相同，日本茶以蒸青绿茶为主，因其主要的品饮方式为点茶，因此茶叶形态多为末茶，用于冷泡的茶亦然。

习惯了开水泡茶的人们，也许心里还有疑问：开水泡茶主要是为了激发出茶的香气和内含物质，冷泡能激发茶的色香味吗？这种饮茶方式是否健康呢？

回忆自己品饮冷泡茶的初体验，滋味鲜爽，水中含香，的确别有风味。

查找资料发现，茶叶的内含物质在开水和冷水中的溶解度和溶解速度存在不同。比如大多数氨基酸、单糖类物质能溶于冷水，而咖啡碱、黄酮类物质不太容易溶于冷水。当茶叶用冷水冲泡时，具有鲜爽味的氨基酸会最先析出，而带有苦涩味的咖啡碱、茶多酚等析出缓慢。这正是冷泡茶口感更鲜爽、不苦不涩的原因。而咖啡碱、茶多酚等物质还是饮茶刺激肠胃的主要原因，冷泡茶中这类物质析出缓慢，能一定程度上减少茶叶对肠胃的刺激。此外，冷泡茶还能避免高温破坏维生素 C，以及水热氧化作用引起的茶汤色变，保持茶汤翠绿，口感清甜鲜爽。

当然，并不是所有的茶叶都适合冷泡。一般来说，不发酵或者轻发酵的细嫩茶适合冷泡，比如名优绿茶、发酵较轻的乌龙茶、白毫银针等。同时，用来冷泡的茶叶，最好选用当年的新茶。泡茶水可以是凉白开、矿泉水或纯净水。以 500 毫升矿泉水为例，可投入 3—5 克茶叶。冷泡茶的时间也有讲究，优质绿茶不超过 4 小时，轻发酵的铁观音、白毫银针的最佳冷泡时间 6 小时。冷泡茶可根据个人喜好放置冰箱，但时间不宜过长，以免微生物繁殖。

随着冷泡茶声名鹊起，一些冷泡茶新品应运而生。去年春，湖北一家主打恩施玉露的茶企就推出一款冷泡茶，受到茶友热捧。一瓶常温的矿泉水，放入一袋小茶包，5 分钟之后，就能喝到口感纯正的恩施玉露，口感鲜爽，没有传统绿茶的苦涩味。之所以达到这样的口感，与恩施玉露的蒸青工艺不无关系。也许，这也正是冷泡茶在以品饮蒸青绿茶为主的日本大行其道的原因。

盛夏时节，尝试喝一杯冷泡茶吧，不仅驱散燥热，更以含香的茶汤、鲜甜的滋味熨帖味蕾和身心。

（原载于《人民政协报》2022 年 6 月 10 日第 7 版）

"开挂"的工夫茶

文 / 李冰洁

"开挂"后的茶，不仅保留了泡茶的仪式感，还不失工夫茶的正宗风味。这种新颖的方式，会更吸引年轻人的目光，让他们从此入门，爱上工夫茶。

一撕、一拉、一挂、一冲，挂耳包的出现，为咖啡提供了更为便捷的冲泡方式，让人能够随时随地品尝到口味堪比咖啡厅的精致手冲咖啡。

茶是否也能如此呢？

还别说，最近就有人向我推荐了挂耳工夫茶。推荐人说，这是她一位做茶朋友的首创。该说法虽然有待考证，但想法确实新颖。挂耳包中装着的不再是咖啡粉，而是茶叶。如此一来，工夫茶也算"开挂"了。

收到这样新颖的礼物，自然要与好友分享，我拿给一位深谙茶文化的姐姐一同品尝。我们手中这款挂耳工夫茶是武夷岩茶中的肉桂，沿虚线撕开挂耳包，袋中茶叶根根分明。3克多一些的茶量虽不算大，但对于新茶客很友好，不会因为掌握不好投茶量使得茶汤过浓。

将茶包挂在公道杯中，徐徐倒入 100℃ 的开水，待滤好出汤，分入二

挂耳工夫茶包

人杯中，整个冲泡工序就算完成。相比于平时用盖碗、茶漏、公道杯的组合，不仅器具流程简单了，泡茶的时间也更好掌握。即使新茶客，也轻而易举出汤，不会让茶汤产生苦涩的口感。

其实，挂耳茶包的使用还可以更便捷，甚至都不需要公道杯。独自饮用时，随便拿一个水杯就可以。不过，因为与平时泡茶一样，一包茶需要三四泡才算"茶尽其味"，所以选择一个稍大的杯子我认为更好。如果杯子小，最好是带盖的那种，每泡完一泡就把茶包放在盖子上，下一泡再挂回去。

从冲泡便捷的角度上看，袋泡茶在市场上早已被广泛接受，而挂耳茶包则是在便捷之上更添品质和雅致。且相比于袋泡茶中的碎茶，挂耳包中是条索完整的茶叶，又采用茶汤分离的方式，在品质方面得以保证其色香味俱佳。

可以这么说，"开挂"后的茶，不仅保留了泡茶的仪式感，还不失工夫茶的正宗风味。这种新颖的方式，会更吸引年轻人的目光，让他们从此入门，爱上工夫茶。

当然，挂耳工夫茶包也并不是非得去店家那里购买，DIY 也不错。我之前就买了很多挂耳包，咖啡磨好后倒入其中，自制挂耳咖啡包，省去了聪明杯，也不需要叠滤纸，轻松搞定早上的一杯手冲咖啡。

同理，茶亦可如此。我们完全可以用自己手中的散茶，放入挂耳包中，自制挂耳茶包，按照上面的方法，泡一杯简约而不简单的工夫茶。如此，我们想喝什么茶就泡什么茶，也可以按照自己的饮茶习惯放入适量的茶叶，DIY 一个专属挂耳茶包，岂不是更合心意？

想到这里，我已经跃跃欲试，准备明天就做一个自己的专属挂耳茶包，为我的办公桌增添一份新气象，也让这杯茶香给新的一天带来新动力。让我和这工夫茶一样，"开挂"吧！

（原载于《人民政协报》2022 年 10 月 28 日第 11 版）

盖碗微瑕之后

文／纪娟丽

因工作缘故，前阵有十天封闭在酒店。每当忙完回到家，总是期待慢慢喝泡适口的茶。这天，吃过晚饭，我取来茶具准备泡茶，却发现盖碗盖钮处不知何时多了个不小的豁口。

这可是我最爱的茶具套组之一。一爱其形制。这套茶具套组是柴烧质地，由盖碗和公道杯组成，自然的质感，朴拙的色彩，总给我一种质朴、古拙之美。二爱其适用。这套茶具虽胎质薄，但因器形合理，盖碗不易烫手，公道杯出水顺畅、断水利索，十分好用。三爱其承载的时光。这套茶具不仅是我出差苏州的意外收获，更陪我度过了很多静谧的时光，记载了很多难忘的味道。

"心疼。"我给微瑕的茶具套组拍了张照，在朋友圈写下了当时的心情。

朋友们纷纷留言。有的惋惜，有的安慰，让我眼前一亮的是，还有各种支招。

"金缮一下就行。"

"看看能不能锔瓷。"

金缮？锔瓷？以前倒是略有耳闻，知道都是修复瓷器的工艺，但是二者有何不同，适用何种情况，我知之甚少。

望着心爱的茶具，我请教了茶具修复艺人陈光旭，他说，锔瓷和金缮都可用来修复茶具，但二者适用性又有不同。锔是民间传统工艺，锔瓷是用金刚钻在破碎的瓷器上打孔，装上金属"锔子"，把打碎的瓷器像订书钉一样修复起来的技术，更多的是为了实用。"没有金刚钻，别揽瓷器活"，说的就是这项技艺。

缮源自大漆工艺，是用天然生漆将破碎的瓷器黏合后，再在表面施以金粉或者金箔，让茶具焕然新生，缮更讲究雅致。

"你的盖碗只是盖钮处有微小的残缺，并没有破碎的部分，因此更适合用金缮来处理。"他告诉我。

关于锔瓷和金缮的关系，日本江户时代儒学家伊藤东涯所著《蚂蟥绊茶瓯记》中有过记载。说有一只南宋龙泉窑碗被带到日本，并被视为国宝，被皇室珍藏。到了日本室町时代，该国宝被掌权的大将军足利义政得到，因为时间久远，碗底已经出现裂隙，将军遂派遣使者携其回到我国，请大明皇帝再赐一个一模一样的，但当时遍访各窑，都做不出这样釉色的碗，只好命工匠将裂隙锔住，带回日本。因铜钉形状像大蚂蟥，该碗后来在日本被称为蚂蟥绊。之后，日本工匠在我国锔瓷技术的基础上，用天然生漆去勾填，黏合碎片裂隙再施以表面的描金，这才有了金缮修复工艺。

"我帮你找找看。"另一位给我这样留言的杭州朋友，私信给我一张微信截图，原来他在茶友微信群中为我求教破损盖钮的修复办法，有人建议："可以将破了的口子，用砂纸仔细打磨，直到不再磨手，完全可以接着用，残缺美也很好。再给它取个应景的名字，那就独一无二了。"

"这个主意深得我心。"我回复他。心想，无论是锔瓷还是金缮，无论是实用还是雅致，都体现的是人们对器物的珍惜。尤其是金缮，用最贵的金修复残缺，不是掩盖瑕疵，而是坦然接受，尊重缺陷，感受残缺之美。正这样想着，这位热心的朋友表示，如果磨得好了，可以叫"残月"。

再看眼前这套心爱的盖碗，虽有微瑕，但我知道，其此后承载的时光中，又多了一个"独一无二"的故事。

（原载于《人民政协报》2022年3月25日第11版）

冬看世界杯　养生有茶杯

文／李冰洁

如果说烧烤加啤酒是夏季观看世界杯的"标配"，那么一杯热茶则是冬日世界杯的不二之选。

近日，2022年卡塔尔世界杯正式开幕。由于地处阿拉伯半岛东部，属热带沙漠气候，卡塔尔的夏季炎热，可达50℃左右高温。为了将赛事安排在更加适宜的气候环境下进行，卡塔尔选择在冬季举办这届世界杯。

不过，此时"观战"的中国球迷则大多处于寒冷气候中，看世界杯熬夜、吃烤串、喝冰啤酒，就不像夏季那么舒适了。啤酒改为热茶，成为许多球迷的世界杯养生新"伴侣"。

因为与国内有5小时的时差，本届卡塔尔世界杯部分场次在北京时间0点、3点进行，广大球迷又迎来了熬夜观战的时刻，此时的茶，不失为一个熬夜帮手。

0点本是日常已入眠的时间，消化系统也休息了，此时如果大量摄入高油高盐的夜宵，会对人的肠胃造成负担，这时更适宜喝一些温润的茶，比如熟普、红茶等；如果觉得茶水寡淡需要"加料"，可以尝试小青柑普洱、陈皮普洱，或是红茶中加入柠檬、蜂蜜。这类茶饮不仅可以暖胃，还能够起到排毒的作用，可以滋养熬夜状态下的精神。

那么到了凌晨3点，已入深夜，如果是提前睡几小时再爬起来看球，就需要一些提神醒脑的茶，为观赛带来好精神。比如绿茶、生普，这类茶饮中咖啡碱能兴奋神经中枢，赶走疲劳和困倦。不过需要注意的是，这类茶性凉，有胃病的球迷尽量少喝或者不喝。

紧张的球赛结束后，大脑还处于兴奋状态，此时再来一杯熟普或者六堡茶，可以舒缓神经，有助睡眠。同时，这类茶属于后发酵茶，其发酵过程中产生大量的维生素，可以很好提高免疫力，缓解熬夜对身体造成的伤害。此外，茶叶中的茶多酚等防辐射物质，还可以保护视力和皮肤的健康，边看电视边喝茶，也能够减轻辐射危害。

说了这么多喝茶对身体的好处，至于为什么这届世界杯很多人选择了喝茶观赛，还有另一种解读。

绰号"老茶头"的茶友告诉我，品茶与看球，都值得回味。"就拿阿根廷对沙特那场来说，我觉得，有些茶越老越值钱，可人不同，这届世界杯梅西确实'老'了。"

"老茶头"认为，不同的茶有不同的口感，就如同不同的球队有不同的风格，茶在陈化的过程中会发生变化，球队在赛场上也有变化。"有时候这些变化是人们想象不出来的，这也就是它们的魅力所在。"

正所谓，品茶有时会收获惊喜，看球也是。"老茶头"最近喝到一款2005年中茶熟普，觉得陈化不错、香气醇厚、汤色明亮，而且性价比很高，这给他带来了惊喜。"就像2：1战胜了阿根廷的沙特队，以弱敌强、永不服输的精神，一样给人以惊喜。""老茶头"说。

（原载于《人民政协报》2022年11月25日第11版）

粗茶的意义

文／纪娟丽

近日得朋友赠野茶，据说产于家中后山之上，粗采、粗制。"想来你喝的都是好茶，偶尔尝尝粗茶，感觉会不一样。"朋友说。

上班先泡一壶茶，已是近来的习惯。这天，打开这野茶，颇有些刚劲放肆的条索中，夹杂着些粗老茶梗，确是粗得可以。心想，既是粗茶，索性不必挑梗，直接放入壶中，冲入滚水。

待想起喝口茶时，已临近中午时分。从壶中倒出茶汤，咕咚几大口，口中是舒适的滋味，鼻间也融入自然的香气。这滋味，没那么鲜爽。这香气，也并不高远。如果你不在意，也许饮下只是解渴而已。但在这个忙碌了一上午的片刻，却为我带来了身心的舒畅。于是细想这滋味和香气，不过得出"舒适""自然"二字。

在我国传统茶文化中，茶大约分为两个层面，一是琴棋书画诗酒茶，一是柴米油盐酱醋茶。在我看来，前者是"文化之茶"，偏重精神需要，因之追求茶的形、色、香。后者是"生活之茶"，更偏重生理需要，粗茶应在此之列。一直以来，人们用粗茶淡饭来形容简单、不精致的饮食，简朴的生活。

品茶如品人生，大多数人喝茶，大概都经历过追求好茶的过程，如同人们追求好的生活。于是，我们看到，今人饮茶，多求早春、细嫩，明前茶、单芽头拥趸者众。饮此精致好茶时，人们一边夸赞茶形之美，一边遗憾其味也淡。殊不知，饱满的口感常常需要时日的加冕。明代屠隆在《考槃余事》中就提到，采茶"不必太细，细则芽初萌而未欠足"，说的就是这个道理。

细嫩芽叶制成的茶，往往拥有滋味鲜爽、花果香明显的品质特征，这是因为嫩芽含酚类衍生物、芳香类物质、嘌呤碱类等有效化学物质比粗老叶的含量多。传统名茶中的毛峰、毛尖、龙井、碧螺春、银针和很多高级红茶采摘细嫩芽叶制成，就是这个原因。冲泡好茶时，常常也对水温、杯具以及主人的细致呵护提出了很高的要求。

与好茶的滋味鲜爽、花果香明显不同，粗茶往往茶汤浓强度高，香气沉着不易察觉。冲泡时，也大可随意些。

记得数年前母亲生病手术，我从北京回老家床前照顾。每日煮饭、为母亲擦身，与在北京为梦想打拼的状态迥异。有一天，闲暇时突然找到一包六堡茶，不过普通品质，不知是我何时捎回去给父亲喝的。简单拿了大杯泡上，那舒适的味道，自然的香气，竟让我瞬间有些热泪盈眶：我不再关心这个世界有多大，只关心脚下这片土地能开出什么样的花。希望母亲康复，成了我当时最大的心愿。这杯熨帖心灵的茶，让我放弃了对所有好茶的期待和幻想。

粗茶就是这样，随手一泡，其滋味和香气，你不细细品味，可能都不曾发觉，但只要你留意，它就真切地陪伴着你。就像一位贴心的友人，你可以常常不联系，但在你需要的时候，他一定给你最暖心的问候，最熨帖的帮助。我想，粗茶的意义，于我大抵如此罢。

（原载于《人民政协报》2020 年 11 月 20 日第 11 版）

勿对茶梗耿耿于怀

文 / 纪娟丽

记得有一年秋天去福建安溪，茶城的不少茶叶门店里，都有店员在忙着拣梗。挑出粗制之后铁观音茶中的茶梗，留下如蜻蜓头般的茶叶，便是成品茶了。当时想，大约茶梗是不好的东西，是要剔除的。

又有一次去广东中山，在一幢有着典型客家建筑风格的围屋里吃饭。店家泡好的那壶茶，不仅香高，而且甜爽，是不曾体会的滋味。感慨之时，打开壶盖，却见一根根 2—3 厘米长的梗。难道这是非茶之茶，可分明是茶才有的香气和滋味？百思不得其解之时，店员告诉我，这是高等级茶叶的茶梗。专门拿茶梗冲泡，喝起来香气滋味还不错，大约茶梗也不是一无是处。

那么，茶梗到底是好是坏，能否作为判断茶叶好坏的标准呢？

首先，我们要弄清楚为什么会有茶梗，哪些茶类会出现茶梗。茶梗属于茶叶叶片下段茎的部位，比起芽头、嫩叶来说，茶梗比较老、粗。

我国六大茶类因制作工艺的不同，对茶青采摘的标准也不同。一般来说，采摘单芽头或一芽一叶的细嫩绿茶、黄茶、红茶、白茶是没有茶梗的。而采摘一芽二三叶的绿茶、白茶、红茶、黑茶等，甚至要求开面采（茶树新梢长到 3—5 叶将要成熟，顶叶六七成开面时采下 2—4 叶）的乌龙茶，茶梗在制作中则是必不可少的。

由于茶梗影响了茶叶的美观，不少茶类在茶叶精制中会有拣梗这一工序。然而，对于一些茶类来说，在茶叶粗制中，茶梗的参与不可或缺，并且丰富着人们的品饮感受。

在茶树生长中，茎梗中的维管束是养分和香气的主要输导组织，所含的物质大部分是水溶性的。在茶叶加工过程中，香气从梗中随水分蒸发转移到叶中，这些物质转移到叶片后，与叶片的有效物质结合转化形成更高更浓的香味品质。因此，要有适当的茶梗才能制出香高味浓的茶叶，而茶梗的长度则根据茶类品种和花色不同而有所不同。以铁观音制作为例，做青是其品质特征形成的关键步骤。摇青时，茶梗的水分向叶面流动，茶叶恢复活力，同时叶片边缘与摇青工具摩擦，氧化形成红边，加速发酵。如果失去茶梗对叶片的水分调节，铁观音的发酵过程将被大大缩短，无法使茶青叶良好发酵，难以制作出乌龙茶独特的色香味。

除了香气，茶梗的参与，还使茶叶呈现更加鲜甜的口感。我们都知道，氨基酸是一种重要的滋味物质，在茶汤中起着鲜、甜滋味的主体和调和作用，嫩梗中的氨基酸含量比芽叶多。此外，由于茶梗的内含物质丰富，有茶梗参与的茶叶还呈现出更加耐泡的特点。

虽然有些茶类的成品茶中看不到茶梗，但能喝到茶梗的"精华"。而在品饮有些茶类，如黑茶、白茶，尤其是紧压茶时，我们通常还能看到茶梗，这又是为什么呢？这是因为在紧压茶制作时，保留适量的茶梗不仅方便茶叶压制成型，还能让紧压茶中留有空隙，方便空气流动，利于茶后期的发酵和转化。如茯茶中的茶梗，就有益于"金花"的形成。

小小的茶梗，也有巨大的能量。当我们品茶时再看到茶梗，不要再以貌取"茶"，而是区分对待，不必再耿耿于怀啦。

（原载于《人民政协报》2020 年 9 月 18 日第 11 版）

爱茶人　正年轻

文 / 李冰洁

五四青年节刚刚过去，身为年轻人的激情和热血依然澎湃。就像我手中这盏茶，虽不似刚倒入时滚烫，但余温还在。

我举茶杯至唇边，细细品尝，嗯，温度正适口。徜徉在茶香中，一个念头让唇角泛起一丝笑意：谁说年轻人不爱喝茶？

我常常戏称自己是个"90后老茶人"，因为看上去年纪轻轻，却已经与茶相伴快20年。最初接触茶的过程，并没有什么特别，上初中才开始跟着长辈到茶社品茶。我了解茶的过程也似一般新茶人一样的"套路"——从铁观音开始。知道它冲泡起来香气四溢，也了解到水温时长不得当口感会发涩。

十几岁的我，绝对谈不上"品饮"，且真正让我愿意喝茶最主要的原因，现在想想还有些好笑：家乡当年的水质实在不好，白开水难以下咽，喝茶能缓解很多。

然后，我开始追捧芽茶，每年开春第一杯龙井，以及当时刚刚入市就火爆一时的金骏眉，都是我舍不得却又一定要喝的茶。而后，我又爱上喝黑茶，上大学时，学校饮品店已经开始卖各种袋泡茶饮。直到现在，舞蹈社的同学回忆起我在练功房一边摆动作、一边跟准备去买饮料的同学说"帮我带一杯热普洱"时，都还会笑我当年的青涩有趣。再后来，又因为各种功效喝起了老白茶，它也成为我如今每次换季或者生病时必喝的茶。现在，我又钻研起了不同茶的不同冲泡方式，泡、煮、焖、蒸以及拼配、混搭……

回首我的"茶路"，虽是依着趋势有些随波逐流，但茶已逐渐成为我生活中必不可少的物品。而环顾同龄人中，如我一般与茶结缘的确实不多，大家更愿意开一瓶冰汽水来解渴，也不难理解同学觉得我练舞辛苦还要喝热普洱是件趣事了。尤其那些年茶社装潢多古典高档，茶叶包装多烦冗复杂，茶叶广告也多宣传降"三高"等保健功效。他们并不把年轻人当消费群体，也难怪人们觉得把"茶"和"年轻人"联系到一起不太合适，甚至年轻人喝茶会被认为"装老成"等等。

从我个人的理念上看，喝茶与年纪无关，反而是那些年茶被过分抬高，茶道、茶文化的宣传过于复杂高深，甚至非要将茶与消费阶层、人生阅历捆绑，营造出一种"不到一定年纪品不出茶的好，到了年纪自然会爱上喝茶"的氛围，让茶脱离了生活，变得不接地气。

实际上，作为"开门七件事"之一的茶，从古代就与柴米油盐一样，该是我们生活中最普通且必备的调味品。没错，我现在依然认为它首先是白开水的调味品，再谈其他所谓冲泡方法、香气口感、文化价值。从前年轻人大多不喝茶，是因为没有接触过，我身边很多朋友在被我"安利"之后，发现茶原来真的很好喝，相继加入茶友的队伍。特别是我们之前去给一些中小学生上茶文化选修课，他们正好是我刚开始接触茶的年纪，从第一堂课前几乎人手一瓶饮料，到对茶逐渐感兴趣、喜爱、了解，再到回家给爸爸妈妈泡茶……这些无一不说明，爱茶，是没有年龄限制的。

茶，从来不是花里胡哨的茶艺姿势，不只是老年人看报聊天的手边一杯，更不只是茶室里人们高谈阔论时的陪衬。而是无论忙碌闲暇，无论手中是盖碗、飘逸杯还是保温杯，无论是泡着、煮着、焖着，都能时刻氤氲茶香之中的生活方式。

我是一个爱茶人，我正年轻。

（原载于《人民政协报》2022 年 5 月 6 日第 11 版）

后 记

2023年4月6日，是《人民政协报》创刊40周年的日子。40年来，我们不忘初心，砥砺前行，忠实地记录和报道中国经济社会发展和中国特色民主政治进程；40年来，我们得到了各级统战部门、政协组织、民主党派及工商联和广大政协委员的鼎力支持，结下了深厚友谊，留下了无数感人故事。

2022年11月29日，我国的"中国传统制茶技艺及其相关习俗"正式列入联合国教科文组织人类非物质文化遗产代表作名录。《人民政协报·茶经》版自2006年创办，不知不觉中坚持17年，出版800余期，500余万字，实属不易。值此《人民政协报》创刊40周年之际，遴选部分内容结集出版，是希望在"中国传统制茶技艺及其相关习俗"申遗成功之后，让《茶经》版的优质内容在更广范围得到传播，更好宣传茶文化和讲好中国茶故事，为弘扬中华优秀传统文化贡献力量。

本书的出版，得到了多位委员和专家学者的大力支持；中国文史出版社领导和编辑老师给予鼎力相助；海南新宝塔控股集团有限公司慷慨助力；报社相关部门和同事不辞辛苦，做了大量具体工作。在此一并表示衷心的感谢！

人间最美四月天。让我们继续携手同行，凝心聚力，创造更美好的明天。

编 者

2023年4月